前端程序员面试秘籍

张容铭◎著
爱创课堂◎审校

人民邮电出版社
北京

图书在版编目（C I P）数据

前端程序员面试秘籍 / 张容铭著. -- 北京 : 人民邮电出版社, 2018.12
ISBN 978-7-115-49229-6

Ⅰ. ①前… Ⅱ. ①张… Ⅲ. ①程序设计－资格考试－题解 Ⅳ. ①TP311.1-44

中国版本图书馆CIP数据核字(2018)第200057号

内 容 提 要

本书介绍了前端所涉及的知识：从 HTML 到 CSS，再到 JavaScript；从 PC 端到移动端、游戏开发，再到服务器端，以及 iOS 与 Android 混合开发；从算法到设计模式，再到框架，从 jQuery、BootStrap 代码库到 Vue.js、Angular、React 框架，再到工程化框架；从 EMAScript 5 到 EMAScript 6，再到 EMAScript 2016、EMAScript 2017；从网络通信到网络安全；从常规开发到模块化开发，再到工程化开发以及性能优化；从 CSS 预编译到 EMAScript 6 编译，再到工程化编译；从前端开发到测试，以及相关测试工具、版本管理工具；从开发技术问题到面试主观问题等。本书是读者求职面试的参考指南。

本书适合前端开发人员、初学者，想转行做前端开发的人员和项目经理阅读，也可以作为大专院校相关专业师生的学习用书和培训学校的教材。

◆ 著　　　张容铭
审　　校　爱创课堂
责任编辑　张　涛
责任印制　焦志炜

◆ 人民邮电出版社出版发行　　北京市丰台区成寿寺路 11 号
邮编 100164　　电子邮件 315@ptpress.com.cn
网址 http://www.ptpress.com.cn
固安县铭成印刷有限公司印刷

◆ 开本：800×1000　1/16
印张：19　　　　2018 年 12 月第 1 版
字数：372 千字　　　　2024 年 7 月河北第 10 次印刷

定价：69.00 元

读者服务热线：(010)81055410　印装质量热线：(010)81055316
反盗版热线：(010)81055315
广告经营许可证：京东市监广登字 20170147 号

推荐序

随着移动互联网的快速发展，研发类人才越来越稀缺，优秀的研发工程师更是凤毛麟角，企业对人才的争夺也陷入白热化，同时在招聘和面试方式上花样百出，目的就是甄选更优秀的人才。Web 前端工程师是互联网公司必招岗位，同时也是竞争最为激烈的岗位之一。

张容铭是我在中国人民大学的硕士同学，曾经是百度的资深 Web 前端工程师，曾主导百度新首页项目改版等，参与过百度前端工程师的面试工作，面试过大量的 Web 前端工程师的候选人，深知企业面试考察的重点。这本书已经是张容铭的第二本书，容铭经过近一年的时间搜集、调研各大知名互联网公司 Web 前端岗位的笔试题，并对面试题进行有针对性的解答形成了本书，用风趣幽默、通俗易懂的方式解读了枯燥的笔试题和面试题，既能使读者更容易理解较复杂的面试题，又能帮助读者在面试中获得竞争优势。

我在 IT 研发岗位招聘方面拥有 10 多年的经验，在这里郑重推荐张容铭的这本书，相信这本书能帮助正在求职的你顺利被录用。

——王森林，Borntalent 公司 CEO

网上的前端面试题目很多，但比较杂乱，爱创课堂根据往期学生的真实企业面试题目进行了整理，希望能帮助大家走向更好的前端开发道路。

——孙辉，爱创课堂营销推广总监

张容铭老师对前端工作有着极大的热情和探索精神，当听说他要写这样的一本书时，我当时就觉得这是一本很好的书，它会燃起读者对前端的热情，启发读者学习更多的知识。其他书或许会让你成为一位程序员，但本书一定会让你成为更出色的程序员。

——马逍遥，爱创课堂招生推广老师

本书涵盖了整个前端范围内的绝大部分常见知识点和一部分冷僻知识点，旨在帮助需要寻找前端工作的人员通过面试，找到理想工作。

——李兰波，爱创课堂高级讲师

前　　言

时间飞逝，转眼间从离开百度到创办爱创课堂前端培训学校近 3 年了。工作也发生了巨大变化，从以前的企业项目开发到现在在学校日复一日地为学生授课，但无论对着计算机编程，还是为学生讲述前端知识，都十分让我享受。

每到毕业季，看着自己带出的学生找到理想的工作，心中亦是十分欣慰。学生求职中，经常会问我一些面试中的问题，每次耐心地帮他们解答，对他们帮助很大。临近毕业的学生很多恐惧面试，所以在学校内部我整理了一些面试题册子与学生分享，学生受益颇多。再后来，为使在这里毕业的更多学生持续地学习更广阔的知识，爱创课堂组织了一个“爱创课堂每日一题”活动，每天推出一道与工作相关的技术问题，受到广大毕业学生好评……

通过这些活动我认识到，不论是在面试中，还是工作中，通过学习了解确实可以避免少踩一些坑，少走一些弯路，于是我将培训学校内部用的前端面试知识，整理成一本书。希望能够与更多的读者分享爱创课堂的知识；希望这本书能够帮助那些正在找工作的人顺利找到工作；也希望这本书能够帮助那些在工作中遇到问题而踌躇不前的人顺利解决问题；同时也希望这本书能够帮助那些学习前端、期望了解前端更多知识的人。

目标读者

本书是一本前端面试类型的书，适用于前端学习与前端求职者。本书涵盖的知识面极广，模块划分细致，因此适用于以下 4 类读者。

第一类读者主要是正在寻找前端工作的求职者。想了解前端面试中都会涉及哪些内容，针对某一大方向（如 HTML、CSS、JavaScript 等）都会提问哪些知识点，对某一问题是如何提问的，针对某一问题应该如何回答等，通过本书都可以找到答案。

第二类读者主要是目前正在从事前端开发的工作者。日常工作中，根据项目的需求，所用技术也是有限的，如果希望了解前端目前流行哪些技术，在使用这些技术时会有哪些问题，本书也适合这类读者的需求。

第三类读者主要是对前端一无所知或者知之甚少的入门级读者。本书归纳了前端知识结构体系，读者可以选择翻阅自己所喜欢的章节，对于了解前端技术的方方面面也是很有帮助的。

第四类读者主要是非前端行业开发人员而希望转行进入前端的人士。可以先通过阅读此书来了解前端行业的发展以及所需技能、知识结构体系，进而帮助读者更顺利地转型成前端从业者。

当然，对于一些不了解前端或者不是从事前端工作的 IT 工程师来说，后两章也是值得阅读的，这两章不仅仅是针对前端设计的面试题，而是针对整个 IT 行业通用的面试题。最后，如果读者是一位前端工程师，即将面试一些应试者，通过阅读本书，相信你的面试也会达到事半功倍的效果。

本书特色

本书针对前端知识所涉及的方方面面，总结归纳了 30 个模块（每个模块对应一章），提出了 1000 多道前端面试题，模拟了真实的面试场景。从面试官的角度出发，针对某一知识点，以面试官的口吻提出疑问。在解答问题的过程中，从应试者的角度给出答案，让读者“进入”真实的企业面试氛围。书中面试题极具针对性，并具有一定的独立性，读者可以根据个人喜好，有针对性地阅读某一章节。

如果读者是一位正在寻找前端工作的求职者，本书非常适合阅读，可以翻阅这本书，针对性地阅读一些章节来巩固自己的知识。如果读者是一位前端工作者，在工作之余，可以翻阅这本书，来拓展前端视野。如果读者是一位前端入门学习者，可以翻阅这本书，了解未来你在前端中要学习的要点。当然，如果读者不是一位前端从业者，但想了解前端都在做哪些事情，也可以翻阅这本书，浏览前端知识体系的方方面面。

本书内容

本书共分 30 章，涵盖了前端所涉及的绝大部分内容，各章主要内容如下。

第 1 章介绍了 HTML 相关面试题，讨论了 HTML 标签、属性、语义化等问题。

第 2 章介绍了 CSS 相关面试题，讨论了 CSS 中的文档流、盒模型、浮动、定位、继承、浏览器兼容性等相关问题。

第 3 章介绍了 HTML5 相关面试题，讨论了 HTML5 新增的标签属性，以及核心 JavaScript API 等相关问题。

第 4 章介绍了 CSS3 相关面试题，讨论了 CSS3 新增的属性、媒体查询、布局、动画等相关问题。

第 5 章介绍了 Bootstrap 相关面试题，讨论了 Bootstrap 样式、组件等相关问题。

第 6 章介绍了 JavaScript 相关面试题，讨论了 ECMAScript 核心技术、DOM 相关技术、前端常见算法等相关问题，是面试题最多的一章，也是本书中最重要、最核心的一章。

第 7 章介绍了 jQuery 相关面试题，讨论了工作中使用 jQuery 的相关问题。

第 8 章介绍了移动端相关面试题，讨论了在移动端开发中的相关问题。

第 9 章介绍了浏览器兼容性相关面试题，讨论了开发兼容浏览器代码的相关问题。

第 10 章介绍了面向对象相关面试题，讨论了在面向对象编程中的类、继承等相关问题。

第 11 章介绍了 Ajax 与 JSON 相关面试题，讨论了 Ajax 请求与 JSON 技术等相关问题。

第 12 章介绍了 HTTP 与 HTTPS 相关面试题，讨论了 HTTP、HTTPS 请求协议与前端的相关问题。

第 13 章介绍了 Node.js 相关面试题，讨论了服务器端开发的相关问题。

第 14 章介绍了 EMAScript 5 相关面试题，讨论了 ECMAScript 5.0 开发的相关问题。

第 15 章介绍了 EMAScript 6 相关面试题，讨论了 ECMAScript 6.0 开发的相关问题。

第 16 章介绍了设计模式相关面试题，讨论了在工作中使用设计模式时的相关问题。

第 17 章介绍了 Vue.js 相关面试题，讨论了在工作中使用 Vue 框架以及插件的相关问题。

第 18 章介绍了 Angular 相关面试题，讨论了在工作中使用 Angular 框架以及插件的相关问题。

第 19 章介绍了 React 相关面试题，讨论了在工作中使用 React 框架以及插件的相关问题。

第 20 章介绍了游戏开发相关面试题，讨论了游戏开发中游戏性能方面的相关问题。

第 21 章介绍了网络安全相关面试题，讨论了网站开发中的一些网络安全问题。

第 22 章介绍了性能优化相关面试题，讨论了前端开发中如何提高网站性能等相关问题。

第 23 章介绍了模块化开发相关面试题，讨论了几种模块化开发规范，以及在项目中使用模块化开发的相关问题。

第 24 章介绍了 CSS 预编译相关面试题，讨论了在项目中使用 CSS 预编译技术时的相关问题。

第 25 章介绍了混合开发相关面试题，讨论了在 iOS 以及 Android 系统中使用混合开发的相关问题。

第 26 章介绍了前端工程化相关面试题，讨论了前端工程化工具 WebPack、gulp 的相关问题。

第 27 章介绍了版本管理工具相关面试题，讨论了 Git 与 SVN 的相关问题。

第 28 章介绍了测试相关面试题，讨论了前端测试的相关问题。

第 29 章介绍了公司相关面试题，从企业角度出发，讨论了考查应试者的相关问题，通常是 HR 考查面试者的问题。

第 30 章介绍了应试者应了解的主观面试题，从个人角度出发，讨论了考查应试者的相关问题，通常是 HR 对面试者考查的问题。

本书约定

角　色	职　责
	面试官，核心人物，针对某一个问题，对应试者提问
	应试者，核心人物，针对面试官的提问，做出解答
小铭	出现在问题回答中，负责解释一些难以理解或有其他含义的概念或问题
HR	出现在“HR 有话说”部分，负责总结每章核心要点

致谢

如此多的前端面试题并不是我一个人提出的，而是广大开发者根据在工作中遇到的问题提出的，或者说一道道面试题都是前辈们在工作中的经验总结。当然，本书能够结稿，也离不开爱创课堂团队对面试题的积累，以及爱创课堂每日一题的沉淀。所以能够完成这本书需要感谢太多的人。

首先，我在百度积累了十分宝贵的经验，从百度空间到百度首页、百度图片，从自然语言处理部到网页搜索部，期间经历了太多，也收获了许多，得到了很多同事的帮助，也要感谢团队中的每一个人。

后来，我十分荣幸创建了爱创课堂前端培训学校，感谢团队中的每一位老师，他们出色的工作让我更有信心与大家一起把爱创课堂做得更好。谢谢大家！每天来到学校看到大家，也看到我们一起奋斗的未来。感谢爱创课堂团队的李兰波老师、冯楠娜老师、孙辉老师、邹佳红老师、田柽志老师、徐晓婷老师、马逍遥老师、李晨媛老师、曹佳慧老师等，有他们在，工作和生活变得如此融洽。

感谢为爱创课堂提供帮助的高淇老师、高昱老师，感谢他们对爱创课堂提供的帮助。

感谢从爱创课堂毕业的学生们，如今已经十多期同学毕业，每当闲下来都会想起大家，会想起每天授课分享的日子，会想起每个下午“压堂”分享知识而大家仍然认真听讲的情境，会想起每个晚上与大家分享 Vue、React、Angular、EMAScript 6 等项目实战。

感谢大家选择爱创课堂，看到他们找到理想的工作，让我感到十分欣慰，感谢他们来到这里！

感谢BAT（百度、阿里、腾讯）的高工（高级工程师）朋友们：王鹏飞、王群、杨坤、赵辉、王慧、王璇、秦腾飞、王茗名、李毅、刁佳佳、王敏、戚天禹、刘成、冯振兴、李帅等。你们在爱创课堂无私地为学生分享，让学生们受益匪浅。

感谢人民大学的王森林、孙晓敏、彭阿聪、田金文、何振卓、李泽坤、贺旭、刘鹏、杜建同学。

本书能够顺利出版最该感谢的是人民邮电出版社，尤其要感谢张涛编辑，没有他对我的支持与帮助，本书可能不会这么顺利地出版。他是一位十分专业的编辑，感谢他让我们这么多次的合作如此融洽。当然，还要感谢那么多默默无闻的排版、编校工作者，他们辛苦地排版、审校才使得本书顺利出版。

最后，感谢我的家人，感谢我的爷爷对我的疼爱，感谢我的奶奶对我的照顾，感谢我的爸爸和妈妈，是他们培养了我，从一个对计算机一无所知的孩子到如今的工程师兼讲师，感谢他们，感谢他们对我的付出。虽然他们对我所做的工作不是很了解，但每天依旧那么关心我，支持我，希望他们每天都能健健康康并开心地生活。感谢鹏欣，是她让我每天对工作充满激情，充满动力，是她让我可以义无反顾地努力工作，是她让我的生活变得更加美好。

本书答疑

本书作者联系邮箱 zrm@icketang.com。

本书编辑和投稿邮箱：zhangtao@ptpress.com.cn。

资源与支持

本书由异步社区出品，社区（https://www.epubit.com/）为您提供相关资源和后续服务。

提交勘误

作者和编辑尽最大努力来确保书中内容的准确性，但难免会存在疏漏。欢迎您将发现的问题反馈给我们，帮助我们提升图书的质量。

当您发现错误时，请登录异步社区，按书名搜索，进入本书页面，单击“提交勘误”，输入勘误信息，单击“提交”按钮即可。本书的作者和编辑会对您提交的勘误进行审核，确认并接受后，您将获赠异步社区的 100 积分。积分可用于在异步社区兑换优惠券、样书或奖品。

详细信息　写书评　提交勘误

页码：　页内位置（行数）：　勘误印次：

字数统计

提交

扫码关注本书

扫描下方二维码，您将会在异步社区微信服务号中看到本书信息及相关的服务提示。

与我们联系

我们的联系邮箱是 contact@epubit.com.cn。

如果您对本书有任何疑问或建议，请您发邮件给我们，并请在邮件标题中注明本书书名，以便我们更高效地做出反馈。

如果您有兴趣出版图书、录制教学视频，或者参与图书翻译、技术审校等工作，可以发邮件给我们；有意出版图书的作者也可以到异步社区在线提交投稿（直接访问 www.epubit.com/selfpublish/submission 即可）。

如果您是学校、培训机构或企业，想批量购买本书或异步社区出版的其他图书，也可以发邮件给我们。

如果您在网上发现有针对异步社区出品图书的各种形式的盗版行为，包括对图书全部或部分内容的非授权传播，请您将怀疑有侵权行为的链接发邮件给我们。您的这一举动是对作者权益的保护，也是我们持续为您提供有价值的内容的动力之源。

关于异步社区和异步图书

“异步社区”是人民邮电出版社旗下 IT 专业图书社区，致力于出版精品 IT 技术图书和相关学习产品，为作译者提供优质出版服务。异步社区创办于 2015 年 8 月，提供大量精品 IT 技术图书和电子书，以及高品质技术文章和视频课程。更多详情请访问异步社区官网 https://www.epubit.com。

“异步图书”是由异步社区编辑团队策划出版的精品 IT 专业图书的品牌，依托于人民邮电出版社近 30 年的计算机图书出版积累和专业编辑团队，相关图书在封面上印有异步图书的 LOGO。异步图书的出版领域包括软件开发、大数据、AI、测试、前端、网络技术等。

“异步社区”二维码

“异步图书”微信公众号

目　　录

第 1 章 HTML

1. ：谈谈你对 Web 标准以及 W3C 的理解和认识。

：标签要闭合，英文小写，且不要嵌套混乱，用标签语义化来提高搜索的概率。使用外链式的 CSS 和 JS（Java Script 的缩写）脚本，使结构、样式、行为分离，内容能被更广泛的设备所访问，代码精简，开发组件化，代码易维护、可复用，改版、升级方便。

2. ：HTML 和 XHTML 有什么区别？

：HTML 是一种基于 Web 网页的设计语言，XHTML 是一种基于 XML、语法严格、标准的设计语言。

两者主要的不同是 XHTML 元素必须正确地嵌套，元素必须关闭，标签必须小写，必须有根元素；HTML 没有这些限制。

3. ：严格模式和混杂模式如何区分？如何触发这两种模式？

：严格模式就是浏览器根据 Web 标准去解析页面的方法，是一种要求严格的 DTD，不允许使用任何表现层的语法；混杂模式是一种向后兼容的解析方法。

触发严格模式或者标准模式很简单，就是在 HTML 标签前声明正确的 DTD；触发混杂模式可以在 HTML 文档开始时不声明 DTD，或者在 DOCTYPE 前加入 XML 声明。

4. ：什么是静态网页？什么是动态网页？

：静态网页是指没有数据交互的网页，即没有数据库参与，没有服务器端数据的加载。比如静态网页就是只有 HTML+CSS+JavaScript 做成的网站。

动态网页是指有后台数据参与的网页，网页中的数据是从数据库中提取的，需要有后台逻辑的支持。比如动态网页就是 JSP 页面（后台语言是 Java）、ASP 页面（后台语言是 ASP.NET）等。

小铭提醒

认为有动画的网页就是动态网页，这是一个严重的误区。

5. ：DOCTYPE 有什么作用？区分严格模式与混杂模式有何意义？

：<!DOCTYPE>声明位于文档中的最前面，位于<html>标签之前，即告知浏览器的解析器，用什么文档类型规范来解析这个文档。DOCTYPE 不存在或格式不正确都会导致文档以混杂模式呈现。

区分严格模式与混杂模式的意义如下。

严格模式的排版和 JavaScript 运行模式以该浏览器支持的最高标准运行。在混杂模式中，页面以宽松的向后兼容的方式显示。模拟老式浏览器的行为以防止站点无法工作（主要针对 IE 浏览器）。

6. ：如何调试网页代码？如何查看网页源代码？

：要调试网页代码，在 Windows 系统下按 F12 键或者按 Ctrl+Shift+I（MAC OS 中是 Option+Command+C）组合键，打开开发者调试工具。

要查看网页源代码，按鼠标右键查看页面源代码。

7. ：语义化的主要目的是什么？

：语义化的主要目的可以概括为用正确的标签做正确的事情。

HTML 语义化可以让页面的内容结构化，便于浏览器解析和搜索引擎解析，并提高代码的可维护度和可重用性。

比如，尽可能少使用无语义的标签<div>，而多使用语义化的标签<header><section><footer>。

8. ：锚点的作用是什么？如何创建锚点？

：锚点是文档中某行的一个记号，类似于书签，用于链接到文档中的某个位置。当定义锚点后，可以创建直接跳至该锚点（比如页面中某个小节）的链接，这样使用者就无须不停地滚动页面来寻找他们需要的信息了。

在使用<a>元素创建锚点时，可以使用 name 属性为其命名（W3C 规范）。

对其他元素，还可以使用 id 属性为其命名，代码如下所示。

```
<h1 id="icketang">爱创课堂</h1>
<a name="school">前端培训学校</a>—</a>
```

然后就可以创建链接，单击链接，直接跳转到锚点，代码如下所示。

```
<a href="#icketang">回到爱创课堂</a>
<a href="#school">回到前端培训学校</a>
```

9. ：列举常用的结构标签，并描述其作用。

：结构标签专门用于标识页面的不同结构，相对于使用<div>元素而言，结构标签可以实现语义化的标签。

常用的结构标签有以下几种。

- <header>元素，用于定义文档的页眉。
- <nav>元素，用于定义页面的导航链接部分。
- <section>元素，用于定义文档中的节，表示文档中一个具体的组成部分。
- <article>元素，常用于定义独立于文档其他部分的内容。

- <footer>元素，常用于定义某区域的脚注信息。
- <aside>元素，常用于定义页面的一些额外组成部分，如广告栏、侧边栏和相关引用信息。

10. ：超级链接有哪些常见的表现形式？

：<a>元素用于创建超级链接，常见的表现形式有以下几种。

- 普通超级链接，语法为<a href="http://www.icketang.com/"target="">爱创课堂</a>。
- 下载链接，即目标文档为下载资源，语法为<a href="day.zip">下载</a>。
- 电子邮件链接，用于链接到 E-mail，语法为<a href="mailo:1234546@qq.com">。
- 联系我们链接。
- 空链接，用于返回页面顶部，语法为<a href="">...</a>。
- 锚点跳转，用于跳转到页面某一位置，目前常用于前端路由，语法为<a href="#icketang">...</a>。
- 用于实现特定的代码功能，语法为<a href="javascript:void(0); ">...</a>。

11. ：你测试过哪些浏览器的页面？它们的内核分别是什么？

：IE(Trident)、Firefox(Gecko、Chrome 与 Safari(Webkit)、Opera(Presto)。

> **小铭提醒**
> 2013 年谷歌为 Chrome 推出了 Blink 浏览器排版引擎，包括 Opera 在内的浏览器开始使用该引擎。

12. ：div 是什么？在 div 出现之前用什么做网站布局？

：div 是网站布局的盒子标签。div 出现之前使用 table 布局。因为 table 布局嵌套很多，网站加载慢（table 无法局部渲染），布局层级不清晰。

13. ：img 标签上的 title 和 alt 属性的区别是什么？

：title 的功能是为元素提供标题信息，即当光标悬浮在标签上后显示的信息；alt 的功能是图片的替换文案，即当图片不能正常显示时（如加载失败），用文字代替。

14. ：空元素有哪些？

：知名的空元素（单标签）有
<hr><img><input><link><meta>。

> **小铭提醒**
> 空元素也就是我们通常所说的单标签元素。

15. ：简述一下 src 与 href 的区别。

：src 表示来源地址，用在 img、script、iframe 等元素上。href 表示超文本引用（hypertext reference），用在 link 和 a 等元素上。

src 的内容是页面必不可少的一部分，表示引入。href 的内容与该页面有关联，表示引用。简单来说，它们的区别就是引入和引用。

16. ：简述一下<strong><em>和<b><i>标签的区别。

：<strong>标签和<em>标签一样，用于强调文本，但它强调的程度更强一些。

<em>是斜体强调标签，强调更强烈，表示内容的强调点。视觉上相当于 html 元素中的<i>...</i>。<em>和<strong>是表达元素（phrase element），即语义化元素。

< b > < i >是视觉元素，即非语义化元素，分别表示无意义的加粗和无意义的斜体。

17. ：你知道多少种 DOCTYPE? HTML 与 XHTML 有什么共同点?

：DOCTYPE 标签可声明 3 种文档类型，分别表示严格版本（Strict）、过渡版本（Transitional）和基于框架（Frameset）的 HTML 文档。

HTML 4.01 规定了 3 种文档类型：Strict、Transitional 和 Frameset。

XHTML 1.0 规定了 3 种 XML 文档类型：Strict、Transitional 和 Frameset。

浏览器通常有两种呈现模式 Standards 和 Quirks。

Standards（标准）模式（也就是严格呈现模式）用于呈现遵循最新标准的网页。

Quirks（包容）模式（也就是松散呈现模式或兼容模式）用于呈现为传统浏览器而设计的网页。

HTML 和 XHTML 的共同点如下。

（1）所有的标记都必须要有一个相应的结束标记。

（2）所有标签的元素和属性的名字都必须使用小写。

（3）所有的 XML 标记都必须合理嵌套。

（4）所有的属性必须用引号“”括起来。

（5）所有“<”和“&”特殊符号都用编码表示。

（6）给所有属性赋一个值。

（7）不要在注释内容中使“--”。

（8）图片必须有说明文字。

18. ：在新窗口打开链接的方法是什么?

：target=_blank。

19. ：HTML、CSS、JavaScript 的关系是什么?

：学习 Web 前端开发基础技术需要掌握 HTML、CSS 和 JavaScript 语言。

（1）HTML 是网页内容的载体，是内容显示的框架。内容就是网页制作者放在页面上想让用户浏览的信息，包括文字、图片、视频等。

（2）CSS 是网页内容的表现，就像对网页进行包装。比如字体、颜色、边框等，这些都是用来改变内容外观的东西。

（3）JavaScript 用来实现网页上的特效和交互。比如，当光标放在某个链接上时背景颜色改变等。

20. ：在一个特定的框架中如何使用 HTML 中的超链接定位？

：可以使用“target”属性在指定的框架中打开被链接文档。

```
<a href="newpage.html" target="newframe">>New Page</a>。
```

21. ：请你说说 iframe 有哪些优点。

：iframe 有如下优点。

（1）可以解决加载缓慢的第三方内容，如图标和广告等的加载问题。

（2）可以实现安全沙箱（Security Sandbox）。

（3）可以并行加载脚本。

22. ：请你说说<iframe>有哪些缺点。

：<iframe>有如下缺点。

（1）iframe 会阻塞主页面的 Onload 事件。

（2）iframe 的内容即使为空，加载它也需要时间。

（3）iframe 元素没有语义。

23. ：说说你对语义化的理解。

：语义化标签有如下特点。

（1）丢失样式的时候能够让页面呈现出清晰的结构。

（2）SEO 是指和搜索引擎建立良好的沟通，有助于爬虫抓取更多的有效信息。爬虫依赖标签来确定上下文和各个关键字的权重。

（3）其他设备解析（如屏幕阅读器、盲人阅读器、移动设备）以有意义的方式来渲染网页。

（4）在团队开发和维护中，语义化更具可读性，是未来网页发展的重要方向。遵循 W3C 标准的团队开发的网页，都会遵循这个标准，以减少差异。

HR 有话说

HTML 部分的面试题主要考察应试者对 HTML 的认知，概念性试题居多。语义化标签是重点，特殊标签及其特殊用途也是常常考察的内容。很多题我们都经常见到而又经常忽视，例如 DTD，虽然我们每天都在写，但是有几位读者能够细心地记住它呢？

第 2 章　CSS

1. ：CSS 有哪些基本选择器？它们的权重是如何表示的？

：CSS 基本选择器有类选择器、属性选择器和 ID 选择器。

CSS 选择器的权重预示着 CSS 选择器样式渲染的先后顺序，元素样式渲染时，权重高的选择器样式会覆盖权重低的选择器样式。

通常将权重分为 4 个等级，可用 0.0.0.0 来表示这 4 个等级。

!important 关键字优先级最高。

小铭提醒

> !important 并非选择器，而是针对选择器内的单一样式设置的。当然，不同选择器内应用!Important 的权重也是不一样的，例如，在 id 选择器内的!important 关键字权重要高于类选择器内的!important 关键字权重，即下面所说的选择器权重组合。

内联样式（非元素器）的优先级可看成 1.0.0.0。

ID 选择器的优先级为 0.1.0.0。

类属性选择器、属性选择器、伪类的优先级为 0.0.1.0。

元素选择器、伪元素选择器的优先级为 0.0.0.1。

通配符选择器对特殊性没有任何贡献值。

当把选择器组合使用的时候，相应的层级权重也会递增，例如#id.class 的权重为 0.1.1.0。

2. ：CSS 的引入方式有哪些？link 和@import 的区别是什么？

：CSS 有 3 种引入方式。

- 行内式是指将样式写在元素的 style 属性内。
- 内嵌式是指将样式写在 style 元素内。
- 外链式是指通过 link 标签，引入 CSS 文件内的样式。

通过 link 标签引入样式与通过@import 方法引入样式有如下区别。

（1）加载资源的限制。

link 是 XHTML 的标签，除了加载 CSS 文件外，还可以加载 RSS 等其他事务，如加载模板等。

@import 只能加载 CSS 文件。

（2）加载方式。

如果用 link 引用 CSS，在页面载入时同时加载，即同步加载。

如果用@import 引用 CSS，则需要等到网页完全载入后，再加载 CSS 文件，即异步加载。

（3）兼容性。

link 是 XHTML 的标签，没有兼容问题。

@import 是在 CSS 2.1 中提出的，不支持低版本的浏览器。

（4）改变样式。

link 的标签是 DOM 元素，支持使用 JavaScript 控制 DOM 和修改样式；@import 是一种方法，不支持控制 DOM 和修改样式。

3. ：浮动元素引起的问题和解决方法是什么？

：引起的问题有如下几个。

（1）父元素的高度无法被撑开，影响与父元素同级的元素。

（2）与元素同级的非浮动元素会紧随其后（类似遮盖现象）。

（3）如果一个元素浮动，则该元素之前的元素也需要浮动；否则，会影响页面显示的结构（即通常所说的串行现象）。

解决方法如下。

（1）为父元素设置固定高度。

（2）为父元素设置 overflow:hidden 即可清除浮动，让父元素的高度被撑开。

（3）用 clear:both 样式属性清除元素浮动。

小铭提醒

如果只有左浮动或只有右浮动，可以单独设置 clear:left 或 clear:right，但是设置 clear:both 则都可以解决，所以此方法在工作中用得更多。

（4）外墙法是指在父元素外面，添加“一道墙”，设置属性 clear:both。

（5）内墙法是指在父元素内部，浮动元素的最后面，添加“一道墙”，设置属性 clear:both。

（6）伪元素是指为了少创建元素，对父元素添加 after 伪元素，设置属性 content:"";display:block;clear:both。

小铭提醒

这里所说的少创建元素，实际上并没有少创建，添加的伪元素也是元素，只不过没有写在 HTML 文档中而已。

（7）使用通用类 clearfix，clearfix 的实现如下。

```
.clearfix:after {
    content: '';
    display: block;
    clear: both;
}
```

小铭提醒

极力推荐以上这种方式，因为 clearfix 已经应用在各大 CSS 框架（如 Bootstrap 等）中，并成为行业的默认规范。

4. ：position 的值分别是相对于哪个位置定位的?

：relative 表示相对定位，相对于自己本身所在正常文档流中的位置进行定位。

absolute 表示绝对定位，相对于最近一级（从直接父级元素往上数，直到根元素）定位，相对于 static 的父元素进行定位。

fixed 用于生成绝对定位，相对于浏览器窗口或 frame 进行定位。

static 是默认值，没有定位，元素出现在正常的文档流中。

sticky 是生成黏性定位的元素，容器的位置根据正常文档流计算得出。

小铭提醒

CSS3 的新增属性有点类似于 relative 与 fixed 的结合体。如果目标区域在屏幕中可见，表现为 relative；如果目标区域在屏幕中不可见，表现为 fixed。

5. ：请说明 position:absolute 和 float 属性的异同。

：共同点是对内联元素设置 float 和 absolute 属性，可以让元素脱离文档流，并且可以设置其宽高。

不同点是 float 仍可占据位置，不会覆盖在另一个 BFC 区域上，浮动的框可以向左或向右移动，直到它的外边缘碰到包含框或另一个浮动框的边框为止。absolute 会覆盖文档流中的其他元素，即遮盖现象。

6. ：CSS 选择器（符）有哪些?

：（1）id 选择器（#myId）。

（2）类选择器（.myClassName）。

（3）标签选择器（div,p,h1）。

（4）相邻选择器（h1 + p）。

（5）子选择器（ul > li）。

（6）后代选择器（li a）。

（7）通配符选择器（*）。

（8）属性选择器（button[disabled="true"]）。

（9）伪类选择器（a:hover、li:nth-child）表示一种状态。

（10）伪元素选择器（li:before、“:after”、“:first-letter”、“:first-line”、“:selecton”）表示文档某个部分的表现。

小铭提醒

在CSS3规范中，为了区别伪元素和伪类，CSS3建议伪类用单冒号“:”，伪元素用双冒号“::”。

7. ：CSS的哪些样式可以继承？哪些不可以继承？

：可继承的样式有font-size font-family color、UL LI DL DD DT。

不可继承的样式有border、padding、margin、width、height。

小铭提醒

为了方便辨识，与字体相关的样式通常可以继承，与尺寸相关的样式通常不能继承。

8. ：CSS优先级如何排序？

：优先级如下。

!important>style（内联）>Id（权重100）>class（权重10）>标签（权重1）。同类别的样式中，后面的会覆盖前面的。

9. ：HTML是什么？CSS是什么？JavaScript是什么？

：（1）HTML（HyperText Markup Language，超文本标记语言）是做网站时使用的一些文本标记标签，比如div、span等。

（2）CSS（Cascading Style Sheet，层叠样式表）是做网站时为美化网站而为标签添加的样式，比如background（背景）、color（字体颜色）、height（高度）、width（宽度）等。

（3）JavaScript是网站中实现前后台交互效果、网页动画效果的一种开发语言，比如鼠标单击（click）事件、前后台数据请求（Ajax）等。

10. ：为什么要初始化CSS？

：因为浏览器的兼容问题，不同浏览器对有些标签的默认值是不同的，如果没有初始化CSS，往往会导致页面在不同浏览器之间出现差异。

当然，初始化样式有时会对SEO产生一定的影响，但鱼和熊掌不可兼得，所以在力求影响最小的情况下初始化CSS。

最简单的初始化方法就是：* {padding: 0; margin: 0;}。

11. ：如何居中div？如何居中一个浮动元素？

：确定容器的宽高，例如宽400px、高200px的div。设置层的外边距。

```
div {
    float: left;
    width: 400px;
    height: 200px;
    margin: -100px 0 0 -200px;
    /*注意，由于左上外边距优先级高于右下外边距优先级，因此，还可以简化设置 margin: -150px -250px;*/
    position: relative;
    left: 50%;
    top: 50%;
    /*为方便看效果，添加一种背景色*/
    background-color: pink;
}
```

运行结果如下。

12. ：构成 CSS 的基本语句是什么？

：构成 CSS 的基本语句如下。

```
选择器{
   属性名称 1: 属性值 1;
   属性名称 2: 属性值 2;
   ……
}
```

例如：

```
div{
   margin-top: 20px;
   border: 2px solid #red;
}
```

13. ：display 有哪些值？说明它们的作用。

：display 的值有 block、none、inline、inline-block、list-item、table 和 inherit。其作用如下。

- block 是指块类型。默认宽度为父元素宽度，可设置宽高，换行显示。
- none 是指元素不会显示，已脱离文档流。
- inline 是指行内元素类型。默认宽度为内容宽度，不可设置宽高，同行显示。
- inline-block 是指默认宽度为内容宽度，可以设置宽高，同行显示。
- list-item 是指像块类型元素一样显示，并添加样式列表标记。

小铭提醒

例如，用 div 模拟 li 元素<ul><div style="display: list-item;">爱创课堂</div></ul>。

- table 是指此元素会作为块级表格显示。

- inherit 是指从父元素继承 display 属性的值。

14. 简要描述块级元素和行内元素的区别。

块级元素的前后都会自动换行。默认情况下，块级元素会独占一行。例如<p><h1-6><div>都是块级元素。当显示这些元素中间的文本时，都将从新行中开始显示，其后的内容也将在新行中显示。

行内元素可以和其他行内元素位于同一行，在浏览器中显示时不会换行。例如<a><span>等。对于行内元素，不能设置其高度和宽度。

还有一种元素是行内块级元素，比如<img><input>元素等。这些元素可以和其他行内元素位于同一行，同时可以设置其高度和宽度。

15. 如何用 DIV+CSS 实现 3 栏布局（左右固定 200px，中间自适应）？

具体代码如下。

```
html
<div class="container">
   <div class="main">
      <h2>爱创课堂</h2>
   </div>
   <div class="left">左边内容</div>
   <div class="right">右边内容</div>
</div>
CSS
.container div {
   height: 200px;
}
.container {
   padding: 0 200px;
}
.main,
.left,
.right {
   position: relative;
   float: left;
}
.left,
.right {
   width: 200px;
}
.main {
   width: 100%;
   background: yellow;
}
.left {
   background: blue;
   margin-left: -100%;
```

```
    left: -200px;
}
.right {
    background: green;
    margin-left: -200px;
    left: 200px;
}
```

运行结果如下。

小铭提醒

这种布局称为双飞翼布局或两翼齐飞布局等，有多种实现方案。

16. ：解释浮动及其工作原理。

：浮动的元素可以向左或向右移动，直到它的外边缘碰到包含元素（父元素）或另一个浮动元素的边框为止。要想使元素浮动，必须为元素设置一个宽度（width）。虽然浮动元素已不在文档流中，但是它浮动后所处的位置依然在浮动之前的水平方向上。因为浮动元素不在文档流中，所以文档流中的块元素表现得就像浮动元素不存在一样，下面的元素会填补原来的位置。有些元素会在浮动元素的下方，但是这些元素的内容并不一定会被浮动的元素遮盖。当定位内联元素时，要考虑浮动元素的边界，围绕浮动元素放置内联元素。也可以把浮动元素想象成被块元素忽略的元素，而内联元素会关注的元素。

17. ：解释一下 CSS Sprite，以及如何在页面或网站中使用它。

：CSS Sprite 其实就是把网页中一些背景图片整合到一张图片文件中，再利用 CSS 的“background-image”“background-repeat”“background-position”的组合进行背景定位，background-position 可以用数字精确地定位出背景图片的位置。

小铭提醒

在高级浏览器中，可以基于图片的 base64 编码存储，将图片与其他类型的文件打包。

18. ：在书写高效 CSS 时有哪些问题需要考虑？

：（1）样式，从右向左解析一个选择器。

（2）类型选择器的速度，ID 选择器最快，Universal（通配符*）最慢。对于常用的 4 种类型选择器，解析速度由快到慢依次是 ID、class、tag 和 universal。

（3）不要用标签限制 ID 选择器（如：ul#main-navigation{}，ID 已经是唯一的，不需要 Tag 来限制，这样做会让选择器变慢）。

（4）后代选择器最糟糕（换句话说，html body ul li a{}这个选择器是很低效的）。

（5）想清楚你的需求，再去书写选择器。

（6）CSS3 选择器（如 nth-child）能够漂亮地定位我们想要的元素，又能保证 CSS 整洁易读。然而，这些神奇的选择器会浪费很多的浏览器资源。

（7）我们知道 ID 选择器的速度最快，但是如果都用 ID 选择器，会降低代码的可读性和可维护性等。在大型项目中，相对于使用 ID 选择器提升速度，代码的可读性和可维护性带来的收益更大。

19. ：说出几种解决 IE6 Bug 的方法。

：解决方案如下。

（1）双边距问题，是使用 float 引起的。

解决方法是使用 display:inline。

（2）3 像素问题，是使用 float 引起的。

解决方法是使用_margin-right:-3px。

（3）超链接 hover 伪类样式，单击后失效。

解决方法是使用以下正确的书写顺序：L→V→H→A(link, visited, hover, active)。

（4）z-index 问题。

解决方法是给父级添加 position:relative。

（5）PNG 图片半透明问题。

解决方法是使用 JavaScript 代码库，或使用 IE 滤镜。

小铭提醒

在使用 IE 滤镜解决 PNG 图片透明度的时候，在 IE6 中，会对事件产生影响。

20. ：页面重构怎样操作？

：编写 CSS，让页面结构更合理化，提升用户体验，达到良好的页面效果并提升性能。

21. ：display:none 和 visibility:hidden 的区别是什么？

：display:none 隐藏对应的元素，在文档流中不再给它分配空间，它各边的元素会合拢，即脱离文档流。

visibility:hidden 隐藏对应的元素，但是在文档流中仍保留原来的空间。

22. ：内联元素可以实现浮动吗？

：在 CSS 中，任何元素都可以浮动。不论浮动元素本身是何种元素，都会生成一个块级框。因此，对于内联元素，如果设置为浮动，会产生和块级框相同的效果。

23. ：简要描述 CSS 中 content 属性的作用。

：content 属性与:before 及:after 伪元素配合使用，用来插入生成的内容，可以在元素之前或之后放置生成的内容。可以插入文本、图像、引号，并可以结合计数器，为页面元素插入编号。比如，查看如下代码。

```
body {
   counter-reset: chapter;
}
h1:before {
   content: "第"counter(chapter)"章"
}
h1 {
   counter-increment: chapter;
}
<h1></h1>
<h1></h1>
<h1></h1>
```

程序运行结果如下。

第1章

第2章

第3章

使用 content 属性，并结合:before 选择器和计数器 counter，可以在每个<h1>元素前插入新的内容。

24. ：如何定义高度很小的容器？

：因为有一个默认的行高，所以在 IE6 下无法定义小高度的容器。

两种解决方案分别是 overflow:hidden 或 font-size:容器高度 px。

25. ：如何在图片下方设置几像素的空白间隙？

：定义 img 为 display:block，或定义父容器为 font-size:0。

26. ：如何解决 IE6 双倍 margin 的 Bug？

：使用 display:inline。

27. ：如何让超出宽度的文字显示为省略号？

：输入 overflow:hidden;width:xxx;white-space:nowrap;text-overflow:ellipsis。

28. ：如何使英文单词发生词内断行？

：输入 word-wrap:break-word。

29. ：如何实现 IE6 下的 position:fixed?

：具体代码如下。

```
html_{overflow:hidden;}
body_{overflow:auto;height:100%;}
.fixed{position:fixed;_position:absolute;left:0;top:0;padding:10px;background:#000;}
```

30. ：如何让 min-height 兼容 IE6?

：具体代码如下。

```
.min-height{
    min-height:100px;
    _height:100px;
    background: red;
}
```

31. ：已知高度的容器如何在页面中水平垂直居中?

：具体代码如下。

```
<style type="text/css">
#box {
                                width: 200px;
                               height: 200px;
                              background: red;
                             position: absolute;
                                left: 50%;
                                 top: 50%;
                          margin: -100px 0 0 -100px;
                             /*或者 marign: -100px*/
}
</style>
<div id="box"></div>
```

程序运行结果如下。

32. ：px 和 em 的区别是什么?

：px 和 em 都是长度单位，两者的区别是：px 的值是固定的，指定为多少就是多少，计算比较容易；em 的值不是固定的，是相对于容器字体的大小，并且 em 会继承父级元素的字体大小。

浏览器的默认字体高都是16px，所以未经调整的浏览器都符合1em=16px，那么12px=0.75em，10px=0.625em。

与em对应的另一个长度单位是rem，是指相对于根元素（通常是HTML元素）字体的大小。

33. 🧑：什么叫优雅降级和渐进增强？两者有什么区别？

🧑：优雅降级graceful degradation是指一开始就构建完整的功能，然后再针对低版本浏览器进行兼容。

渐进增强progressive enhancement是指针对低版本浏览器构建页面，保证最基本的功能，然后再针对高级浏览器进行效果、交互等改进并追加功能，以达到更好的用户体验。

两者的区别如下。

（1）优雅降级从复杂的现状开始，并试图减少用户体验的供给。

（2）渐进增强则从一个非常基础并且能够起作用的版本开始，并不断扩充，以适应未来环境的需要。

（3）降级（功能衰减）意味着往回看，而渐进增强则意味着朝前看，同时保证其根基处于安全地带。

34. 🧑：网页制作会用到哪些图片格式？

🧑：用于网页制作的主流图像格式有JPG、PNG、GIF等。

- JPG：压缩率高，文件小，最常用。
- PNG：支持无损压缩，色彩损失小，保真度高，文件稍大。
- GIF：支持动画显示，但只支持256色显示，目前已经被Flash大量取代。

35. 🧑：CSS的content属性有什么作用？有什么应用？

🧑：CSS的content属性专门应用在before/after伪元素上，用于插入生成的内容。最常见的应用是利用伪类清除浮动。

36. 🧑：对行内元素设置margin-top和margin-bottom是否起作用？

🧑：不起作用（需要注意行内元素的替换元素img、input，它们是行内元素，但是可以设置它们的宽度和高度，并且margin属性也对它们起作用，margin-top和margin-botton有着类似于inline-block的行为）。

37. 🧑：div+css的布局较table布局有什么优点？

🧑：（1）改版的时候更方便，只须改动CSS文件。

（2）页面加载速度更快、结构清晰、页面简洁。

（3）表现与结构分离。

（4）搜索引擎优化（SEO）更友好，排名更靠前。

38. ：如果设置<p>的 font-size 为 10rem，那么当用户重置或拖曳浏览器窗口时，它的文本会不会受到影响？

：不会。

39. ：谈谈你对 BFC 规范的理解。

：BFC（Block Formatting Context）指块级格式化上下文，即一个创建了新的 BFC 的盒子是独立布局的，盒子里面的子元素的样式不会影响到外面的元素。在同一个 BFC 中，两个毗邻的块级盒在垂直方向（和布局方向有关系）的 margin 会发生折叠。

BFC 决定元素如何对其内容进行布局，也决定与其他元素的关系和相互作用。

40. ：谈谈你对 IFC 规范的理解。

：IFC（Inline Formatting Context）指内联格式化上下文。IFC 的线框（line box）高度由其包含行内元素中最高的实际高度计算而来（不受竖直方向的 padding/margin 的影响）。IFC 中的线框一般左右都贴紧整个 IFC，但是会被 float 元素扰乱。同一个 IFC 下的多个线框高度不同。IFC 中是不可能有块级元素的，当插入块级元素时（如在 p 中插入 div），会产生两个匿名块，两者与 div 分隔开，即产生两个 IFC，每个 IFC 对外表现为块级元素，与 div 垂直排列。

41. ：谈谈你对 GFC 规范的理解。

：GFC（GridLayout Formatting Context）指网格布局格式化上下文，即当把一个元素的 display 值设为 grid 的时候，此元素将会获得一个独立的渲染区域。可以通过在网格容器（grid container）上定义网格定义行（grid definition row）和网格定义列（grid definition column），在网格项目（grid item）上定义网格行（grid row）和网格列（grid column）来为每一个网格项目定义位置和空间。

42. ：谈谈你对 FFC 规范的理解。

：FFC（Flex Formatting Context）指自适应格式化上下文，即 display 值为 flex 或 inline-flex 的元素将会生成自适应容器。伸缩容器中的每一个子元素都是一个伸缩单元。伸缩单元可以是任意数量的。伸缩单元内和伸缩容器外的一切元素都不受影响。简单地说，Flexbox 定义了伸缩容器内伸缩单元的布局。

43. ：访问超链接后 hover 样式就不出现的原因是什么？应该如何解决？

：因为访问过的超链接样式覆盖了原有的 hover 和 active 伪类选择器样式，解决方法是将 CSS 属性的排列顺序改为 L→V→H→A（link, visited, hover, active）。

44. ：什么是外边距重叠？重叠的结果是什么？

：外边距重叠就是 margin-collapse。

在 CSS 中，相邻的两个盒子（可能是兄弟关系也可能是祖先关系）的外边距可以结合成一个单独的外边距。这种合并外边距的方式称为折叠，因此而结合成的外边距称为折叠外边距。

折叠结果遵循下列计算规则。

（1）当两个相邻的外边距都是正数时，折叠的结果是它们两者中较大的值。

（2）当两个相邻的外边距都是负数时，折叠的结果是两者中绝对值较大的值。

（3）当两个外边距一正一负时，折叠的结果是两者相加的和。

45. ：rgba()和 opacity 的透明效果有什么不同?

：rgba()和 opacity 都能实现透明效果，但它们最大的不同是 opacity 作用于元素，并且可以设置元素内所有内容的透明度；而 rgba()只作用于元素的颜色或其背景色（设置 rgba 透明的元素的子元素不会继承透明效果）。

46. ：CSS 中可以让文字在垂直和水平方向上重叠的两个属性是什么?

：垂直方向的属性是 line-height。水平方向的属性是 letter-spacing。

47. ：你知道哪些关于 letter-spacing 的妙用?

：可以用于消除 inline-block 元素间的换行符空格间隙。

48. ：有什么方式可以对一个 DOM 设置它的 CSS?

：有以下三种方式。

- 外链式，即通过 link 标签引入一个外部 CSS 文件中。
- 内嵌式，即将 CSS 代码写在 style 标签内。
- 行内式，即将 CSS 代码写在元素的 style 属性中。

49. ：在 CSS 中可以通过哪些属性定义，使得一个 DOM 元素不显示在浏览器可视范围内?

：最基本的方式如下。

设置 display 属性为 none，或者设置 visibility 属性为 hidden。

技巧性的方式如下。

设置宽高为 0，透明度为 0，设置 z-index 位置为-1000。

50. ：常用的块属性标签及其特征有哪些?

：常用块标签有 div、h1、h6、ol、ul、li、dl、table、p、br、form。块标签的特征有独占一行，换行显示，可以设置宽、高，块可以套块和行。

51. ：常用的行内属性标签及其特征有哪些?

：行标签有 span、a、img、var、em、strong、textarea、select、option、input。行标签的特征有在行内显示，内容撑开宽、高，不可以设置宽、高（img、input、textarea 等除外），行只能套用行标签。

52. ：浏览器标准模式和怪异模式之间的区别是什么?

：它们的区别是盒子模型的渲染模式不同。

可以使用 window.top.document.compatMode 判断当前模式为何种模式。

结果为 BackCompat，表示怪异模式。

结果为 CSS1Compat，表示标准模式。

53. ：如何避免文档流中的空白符合并现象?

：空白符合并是标准文档流的特征之一，可以通过设置 white-spac 修改这一特征，属性值如下。

- pre 表示不会合并空白符，渲染换行符，不会自动换行，相当于 pre 元素。
- pre-wrap 表示不会合并空白符，渲染换行符，自动换行。
- pre-line 表示合并空白符，渲染换行符，自动换行。
- nowrap 表示合并空白符，不会渲染换行符，不会自动换行。
- normal 表示默认值，按照文档流特点渲染，合并空白符，不会渲染换行符，自动换行。

54. ：常见的兼容性问题有哪些?

：PNG24 位的图片在 IE6 浏览器上出现背景，解决方案是改成 PNG8，也可以引用一段脚本进行处理。

浏览器默认的 margin 和 padding 不同。解决方案是用一个全局的*{margin:0;padding:0;}来统一它们。

IE6 双边距 Bug 是指在块属性标签 float 后又有横行的 margin 时，在 IE6 中显示的 margin 比设置的大。

浮动 IE 产生的双倍距离（IE6 的双边距问题是指在 IE6 下，如果对元素设置了浮动，同时又设置了 margin-left 或 margin-right，margin 的值会加倍）。

```
#box{ float:left; width:10px; margin:0 0 0 100px;}。
```

这种情况下 IE 会产生 20px 的距离，解决方案是在 float 的标签样式控制中加入_display:inline，将其转换为行内属性（_这个符号只会被 IE6 识别）。

用渐进识别的方式，从总体中逐渐排除局部。

首先，巧妙地使用“\9”这一标记，将 IE 浏览器从所有情况中分离出来。

然后，再次使用“+”将 IE8 和 IE7、IE6 分离开，这样 IE8 就能被独立识别。

```
css
    .bb{
     background-color:#f1ee18;/*所有识别*/
    .background-color:#00deff\9; /*IE6、7、8 识别*/

    +background-color:#a200ff;/*IE6、7 识别*/
    _background-color:#1e0bd1;/*IE6 识别*/
    }
```

怪异模式问题是指漏写 DTD 声明，Firefox 仍然会按照标准模式来解析网页，但在 IE 中会触发怪异模式。为避免怪异模式给我们带来不必要的麻烦，最好养成书写 DTD 声明的好习惯。现在可以使用[html5]

推荐的写法是'<doctype html>'上下 margin 重合的问题 IE 和 FF 中都存在，相邻两个 div 的 margin-left 和 margin-right 不会重合，但是 margin-top 和 margin-bottom 会重合。

解决方法是养成良好的代码编写习惯，同时采用 margin-top 或者同时采用 margin-bottom。

55. ：透明度具有继承性，如何取消透明度的继承？

：使用 rgba 给元素的背景设置透明度的方式，来替代使用 opacity 设置元素透明度的方式，解决子元素继承父元素透明度的问题。

56. ：CSS 中，自适应的单位都有哪些？

：自适应的单位有以下几个。

- 百分比：%。
- 相对于视口宽度的单位：vw。
- 相对于视口高度的单位：vh。
- 相对于视口宽度或者高度（取决于哪个小）的单位：vm。
- 相对于父元素字体大小的单位：em。
- 相对于根元素字体大小的单位：rem。

57. ：说说 rem 和 em 的区别。

：它们都是相对单位。

- rem 表示相对于根元素的字体大小。
- em 表示相对于父元素的字体大小。

58. ：什么是 FOUC？如何避免 FOUC？

：FOUC 即无样式内容闪烁（Flash Of Unstyled Content），是在 IE 下通过@import 方式导入 CSS 文件引起的，如：<style type="text/css"media="all">@importurl('demo.css'); </style>。

IE 会首先加载整个 HTML 文档的 DOM，然后再导入外部的 CSS 文件。因此，在页面 DOM 加载完成到 CSS 导入完成中间，有一段时间页面上的内容是没有样式的，这段时间的长短跟网速和电脑速度都有关系。

解决方法是在<head>之间加入一个<link>或<script>标签。

59. ：说说 display:none 和 visibility:hidden 的区别。

：display:none 隐藏对应的元素，在文档布局中不再给它分配空间，它各边的元素会合拢，就当它从来都不存在。

visibility:hidden 隐藏对应的元素，但是在文档布局中仍保留原来的空间。

HR 有话说

CSS 部分的面试题主要考察应试者对 CSS 基础概念模型的理解，例如文档流、盒模型、浮动、定位、选择器权重、样式继承等。很多应试者认为 CSS 很简单，没多少内容，面试就是面试 JavaScript 部分的内容，这些观点是错误的，面试的第一关往往会考察应试者对 CSS 的掌握情况。因此，CSS 也常常是应试者掉入的第一个陷阱。

第 3 章　HTML5

1. ：HTML5 有哪些新特性？移除了哪些元素？

：HTML5 的新特性如下。

- 拖放（Drag and drop）API。
- 语义化更好的内容标签（header、nav、footer、aside、article、section）。
- 音频、视频（audio、video）API。
- 画布（Canvas）API。
- 地理（Geolocation）API。
- 本地离线存储（localStorage），即长期存储数据，浏览器关闭后数据不丢失。
- 会话存储（sessionStorage），即数据在浏览器关闭后自动删除。
- 表单控件包括 calendar、date、time、email、url、search 。
- 新的技术包括 webworker、websocket、Geolocation。

移除的元素如下。

- 纯表现的元素，包括 basefont、big、center、font、s、strike、tt、u。
- 对可用性产生负面影响的元素，包括 frame、frameset、Noframes。

2. ：如何处理 HTML5 新标签的浏览器兼容问题？

：IE8、IE7、IE6 支持用 document.createElement 产生标签，可以利用这一特性让这些浏览器支持 HTML5 新标签。浏览器支持新标签后，还需要添加标签默认的样式（最好的方式是直接使用成熟的框架，使用最多的是 html5shim 框架），可以用 IE hack 引入该框架。

```
<!--[if lt IE 9]>
<script> src="http://html5shim.googlecode.com/svn/trunk/html5.js"</script>
<![endif]-->
```

3. ：如何区别 HTML 和 HTML5？

：用 DOCTYPE 声明新增的结构元素和功能元素来区别它们。

4. ：什么是 HTML5？

：HTML5 是最新的 HTML 标准，它的主要目标是提供所有内容，而不需要任何如 Flash、SilverLight 等的额外插件，这些内容来自动画、视频、富 GUI 等。

HTML5是万维网联盟（W3C）和网络超文本应用技术工作组（WHATWG）合作输出的。

5. ：新的HTML5文档类型和字符集是什么？

：HTML5文档类型是<!doctype html>。

HTML5使用的字符集<meta charset="UTF-8">。

6. ：HTML5 Canvas元素有什么作用？

：Canvas元素用于在网页上绘制图形，该元素标签的强大之处在于可以直接在HTML上进行图形操作。

7. ：HTML5新增了哪些功能API？

：新增的功能API包括Media API、Text Track API、Application Cache API、User Interaction、Data Transfer API、Command API、Constraint Validation API、History API。

8. ：HTML5的离线存储有哪些？

：有以下离线存储。

- localStorage，可长期存储数据，即浏览器关闭后数据不丢失。
- sessionStorage，数据在浏览器关闭后自动删除。

9. ：HTML5的form如何关闭自动补全功能？

：将不想要提示的form元素下的input元素的autocomplete属性设置为off。

10. ：如何在HTML5页面中嵌入音频？

：HTML5包含了嵌入音频文件的标准方式，支持的格式包括MP3、Wav和Ogg等，嵌入方式如下。

```
<audio controls>
    <source src="icketang.mp3" type="audio/mpeg">
      Your browser does'nt support audio embedding feature.
</audio>
```

11. ：如何在HTML5页面中嵌入视频？

：和嵌入音频文件一样，HTML5定义了嵌入视频的标准方式，支持的格式包括MP4、WebM和Ogg等，嵌入方式如下。

```
<video width="450" height="340" controls>
    <source src="icketang.mp4" type="video/mp4">
      Your browser does'nt support video embedding feature.
</video>
```

12. ：HTML5引入了哪些新的表单属性？

：新增表单属性包括datalist、datetime、output、keygen、date、month、week、time、number、range、emailurl。

13. 👤：如何显示我们自己画的一个弹框？

👤：可以用一个简单的方法，在页面上单击一个按钮，弹出一个弹框，而弹框也是自己写的一个 div。单击前，先把弹框隐藏，onclick 事件发生之后就会显示出来。

14. 👤：HTML5 应用缓存和常规的 HTML 浏览器缓存有什么差别？

👤：HTML5 应用缓存最关键的就是支持离线应用，可获取少数或者全部网站内容，包括 HTML、CSS、图像和 JavaScript 脚本并存在本地。该特性提升了网站的性能，可通过如下方式实现。

```
<!doctype html>
<html manifest="example.appcache">
.....
</html>
```

与传统的浏览器缓存比较，该特性并不强制要求用户访问网站。

15. 👤：为什么 HTML5 里面不需要 DTD（Document Type Definition，文档类型定义）？如果不放入<!doctype html>标签，HTML5 还会工作吗？

👤：HTML5 没有使用 SGML 或者 XHTML，它是一个全新的类型，因此不需要参考 DTD。对于 HTML5，仅须放置下面的文档类型代码，让浏览器识别 HTML5 文档。

如果不放入<! doctype html>标签，HTML5 不会工作。浏览器将不能识别出它是 HTML 文档，同时 HTML5 的标签将不能正常工作。

16. 👤：哪些浏览器支持 HTML5？

👤：几乎所有的浏览器（如 Safari、Chrome、Firefox、Opera、IE）都支持 HTML5。

17. 👤：本地存储和会话（事务）存储之间的区别是什么？

👤：本地存储数据持续永久，但是会话存储在浏览器打开时有效，在浏览器关闭时会话重置存储数据。

18. 👤：HTML5 中的应用缓存是什么？

👤：HTML5 应用缓存的最终目的是帮助用户离线浏览页面。换句话说，如果网络连接不可用，打开的页面就来自浏览器缓存，离线应用缓存可以帮助用户达到这个目的。

应用缓存可以帮助用户指定哪些文件需要缓存，哪些不需要。

19. 👤：如果把 HTML5 看成一个开放平台，它的构建模块有哪些？

👤：如果把 HTML5 看成一个开放平台，它的构建模块至少包括以下几个，如<nav><header><section><footer>。

<nav>标签用来将具有导航性质的链接划分在一起，使代码结构在语义化方面更加准确。

<header>标签用来定义文档的页眉。

<section>标签用来描述文档的结构。

<footer>标签用来定义页脚。在典型情况下，该元素会包含文档作者的姓名、文档的创作日期和联系信息。

20. ：HTML5为什么只需要写<!doctype html>?

：HTML5不基于SGML，因此不需要对DTD进行引用，但是需要DOCTYPE来规范浏览器的行为（让浏览器按照它们的方式来运行）。而HTML4.01基于SGML，所以需要对DTD进行引用，才能告知浏览器文档所使用的类型。

21. ：HTML5应用程序缓存为应用带来什么优势？

：应用程序缓存为应用带来3个优势。

（1）离线浏览，让用户可在应用离线时（网络不可用时）使用它们。

（2）速度，让已缓存资源加载得更快。

（3）减少服务器负载，让浏览器将只下载服务器更新过的资源。

22. ：与HTML4比较，HTML5 废弃了哪些元素？

：废弃的元素包括frame、frameset、noframe、applet、big、center和basefront。

23. ：HTML5标准提供了哪些新的API?

：HTML5提供很多新的API，包括Media API、Text Track API、Application Cache API、User InteractionAPI、Data Transfer API、Command API、Constraint Validation API和History API

24. ：请你说一下Web Worker和WebSocket的作用。

：Web Worker的作用如下。

（1）通过worker = new Worker(url)加载一个JavaScript文件，创建一个Worker，同时返回一个Worker实例。

（2）用worker.postMessage(data)向Worker发送数据。

（3）绑定worker.onmessage接收Worker发送过来的数据。

（4）可以使用worker.terminate()终止一个Worker的执行。

WebSocket的作用如下。

它是Web应用程序的传输协议，提供了双向的、按序到达的数据流。它是HTML5新增的协议，WebSocket的连接是持久的，它在客户端和服务器之间保持双工连接，服务器的更新可以及时推送到客户端，而不需要客户端以一定的时间间隔去轮询。

25. ：如何实现浏览器内多个标签页之间的通信？

：在标签页之间，调用localstorge、cookies等数据存储，可以实现标签页之间的通信。

26. ：如何让WebSocket兼容低版本浏览器？

：使用Adobe Flash Socket、ActiveX HTMLFile (IE)、multipart 编码发送XHR

与长轮询发送 XHR 等，可以实现不支持 WebSocket API 的浏览器对 WebSocket 的兼容。

27. ：HTML5 为浏览器提供了哪些数据存储方案？

：在较高版本的浏览器中，提供了 sessionStorage 和 globalStorage。在 HTML5 规范中，用 localStorage 取代 globalStorage。

HTML5 中的 Web Storage 包括两种存储方式，分别是 sessionStorage 和 localStorage。

sessionStorage 用于在本地存储一个会话（session）中的数据，这些数据只有同一个会话中的页面才能访问，当会话结束后，数据也随之销毁。因此 sessionStorage 不是一种持久化的本地存储，仅仅是会话级别的存储。

localStorage 用于持久化的本地存储，除非主动删除数据，否则数据是永远不会过期的。

localStorage 和 sessionStorage 都具有相同的操作方法，例如 setItem、getItem 和 removeItem 等。

28. ：请描述一下 sessionStorage 和 localStorage 的区别。

：sessionStorage 用于在本地存储一个会话中的数据，这些数据只有同一个会话中的页面才能访问，当会话结束后，数据也随之销毁。因此 sessionStorage 不是一种持久化的本地存储，仅仅是会话级别的存储。

而 localStorage 用于持久化本地存储，除非主动删除数据，否则数据是永远不会过期的。

29. ：localStorage 和 cookie 的区别是什么？

：localStorage 的概念和 cookie 相似，区别是 localStorage 是为了更大容量的存储设计的。cookie 的大小是受限的，并且每次请求一个新页面时，cookie 都会被发送过去，这样无形中浪费了带宽。另外，cookie 还需要指定作用域，不可以跨域调用。

除此之外，localStorage 拥有 setItem、getItem、removeItem、clear 等方法，cookie 则需要前端开发者自己封装 setCookie 和 getCookie。但 cookie 也是不可或缺的，因为 cookie 的作用是与服务器进行交互，并且还是 HTTP 规范的一部分，而 localStorage 仅因为是为了在本地“存储”数据而已，无法跨浏览器使用。

30. ：请你谈谈 cookie 的特点。

：cookie 虽然为持久保存客户端数据提供了方便，分担了服务器存储的负担，但是有以下局限性。

（1）每个特定的域名下最多生成 20 个 cookie。

（2）IE6 或更低版本最多有 20 个 cookie。

（3）IE7 和之后的版本最多可以有 50 个 cookie。

（4）Firefox 最多可以有 50 个 cookie。

（5）Chrome 和 Safari 没有做硬性限制。

IE和Opera会清理近期最少使用的cookie，Firefox会随机清理cookie。

cookie最大为4096字节，为了兼容性，一般不能超过4095字节。

IE提供了一种存储方式，可以让用户数据持久化，叫作userdata，从IE5.0就开始支持此功能。每块数据最多128KB，每个域名下最多1MB。这个持久化数据放在缓存中，如果缓存没有被清理，就会一直存在。

优点如下。

（1）通过良好的编程，控制保存在cookie中的session对象的大小。

（2）通过加密和安全传输技术（SSL），降低cookie被破解的可能性。

（3）只在cookie中存放不敏感数据，即使被盗也不会有重大损失。

（4）控制cookie的生命周期，使之不会永远有效。数据偷盗者很可能得到一个过期的cookie。

缺点如下。

（1）“cookie”的数量和长度有限制。每个domain最多只能有20条cookie，每个cookie的长度不能超过4KB，否则会被截掉。

（2）安全性问题。如果cookie被别人拦截了，就可以取得所有的session信息。即使加密也于事无补，因为拦截者并不需要知道cookie的意义，他只要原样转发cookie就可以达到目的。

（3）有些状态不可能保存在客户端。例如，为了防止重复提交表单，我们需要在服务器端保存一个计数器。如果把这个计数器保存在客户端，那么它起不到任何作用。

31. ：cookie和session的区别是什么？

：区别如下。

（1）cookie数据存放在客户的浏览器上，session数据存放在服务器上。

（2）cookie不是很安全，别人可以分析存放在本地的cookie并进行cookie欺骗。考虑到安全问题应当使用session。

（3）session会在一定时间内保存在服务器上。当访问增多时，会占用较多服务器的资源。为了减轻服务器的负担，应当使用cookie。

（4）单个cookie保存的数据不能超过4KB，很多浏览器都限制一个站点最多保存20个cookie。

所以个人建议可以将登录信息等重要信息存放在session中，其他信息（如果需要保留）可以存放在cookie中。

32. ：什么是SVG？

：SVG即可缩放矢量图形（Scalable Vector Graphics）。它是基于文本的图形语言，使用文本、线条、点等来绘制图像，这使得它轻便、显示迅速。

33. ：Canvas 和 SVG 的区别是什么？

：两者的区别如下。

（1）一旦 Canvas 绘制完成将不能访问像素或操作它；任何使用 SVG 绘制的形状都能被记忆和操作，可以被浏览器再次显示。

（2）Canvas 对绘制动画和游戏非常有利；SVG 对创建图形（如 CAD）非常有利。

（3）因为不需要记住以后事情，所以 Canvas 运行更快；因为为了之后的操作，SVG 需要记录坐标，所以运行比较缓慢。

（4）在 Canvas 中不能为绘制对象绑定相关事件；在 SVG 中可以为绘制对象绑定相关事件。

（5）Canvas 绘制出的是位图，因此与分辨率有关；SVG 绘制出的是矢量图，因此与分辨率无关。

34. ：如何使用 Canvas 和 HTML5 中的 SVG 画一个矩形？

：使用 SVG 绘制矩形的代码如下。

```
<svg xmlns="http://www.w3.org/2000/svg" version="1.1">
    <rect style="fill:rgb(255,100,0); "height="200"width="400"></rect>
</svg>
```

使用 Canvas 绘制矩形的代码如下。

```
<canvas id="myCanvas" width="500" height="500"></canvas>
var canvas = document.getElementById('myCanvas');
var ctx = canvas.getContext('2d');
ctx.rect(100, 100, 300, 200);
ctx.fillStyle = 'pink'
ctx.fill()
```

35. ：本地存储的数据有生命周期吗？

：本地存储的数据没有生命周期，它将一直存储数据，直到用户从浏览器清除或者使用 JavaScript 代码移除。

36. ：HTML5 中如何实现应用缓存？

：首先，需要指定“manifest”文件，“manifest”文件帮助你定义缓存如何工作。以下是“manifest”文件的结构。

```
CACHE MANIFEST
# version 1.0
/demo.css
/demo.js
/demo.png
所有 manifest 文件都以"CACHE MANIFEST"语句开始。.
#（散列标签）有助于提供缓存文件的版本。
manifest 文件的内容类型应是"text/cache-manifest"。
```

创建一个缓存 manifest 文件后，在 HTML 页面中提供 manifest 链接，代码如下所示。

```
<html manifest="icketang.appcache">。
```

第一次运行以上文件时，它会添加到浏览器应用缓存中，在服务器宕机时，页面从应用缓存中获取数据。

37. ：如何刷新浏览器的应用缓存？

：应用缓存通过变更"#"标签后的版本号来刷新，如下所示。

```
CACHE MANIFEST
# version 2.0
/icketang.css
/icketang.js
/icketang.png
NETWORK :
login.php
```

38. ：应用缓存中的回退是什么？

：应用缓存中的回退会帮助你指定在服务器不可访问时，显示某文件。例如在下面的 manifest 文件中，如果用户输入了"/home"，同时服务器不可到达，"404.html"文件应送达。

```
FALLBACK:
/home/ /404.html
```

39. ：应用缓存中网络命令的作用是什么？

：网络命令描述不需要缓存的文件，例如以下代码中"login.php"始终都不应该缓存或者离线访问。

```
NETWORK:
login.php
```

40. ：什么是 WebSql？

：WebSql 是一个在浏览器客户端的结构关系数据库，是浏览器内的本地 RDBMS（关系型数据库管理系统），可以使用 SQL 查询。

41. ：WebSql 是 HTML5 的一个规范吗？

：不是，许多人把它标记为 HTML5，但是它不是 HTML5 规范的一部分，这个规范是基于 SQLite 的。

42. ：HTML5 如何实现跨域？

：在服务器端设置允许在其他域名下访问，例如允许所有域名访问以下内容。

```
response.setHeader("Access-Control-Allow-Origin", "*");
response.setHeader("Access-Control-Allow-Methods","POST");
response.setHeader("Access-Control-Allow-Headers","x-requested-with,content-type");
```

HR 有话说

HTML5 为我们提供了更多的语义化标签、更丰富的元素属性，以及更让人欣喜的功能。但在面试中，HTML5 部分的面试题主要考察应试者对 HTML5 API 的掌握情况，这是 HTML5 的重点，也正是这些 API 推动了前端的发展。这些新技术早已应用在很多大型项目中。有些人认为 HTML5 只是新增了一些语义化 HTML 标签，或者 HTML5 只是对 HTML 做了拓展，我们只须了解 HTML 相关知识的观点是错误的。

第 4 章　CSS3

1. ：CSS3 有哪些新特性？

：CSS3 的新特征如下。

- 圆角（border-radius）；
- 阴影（box-shadow）；
- 对文字加特效（text-shadow）；
- 线性渐变（gradient）；
- 变换（transform），如 transform: rotate(9deg) scale(0.85,0.90) translate(0px,-30px) skew(-9deg,0deg);//旋转、缩放、定位、倾斜。
- 更多的 CSS 选择器；
- 多背景设置；
- 色彩模式，如 rgba;
- 伪元素::selection;
- 媒体查询；
- 多栏布局；
- 图片边框（border-image）。

2. ：CSS3 新增伪类有哪些？

：新增伪类有以下几个。

- p:first-of-type，选择属于其父元素的首个<p>元素的每个<p>元素。
- p:last-of-type，选择属于其父元素的最后一个<p>元素的每个<p>元素。
- p:only-of-type，选择属于其父元素的唯一<p>元素的每个<p>元素。
- p:only-child，选择属于其父元素的唯一子元素的每个<p>元素。
- p:nth-child(2)，选择属于其父元素的第二个子元素的每个<p>元素。
- :enabled:disabled，控制表单控件的禁用状态。
- :checked，单选框或复选框被选中。

3. ：first-child 与 first-of-type 的区别是什么？

：二者的区别如下。

first-child 匹配的是父元素的第一个子元素，可以说是结构上的第一个子元素。

first-of-type 匹配的是该类型的第一个元素，类型就是指冒号前面匹配到的元素。并不限制是第一个子元素，只要是该类型元素的第一个即可。当然，这些元素的范围都属于同一级，也就是同辈。

下面给出一段示例代码。

```
<div>
    <p></p>
    <span></span>
</div>
```

p:first-child 匹配到 p 元素，因为 p 元素是 div 的第一个子元素。

span:first-child 匹配不到 span 元素，因为 span 是 div 的第二个子元素。

p:first-of-type 匹配到 p 元素，因为 p 是 div 所有为 p 的子元素中的第一个。

span:first-of-type 匹配到 span 元素，因为 span 是 div 所有为 span 的子元素中的第一个。

4. ：当使用 transform:translate 属性时会出现闪烁现象，如何解决？

：解决方案如下。

```
-webkit-backface-visibility:hidden;       //隐藏转换的元素的背面
-webkit-transform-style: preserve-3d;     //使被转换的元素的子元素保留其 3D 转换
-webkit-transform:translate3d(0,0,0);     //开启 GPU 硬件加速模式，使用 GPU 代替 CPU 渲染动画
```

小铭提醒

在某些 Android 系统中，有时会有莫名其妙的 Bug，建议慎重使用。

5. ：CSS3 动画如何在动作结束时保持该状态不变？

：采用 animation-fill-mode。其可以设置为以下值。

- none，不改变默认行为。
- forwards，当动画完成后，保持最后一个属性值（在最后一个关键帧中定义）。
- backwards，在 animation-delay 所指定的一段时间内，在动画显示之前，应用开始属性值（在第一个关键帧中定义）。
- both，向前和向后填充模式都可以应用。

6. ：用两种方式实现某 DIV 元素以每秒 50px 的速度左移 100px。

：方法一，使用 jQuery。

```
$('div').animate({'left': 100}, 2000);
```

方法二，使用 JavaScript + CSS3。

CSS 部分如下。

```
div {
    transition: all 2s linear; // linear 规定以相同速度（匀速）开始至结束的过渡效果
}
```

JavaScript 部分如下。

```
div.style.left = (div.offsetLeft + 100) + 'px';
```

7. ：介绍一下 box-sizing 属性。

：box-sizing 属性主要用来控制元素盒模型的解析模式。默认值是 content-box。

content-box 让元素维持 W3C 的标准盒模型。元素的宽度/高度由 border + padding + content 的宽度/高度决定，设置 width/height 属性指的是指定 content 部分的宽度/高度。

border-box 让元素维持 IE 传统盒模型（IE6 以下版本和 IE6、IE7 的怪异模式）。设置 width/height 属性指的是指定 border + padding + content 的宽度/高度。

标准浏览器下，按照 W3C 规范解析盒模型。一旦修改了元素的边框或内距，就会影响元素的盒子尺寸，就不得不重新计算元素的盒子尺寸，从而影响整个页面的布局。

8. ：你对 content-box 盒模型了解多少？

：布局所占宽度（Width）如下。

```
Width = width + padding-left + padding-right + border-left + border-right
```

布局所占高度（Height）如下。

```
Height = height + padding-top + padding-bottom + border-top + border-bottom
```

9. ：你对 padding-box 盒模型了解多少？

：布局所占宽度（Width）如下。

```
Width = width(包含padding-left + padding-right) + border-top + border-bottom
```

布局所占高度（Height）如下。

```
Height = height(包含padding-top + padding-bottom) + border-top + border-bottom
```

10. ：你对 border-box 盒模型了解多少？

：布局所占宽度（Width）如下。

```
Width = width(包含padding-left + padding-right + border-left + border-right)
```

布局所占高度（Height）如下。

```
Height = height(包含padding-top + padding-bottom + border-top + border-bottom)
```

11. ：CSS3 动画的优点是什么？

：优点如下。

（1）在性能上会稍微好一些，浏览器会对 CSS3 的动画做一些优化。

（2）代码相对简单。

12. ：CSS3 动画的缺点是什么？

：缺点如下。

（1）在动画控制上不够灵活。

（2）兼容性不好。

（3）部分动画功能无法实现。

13. ：Animation 与 Transition 的异同是什么？

：Animation 与 Transition 的功能相同，都是通过改变元素的属性值来实现动画效果的。它们的区别在于，使用 Transition 的功能时只能用指定属性的开始值和结束值，然后在这两个属性值之间使用平滑过渡的方式实现动画效果，因此不能实现比较复杂的动画效果。Animation 功能通过定义多个关键帧，以及定义每个关键帧中元素的属性值来实现更为复杂的动画效果。

14. ：Animation 属性值有哪些？

：两个必要属性如下。

- animation-name，即动画名称。
- animation-duration，即动画持续时间。

其他属性值如下。

- animation-play-state，即播放状态（running 表示播放，paused 表示暂停），可以用来控制动画暂停。
- animation-timing-function，即动画运动形式。
- animation-delay，即动画延迟时间。
- animation-iteration-count，即重复次数。
- animation-direction，即播放前重置（alternate 动画直接从上一次停止的位置开始执行）。

15. ：媒体查询的使用方法是什么？

：使用方法如下。

```
@media 媒体类型 and （媒体特性）{样式规则}
```

这通常在移动端使用。在做移动端开发的时候，为了适配多屏幕，使用 rem 单位，然后根据屏幕尺寸的改变动态地设置根节点 HTML 的 font-size 值。这样可以解决多屏幕适配的问题。

```
html {
    font-size: 20px;
}
@media (min-width: 320px) {
    html {
        font-size: 12px;
    }
}
@media (min-width: 360px) {
```

```
    html {
        font-size: 16px;
    }
}
```

但是这种做法有两个缺点。

（1）适配屏幕的尺寸不是连续的。

（2）会在 CSS 文件中添加大段的查询代码，增加了 CSS 文件的大小，

为改进上述缺点，可以使用 JavaScript 获取移动设备屏幕的宽度，根据设计稿的原型尺寸，动态地计算 font-size 的值。

16. ：rem 的原理是什么?

：在做响应式布局的时候，通过调整 HTML 的字体大小，页面上所有使用 rem 单位的元素都会做相应的调整。

17. ：如何设置 CSS3 文本阴影?

：h1{text-shadow:水平阴影，垂直阴影，模糊距离，阴影颜色}。

18. ：如何把元素从左侧移动 50 像素，从顶端移动 100 像素?

：具体代码如下。

```
div{
   transform: translate(50px,100px);
   -ms-transform: translate(50px,100px);         /* IE 9 */
   -webkit-transform: translate(50px,100px);     /* Safari 和 Chrome */
   -o-transform: translate(50px,100px);          /* Opera */
   -moz-transform: translate(50px,100px);        /* Firefox */
}
```

19. ：如何把一个元素旋转 30°?

：具体代码如下。

```
div{
   transform: rotate(30deg);
   -ms-transform: rotate(30deg);                 /* IE 9 */
   -webkit-transform: rotate(30deg);             /* Safari 和 Chrome */
   -o-transform: rotate(30deg);                  /* Opera */
   -moz-transform: rotate(30deg);                /* Firefox */
}
```

20. ：如何使用 matrix()将 div 元素旋转 30°?

：具体代码如下。

```
div{
   transform:matrix(0.866,0.5,-0.5,0.866,0,0);
   -ms-transform:matrix(0.866,0.5,-0.5,0.866,0,0);     /* IE 9 */
   -moz-transform:matrix(0.866,0.5,-0.5,0.866,0,0);     /* Firefox */
   -webkit-transform:matrix(0.866,0.5,-0.5,0.866,0,0); /* Safari 和 Chrome */
```

```
    -o-transform:matrix(0.866,0.5,-0.5,0.866,0,0);        /* Opera */
}
```

21. ：如何利用 CSS3 制作淡入淡出的动画效果?

：具体步骤如下。

（1）定义动画关键帧，名称为 fadeIn。

```
@-webkit-keyframes fadeIn {
    from {
        opacity: 0; /*初始状态 ，透明度为 0*/
    }
    to {
        opacity: 1; /*结尾状态， 透明度为 1*/
    }
}
@-webkit-keyframes fadeOut {
    from {
        opacity: 1; /*初始状态，透明度为 1*/
    }
    to {
        opacity: 0; /*结尾状态 ，透明度为 0*/
    }
}
```

（2）为 div 增加如下动画代码。

```
div{
   -webkit-animation-name: fadeIn; /*动画名称*/
   -webkit-animation-duration: 3s; /*动画持续时间*/
   -webkit-animation-iteration-count: 1; /*动画次数*/
   -webkit-animation-delay: 0s; /*延迟时间*/
}
```

22. ：说一说盒阴影。

：盒阴影的语法结构与文本阴影类似，如 box-shadow: 5px 5px 5px rgba(255,15,255,0.5)。

但是，盒阴影多了一个属性，即外延值 inset，如 box-shadow: 5px 5px 25px rgba(0,0,255,0.5) inset。

23. ：如何为盒子添加蒙版?

：代码如下。

```
.demo {
   height: 144px;
   width: 144px;
   background: url(logo.png);
   -webkit-mask-image: url(shadow.png);
   -webkit-mask-position: 50% 50%;
   -webkit-mask-repeat: no-repeat;
}
```

蒙版复合属性的语法是-webkit-mask:url(pro_pho_show_pic.png) 50% 50% no-repeat。

蒙版相关属性如下。

- -webkit-mask-clip，即蒙版裁剪位置。
- -webkit-mask-origin，即蒙版原点位置。

24. ：如何通过 CSS3 实现背景颜色线性渐变？

：具体代码如下。

```
div{
   background:-webkit-linear-gradient(left, red, green 50%, blue);
}
```

25. ：如何实现 CSS3 倒影？

：通过-webkit-box-reflect 设置方向、距离。

方向可以设置为 below、above、left、right。

下面给出一段示例代码。

```
.demo {
   height: 144px;
   width: 144px;
   background: url(logo.png);
    -webkit-box-reflect: below 10px;
}
```

26. ：当元素不面向屏幕时其可见性如何定义？

：使用 backface-visibility: visible | hidden。

27. ：CSS3 中 transition 属性值及含义是什么？

：transition 属性是一个简写属性，用于设置以下 4 个过渡属性。

- transition-property，哪个属性需要实现过渡。
- transition-duration，完成过渡效果需要多少秒/毫秒。
- transition-timing-function，速度效果的运动曲线，如 linear、ease-in、ease、ease-out、ease-in-out、cube-bezier。
- transition-delay，规定过渡开始前的延迟时间。

28. ：如何相对于内容框定义图像？

：具体代码如下。

```
.demo {
   height: 200px;
   width: 200px;
   padding: 50px;
   border: 1px solid #ccc;
   background-image: url('logo.png');
   background-repeat: no-repeat;
```

```
    background-position: left top;
    background-origin: content-box;
}
```

语法为 background-origin: padding-box|border-box|content-box。

29. 面试官：background-clip 和 background-origin 的区别是什么?

应聘者：background-clip 规定背景（包括背景颜色和背景图片）的绘制区域。

它有 3 种属性，分别是 border-box、padding-box、content-box。

border-box，即背景从边框开始绘制。

padding-box，即背景在边框内部绘制。

content-box，即背景从内容部分绘制。

background-origin 规定背景图片的定位区域。

它也有 3 种属性：border-box、padding-box、content-box。但要注意，它描述的是“背景图片”。也就是说，它只能对背景做样式上的操作。一旦规定了图片开始绘制的区域，就当于规定图片的左上角从什么地方开始，其他的它就不负责了。

30. 面试官：为了把文本分隔为 4 列并使两列之间间隔 30 像素，应该如何实现?

应聘者：具体代码如下。

```
div{
        -moz-column-count:3;         /* Firefox */
        -webkit-column-count:3;      /* Safari 和 Chrome */
        column-count:3;
        -moz-column-gap:40px;        /* Firefox */
        -webkit-column-gap:40px;     /* Safari 和 Chrome */
        column-gap:40px;
        width: 600px;
}
```

31. 面试官：如何用省略号显示超出文本的内容?

应聘者：使用 text-overflow:ellopsis。

当文本溢出时，为了不显示省略标记（...），通过 clip 直接将溢出的部分裁剪掉。

32. 面试官：如何实现文本换行?

应聘者：使用 word-wrap 属性。

- normal，只在允许的断字点换行（浏览器保持默认处理）。
- break-word，在长单词或 URL 地址内部进行换行。

33. 面试官：说明如何用@keyframes 使 div 元素移动 200 像素。

应聘者：具体代码如下。

```
div {
    width: 100px;
    height: 50px;
```

```
    background: #f30;
    animation: move 3s;
}
@keyframes move {
    from {
        margin-left: 0px;
    }
    to {
        margin-left: 200px;
    }
}
```

HR 有话说

伴随着大量让人欣喜的功能加入 HTML5，CSS3 也同样为我们带来了更加绚丽的样式。CSS 部分的面试题主要考察的仍然是那些已经应用在项目中的样式属性，以及应用过程中的一些常见问题，这些知识点是读者要多加关注的。

第 5 章　Bootstrap

1. ：在 Bootstrap 中，下面栅格系统的标准用法中哪个是错误的？

A．<div class="container"><div class="row"></div></div>

B．<div class="row"><div class="col-md-1"></div></div>

C．<div class="row"><div class="container"></div></div>

D．<div class="col-md-1"><div class="row"></div></div>

：答案是 C。

对应解答如下。

a．.row 的行必须包含在.container 的容器中，所以 A 选项正确。

b．在.row 的行中可以添加.column 的列，所以 B 选项正确

c．.row 的行必须包含在.container 的容器中，所以 C 选项错误。

d．在.column 的列中可以嵌套.row 的行，所以 D 选项正确。

2. ：下面哪个是不正确的辅助类？

A．.text-muted

B．.text-danger

C．.text-success

D．.text-title

：答案是 D。

对应解答如下。

正确的辅助类有：text-muted、text-primary、text-success、text-info、text-warning、text-danger。

3. ：在 Bootstrap 中，关于弹性布局的属性错误的是哪一个？

A．flex

B．flex-direction

C．justify-content

D．flex-container

：答案是 D。

对应解答如下。

a．flex 表示伸缩性。

b．flex-direction 表示伸缩流动性。

c．justify-content 表示主轴对齐。

d．flex-wrap 表示伸缩换行，没有 flex-container 这个属性

4. ：在 Bootstrap 中，关于 flex-direction 属性值错误的是哪一个?

A．col

B．row

C．row-reverse

D．column-reverse

：答案是 A。

对应解答如下。

a．不应该是 col，而应该是 column（元素从上到下排列），所以 col 错误。

b．row：默认值，元素从左到右排列，所以正确。

c．row-reverse：元素从右到左排列，所以正确。

d．column-reverse：元素从下到上排列，所以正确。

5. ：在 Bootstrap 中，关于 flex-wrap 属性值错误的是哪一个?

A．nowrap

B．colwrap

C．wrap

D．wrap-reverse

：答案是 B。

对应解答如下。

a．nowrap：默认值，伸缩容器单行显示，伸缩项目不会换行，所以正确

b．没有这个 colwrap 属性值，所以错误。

c．wrap：伸缩容器多行显示，伸缩项目会换行，所以正确。

d．wrap-reverse：伸缩容器多行显示，伸缩项目会换行，且颠倒行顺序，所以正确。

6. ：在 Bootstrap 中，关于 justify-content 属性值错误的是哪一个?

A．flex-start

B．flex-end

C．middle

D．space-between

：答案是 C。

对应解答如下。

a．flex-start：向一行的起始位置靠齐，所以正确。

b．flex-end：向一行的结束位置靠齐，所以正确。

c．应该是 center，向一行的中间位置靠齐，所以 middle 错误。

d．space-between：平均分布在行内，第一个伸缩项目在一行的最开始，最后一个伸缩项目在一行的最终点，所以正确。

7. ：在 Bootstrap 中，关于 align-items 属性值错误的是哪一个？

A．flex-start

B．flex-end

C．center

D．underline

：答案是 D。

对应解答如下。

a．flex-start：在侧轴起点的外边距紧靠该行在侧轴起始边，所以正确。

b．flex-end：在侧轴终点的外距紧靠该行在侧轴终点边，所以正确。

c．center：外边距盒在该行的侧轴上居中放置，所以正确。

d．应该是 baseline，根据第一行文字的基线对齐，所以 underline 错误。

8. ：在 Bootstrap 中，哪一个不是媒体查询类型的值？

A．all

B．speed

C．handheld

D．print

：答案是 B。

对应解答如下。

a．all：所有设备，是媒体查询类型的值。

b．speed：不是媒体查询类型的值。

c．handheld：便携设备，是媒体查询类型的值。

d．print：打印用纸或打印预览视图，是媒体查询类型的值。

9. ：在 Bootstrap 中，哪个不是媒体特性的属性？

A．device-width

B．width

C．background

D．orientation

：答案是 C。

对应解答如下。

a．device-width：设置屏幕的输出宽度，所以正确。

b．width：渲染界面的宽度，所以正确。

c．应该是 color，它可以设置每种色彩的字节数，所以 background 错误。

d．orientation：设置为横屏或者竖屏，所以正确。

10. ：在 Bootstrap 中，哪种写法是错误的媒体查询？

A．@media all and (min-width:1024px) { }

B．@media all and (min-width:640px) and (max-width:1023px) { }

C．@media all and (min-width:320px) or (max-width:639px) { }

D．@media screen and (min-width:320px) and (max-width:639px) { }

：答案是 C。

对应解答如下。

a．屏幕分辨率大于 1024px，所以正确。

b．屏幕分辨率介于 640px 和 1023px 之间，所以正确。

c．Bootstrap 的媒体查询中没有 or 关键词，所以错误。

d．屏幕分辨率介于 320px 和 639px 之间，所以正确。

11. ：在 Bootstrap 中，哪个不属于栅格系统的实现原理？

A．自定义容器的大小，平均分为 12 份。

B．基于 JavaScript 开发的组件。

C．结合媒体查询。

D．调整内外边距。

：答案是 B。

对应解答如下。

a．可以自定义，分了 12 份，俗称 12 栅格系统，所以正确。

b．基于 jQuery 开发的组件，所以“基于 JavaScript 开发的组件”说法错误。

c．结合媒体查询是实现流式布局的关键所在，所以正确。

d．可以使用 margin-left/margin-right 调整内边边距，所以正确。

12. ：在 Bootstrap 中，关于响应式栅格系统哪个描述是错误的？

A．.col-sx-：超小屏幕（<768px）。

B．.col-sm-：小屏幕（≥768px）。

C．.col-md-：中等屏幕（≥992px）。

D．.col-lg-：大屏幕（≥1200px）。

：答案是 A。

对应解答如下。

a．col-xs-表示超小屏幕，所以.col-sx-错误。

b．.col-sm-表示小屏幕，所以正确。

c．.col-md-表示中等屏幕，所以正确。

d．.col-lg-表示大屏幕，所以正确。

13. ：在 Bootstrap 中，以下哪个不是文本对齐的方式？

A．.text-left

B．.text-middle

C．.text-right

D．text-justify

：答案是 B。

对应解答如下。

a．左对齐用 text-left，所以正确。

b．居中用 text-center，所以错误。

c．右对齐用 text-right，所以正确。

d．两端对齐用 text-justify，所以正确。

14. ：在 Bootstrap 中，下列不属于验证提示状态的类是哪一个？

A．.has-warning

B．.has-error

C．.has-danger

D．.has-success

：答案是 C。

对应解答如下

a．.has-warning：警告（黄色），所以正确。

b．.has-error：错误（红色），所以正确。

c．验证提示状态没有.has-danger 这个类，所以错误。

d．.has-success：成功（绿色），所以正确。

15. ：在 Bootstrap 中，不属于媒体查询的关键词是哪一个？

A．and

B．not

C．only

D．or

：答案是 D。

对应解答如下。

a．and：同时满足两个条件时生效，到达限定范围，所以正确。

b．not：排除某种指定的媒体类型，即排除符合表达式的设备，所以正确。

c．only：指定某种特定的媒体类型，可以用来排除不支持媒体查询的浏览器，所以正确。

d．or：不是媒体查询的关键字，所以错误。

16. ：在 Bootstrap 中，下列哪个不属于按钮尺寸？

A．.btn-lg

B．.btn- md

C．.btn-sm

D．.btn-xs

：答案是 B。

对应解答如下。

a．.btn-lg：大按钮，所以正确。

b．.btn-default 表示默认尺寸的按钮，所以.btn-md 错误。

c．.btn-sm：小按钮，所以正确。

d．.btn-xs：超小按钮，所以正确。

17. ：在 Bootstrap 中，下列哪个类不属于 button 的预定义样式？

A．.btn-success

B．.btn-warp

C．.btn-info

D．.btn-link

：答案是 B。

对应解答如下。

a．.btn-success：成功信息，所以正确。

b．.Bootstrap 中的 button 预定义样式没有这个类，所以.btn-warp 错误。

c．.btn-info：一般信息，所以正确。

d．.btn-link：链接信息，所以正确。

18. ：在 Bootstrap 中，下列哪个不属于图片处理的类？

A．.img-rounded

B．.img-circle

C．.img-thumbnail

D．.img-radius

：答案是 D。

对应解答如下。

a. 在.img-rounded 类中添加 border-radius: 6px 可以获得图片的圆角，所以正确。

b. 在.img-circle 类中添加 border-radius: 50%可以使整个图片变成圆形，所以正确。

c. 在.img-thumbnail 类中添加 border-radius: 4px, border: 1px solid #ddd，可以为图片设置内边距和一个灰色的边框，所以正确。

d. Bootstrap 中的图片没有这个类，所以.img-radius 错误。

19. ：为什么使用 Bootstrap?

：Bootstrap 是一种前端开发框架，它由规范的 CSS 和 JavaScript 插件构成，它最大的优势是响应式布局，使得开发者可以方便地让网页在台式机、平板设备、手机上都获得良好的体验。

20. ：请讲解一下 Bootstrap 网格系统（Grid System）的工作原理。

：网格系统通过一系列包含内容的行和列来创建页面布局。下面介绍 Bootstrap 网格系统是如何工作的。

- 行必须放置在类名为.container 的元素内，以便获得适当的对齐（alignment）和内边距（padding）。
- 使用行来创建列的水平组。
- 内容应该放置在列内，且唯有列可以是行的直接子元素。
- 预定义的网格类，比如 .row 和 .col-xs-4，可用于快速创建网格布局。
- 列通过内边距创建列内容之间的间隙。该内边距通过使.rows 上的外边距（margin）取负值，表示第一列和最后一列的行偏移。
- 网格系统是通过指定待横跨的 12 个可用列来创建。例如，要创建 3 个相等的列，则使用 3 个.col-xs-4。

21. ：如何让一个元素在 PC 端显示而在手机端隐藏?

：使用 visible-md-8 hidden-xs。

22. ：在使用 Bootstrap 的同时使用地图 API，可能会造成 Bootstrap 与地图冲突，地图显示不出来，如何解决这个问题?

：这里的问题主要是在使用 Bootstrap 的变体 zui.css 的时候出现的。解决方法如下。

首先，打开浏览器的开发者工具，查看控制台有无报错。若没有，查看网络中的资源，并确认与地图相关的图片资源有无加载。若加载了，将地图调用的代码从项目中独立出来，看能否正常显示。若能显示，在项目中，使用二分法一半一半地删除引用的 JavaScript、CSS 代码，看这些 JavaScript 或 CSS 代码是否对地图 API 造成了影响，把问题锁定在 zui.css 中。

然后，在 elements 里核对地图 div 下面的一些 CSS。

23. ：Bootstrap 的栅格系统有几个?

：栅格化系统将父容器宽度分成 12 份，后面的数字是几就占几份。

比如，col-lg-2 表示元素的宽度占父元素总宽度的 12 份中的两份。

Bootstrap 中的栅格化系统是响应式的，在不同宽度下，栅格化系统类的前缀是不一样的，具体如下。

- 大屏为 col-lg，屏幕宽度 > 1200px。
- 中屏为 col-md，屏幕宽度 > 990px。
- 小屏为 col-ms，屏幕宽度 > 768px。
- 超小屏为 col-xs，屏幕宽度 < 768px。

HR 有话说

工作中，什么时候会用到 Bootstrap？如果你能想明白这个问题，也就能够知道面试官要考察的内容了。如果你的项目中不需要设计师，或者你可以主导样式（例如后台管理系统），那么 Bootstrap 会让你的开发事半功倍。Bootstrap 部分的面试题主要考察应试者对 Bootstrap 常见样式，以及组件中的差异化样式的认知。当然，有时候也会考核应试者对 Bootstrap 组件的掌握，难一点的就是配合 React 等框架的应用了。

第 6 章　JavaScript

1. ：JavaScript 有哪些垃圾回收机制?

：有以下垃圾回收机制。

- 标记清除（mark and sweep）

这是 JavaScript 最常见的垃圾回收方式。当变量进入执行环境的时候，比如在函数中声明一个变量，垃圾回收器将其标记为“进入环境”。当变量离开环境的时候（函数执行结束），将其标记为“离开环境”。

垃圾回收器会在运行的时候给存储在内存中的所有变量加上标记，然后去掉环境中的变量，以及被环境中变量所引用的变量（闭包）的标记。在完成这些之后仍然存在的标记就是要删除的变量。

- 引用计数（reference counting）

在低版本的 IE 中经常会发生内存泄漏，很多时候就是因为它采用引用计数的方式进行垃圾回收。引用计数的策略是跟踪记录每个值被使用的次数。当声明了一个变量并将一个引用类型赋值给该变量的时候，这个值的引用次数就加 1。如果该变量的值变成了另外一个，则这个值的引用次数减 1。当这个值的引用次数变为 0 的时候，说明没有变量在使用，这个值没法被访问。因此，可以将它占用的空间回收，这样垃圾回收器会在运行的时候清理引用次数为 0 的值占用的空间。

在 IE 中虽然 JavaScript 对象通过标记清除的方式进行垃圾回收，但是 BOM 与 DOM 对象是用引用计数的方式回收垃圾的。也就是说，只要涉及 BOM 和 DOM，就会出现循环引用问题。

2. ：列举几种类型的 DOM 节点

：有以下几类 DOM 节点。

- 整个文档是一个文档（Document）节点。
- 每个 HTML 标签是一个元素（Element）节点。
- 每一个 HTML 属性是一个属性（Attribute）节点。
- 包含在 HTML 元素中的文本是文本（Text）节点。

3. ：谈谈 script 标签中 defer 和 async 属性的区别。

：区别如下。

（1）defer 属性规定是否延迟执行脚本，直到页面加载为止。async 属性规定脚本一旦可用，就异步执行。

（2）defer 并行加载 JavaScript 文件，会按照页面上 script 标签的顺序执行。async 并行加载 JavaScript 文件，下载完成立即执行，不会按照页面上 script 标签的顺序执行。

4. ：说说你对闭包的理解。

：使用闭包主要是为了设计私有的方法和变量。闭包的优点是可以避免全局变量的污染；缺点是闭包会常驻内存，增加内存使用量，使用不当很容易造成内存泄漏。在 JavaScript 中，函数即闭包，只有函数才会产生作用域。

闭包有 3 个特性。

（1）函数嵌套函数。

（2）在函数内部可以引用外部的参数和变量。

（3）参数和变量不会以垃圾回收机制回收。

5. ：解释一下 unshift()方法。

：该方法在数组启动时起作用，与 push()不同。它将参数成员添加到数组的顶部。下面给出一段示例代码。

```
var name=["john"]
name.unshift("charlie");
name.unshift("joseph","Jane");
console.log(name);
```

输出如下所示。

```
[" joseph "," Jane ", " charlie ", " john "]
```

6. ：encodeURI()和 decodeURI()的作用是什么？

：encodeURl()用于将 URL 转换为十六进制编码。而 decodeURI()用于将编码的 URL 转换回正常 URL。

7. ：为什么不建议在 JavaScript 中使用 innerHTML？

：通过 innerHTML 修改内容，每次都会刷新，因此很慢。在 innerHTML 中没有验证的机会，因此更容易在文档中插入错误代码，使网页不稳定。

8. ：如何在不支持 JavaScript 的旧浏览器中隐藏 JavaScript 代码？

：在<script>标签之后的代码中添加“<!--”，不带引号。

在</script>标签之前添加“// -->”，代码中没有引号。

旧浏览器现在将 JavaScript 代码视为一个长的 HTML 注释，而支持 JavaScript 的浏览器则将“<!--”和“// -->”作为一行注释。

9. ：在 DOM 操作中怎样创建、添加、移除、替换、插入和查找节点？

：具体方法如下。

（1）通过以下代码创建新节点。

```
createDocumentFragment()        //创建一个 DOM 片段
createElement()                 //创建一个具体的元素
createTextNode()                //创建一个文本节点
```

（2）通过以下代码添加、移除、替换、插入节点。

```
appendChild()
removeChild()
replaceChild()
insertBefore()                  //并没有 insertAfter()
```

（3）通过以下代码查找节点。

```
getElementsByTagName()          //通过标签名称查找节点
getElementsByName()             //通过元素的 name 属性的值查找节点(IE 容错能力较强，会得到一个数
                                //组，其中包括 id 等于 name 值的节点)
getElementById()                //通过元素 Id 查找节点，具有唯一性
```

10. ：如何实现浏览器内多个标签页之间的通信?

：调用 localstorge、cookie 等数据存储通信方式。

11. ：null 和 undefined 的区别是什么?

：null 是一个表示“无”的对象，转为数值时为 0；undefined 是一个表示“无”的原始值，转为数值时为 NaN。

当声明的变量还未初始化时，变量的默认值为 undefined。

null 用来表示尚未存在的对象，常用来表示函数企图返回一个不存在的对象。

undefined 表示“缺少值”，即此处应该有一个值，但是还没有定义，典型用法是如下。

（1）如果变量声明了，但没有赋值，它就等于 undefined。

（2）当调用函数时，如果没有提供应该提供的参数，该参数就等于 undefined。

（3）如果对象没有赋值，该属性的值为 undefined。

（4）当函数没有返回值时，默认返回 undefined。

null 表示“没有对象”，即此处不应该有值，典型用法是如下。

（1）作为函数的参数，表示该函数的参数不是对象。

（2）作为对象原型链的终点。

12. ：new 操作符的作用是什么?

：作用如下。

（1）创建一个空对象。

（2）由 this 变量引用该对象。

（3）该对象继承该函数的原型（更改原型链的指向）。

（4）把属性和方法加入到 this 引用的对象中。

（5）新创建的对象由 this 引用，最后隐式地返回 this，过程如下。

```
var obj  = {};
obj.__proto__ = Base.prototype;
Base.call(obj);
```

13. ：JavaScript 延迟加载的方式有哪些？

：包括 defer 和 async、动态创建 DOM（创建 script，插入 DOM 中，加载完毕后回调、按需异步载入 JavaScript。

14. ：call()和 apply() 的区别和作用是什么？

：作用都是在函数执行的时候，动态改变函数的运行环境（执行上下文）。

call 和 apply 的第一个参数都是改变运行环境的对象。

区别如下。

call 从第二个参数开始，每一个参数会依次传递给调用函数；apply 的第二个参数是数组，数组的每一个成员会依次传递给调用函数。

如

```
func.call(func1, var1, var2, var3)
```

对应的 apply 写法为：

```
func.apply(func1, [var1, var2, var3])
```

15. ：哪些操作会造成内存泄漏？

：内存泄漏指不再拥有或需要任何对象（数据）之后，它们仍然存在于内存中。

提示：垃圾回收器定期扫描对象，并计算引用了每个对象的其他对象的数量。如果一个对象的引用数量为 0（没有其他对象引用过该对象），或对该对象的唯一引用是循环的，那么该对象占用的内存立即被回收。

如果 setTimeout 的第一个参数使用字符串而非函数，会引发内存泄漏。

闭包、控制台日志、循环（在两个对象彼此引用且彼此保留时，就会产生一个循环）等会造内存泄漏。

16. ：列举 IE 与 finefox 的不同之处。

：不同之处如下。

（1）IE 支持 currentStyle；Firefox 使用 getComputStyle。

（2）IE 使用 innerText；Firefox 使用 textContent。

（3）在透明度滤镜方面，IE 使用 filter:alpha(opacity= num)；Firefox 使用-moz-opacity: num。

（4）在事件方面，IE 使用 attachEvent：Firefox 使用 addEventListener。

（5）对于鼠标位置：IE 使用 event.clientX；Firefox 使用 event.pageX。

（6）IE 使用 event.srcElement；Firefox 使用 event.target。

（7）要消除 list 的原点，IE 中仅须使 margin:0 即可达到最终效果；Firetox 中需要设置 margin:0、padding:0 和 list-style:none。

（8）CSS 圆角：IE7 以下不支持圆角。

17. ：讲解一下 JavaScript 对象的几种创建方式。

：有以下创建方式。

（1）Object 构造函数式。

（2）对象字面量式。

（3）工厂模式。

（4）安全工厂模式。

（5）构造函数模式。

（6）原型模式。

（7）混合构造函数和原型模式。

（8）动态原型模式。

（9）寄生构造函数模式。

（10）稳妥构造函数模式。

18. ：如何实现异步编程?

：具体方法如下。

方法 1，通过回调函数。优点是简单、容易理解和部署；缺点是不利于代码的阅读和维护，各个部分之间高度耦合（Coupling），流程混乱，而且每个任务只能指定一个回调函数。

方法 2，通过事件监听。可以绑定多个事件，每个事件可以指定多个回调函数，而且可以“去耦合”（Decoupling），有利于实现模块化；缺点是整个程序都要变成事件驱动型，运行流程会变得很不清晰。

方法 3，采用发布/订阅方式。性质与“事件监听”类似，但是明显优于后者。

方法 4，通过 Promise 对象实现。Promise 对象是 CommonJS 工作组提出的一种规范，旨在为异步编程提供统一接口。它的思想是，每一个异步任务返回一个 Promise 对象，该对象有一个 then 方法，允许指定回调函数。

19. ：请解释一下 JavaScript 的同源策略。

：同源策略是客户端脚本（尤其是 JavaScript）的重要安全度量标准。它最早出自 Netscape Navigator 2.0，目的是防止某个文档或脚本从多个不同源装载。

这里的同源策略指的是协议、域名、端口相同。同源策略是一种安全协议。指一段脚本只能读取来自同一来源的窗口和文档的属性。

20. ：为什么要有同源限制？

：我们举例说明。比如一个黑客，他利用 Iframe 把真正的银行登录页面嵌到他的页面上，当你使用真实的用户名、密码登录时，他的页面就可以通过 JavaScript 读取到你表单上 input 中的内容，这样黑客就会轻松得到你的用户名和密码。

21. ：在 JavaScript 中，为什么说函数是第一类对象？

：第一类函数即 JavaScript 中的函数。这通常意味着这些函数可以作为参数传递给其他函数，作为其他函数的值返回，分配给变量，也可以存储在数据结构中。

22. ：什么是事件？IE 与 Firefox 的事件机制有什么区别？如何阻止冒泡？

：事件是在网页中的某个操作（有的操作对应多个事件）。例如，当单击一个按钮时，就会产生一个事件，它可以被 JavaScript 侦测到。

在事件处理机制上，IE 支持事件冒泡；Firefox 同时支持两种事件模型，也就是捕获型事件和冒泡型事件。

阻止方法是 ev.stopPropagation()。注意旧版 IE 中的方法 ev.cancelBubble = true。

23. ：函数声明与函数表达式的区别？

：在 JavaScript 中，在向执行环境中加载数据时，解析器对函数声明和函数表达式并非是一视同仁的。解析器会首先读取函数声明，并使它在执行任何代码之前可用（可以访问）。至于函数表达式，则必须等到解析器执行到它所在的代码行，才会真正解析和执行它。

24. ：如何删除一个 cookie？

：为了删除 cookie，要修改 expires，代码如下。

```
document.cookie = 'user=icketang;expires = ' + new Date(0)
```

25. ：编写一个方法，求一个字符串的长度（单位是字节）。

：假设一个英文字符占用一字节，一个中文字符占用两字节：

```
function GetBytes(str){
        var len = str.length;
        var bytes = len;
        for(var i=0; i<len; i++){
            if (str.charCodeAt(i) > 255) bytes++;
        }
        return bytes;
    }
alert(GetBytes("hello 爱创课堂！"));
```

26. ：对于元素，attribute 和 property 的区别是什么？

：attribute 是 DOM 元素在文档中作为 HTML 标签拥有的属性；property 就是 DOM 元素在 JavaScript 中作为对象拥有的属性。

对于 HTML 的标准属性来说，attribute 和 property 是同步的，会自动更新，但是对于自定义的属性来说，它们是不同步的。

27. ：解释延迟脚本在 JavaScript 中的作用。

：默认情况下，在页面加载期间，HTML 代码的解析将暂停，直到脚本停止执行。这意味着，如果服务器速度较慢或者脚本特别“沉重”，则会导致网页延迟。在使用 Deferred 时，脚本会延迟执行，直到 HTML 解析器运行。这缩短了网页的加载时间，并且它们的显示速度更快。

28. ：什么是闭包（closure）？

：为了说明闭包，创建一个闭包。

```
function hello() {
    // 函数执行完毕，变量仍然存在
    var num = 100;
    var showResult= function() { alert(num); }
    num++;
    return showResult;
 }
  var showResult= hello();
  showResult()//执行结果：弹出 101
```

执行 hello()后，hello()闭包内部的变量会存在，而闭包内部函数的内部变量不会存在，使得 JavaScript 的垃圾回收机制不会收回 hello()占用的资源，因为 hello()中内部函数的执行需要依赖 hello()中的变量。

29. ：如何判断一个对象是否属于某个类？

：使用 instanceof 关键字，判断一个对象是否是类的实例化对象；使用 constructor 属性，判断一个对象是否是类的构造函数。

30. ：JavaScript 中如何使用事件处理程序？

：事件是由用户与页面的交互（例如单击链接或填写表单）导致的操作。需要一个事件处理程序来保证所有事件的正确执行。事件处理程序是对象的额外属性。此属性包括事件的名称和事件发生时采取的操作。

31. ：在 JavaScript 中有一个函数，执行直接对象查找时，它始终不会查找原型，这个函数是什么？

：hasOwnProperty。

32. ：在 JavaScript 中如何使用 DOM？

：DOM 代表文档对象模型，并且负责文档中各种对象的相互交互。DOM 是开发网页所必需的，其中包括诸如段落、链接等对象。可以操作这些对象，如添加或删除等。为此，DOM 还需要向网页添加额外的功能。

33. ：documen.write 和 innerHTML 的区别是什么？

：document.write 重绘整个页面；innerHTML 可以重绘页面的一部分。

34. ：在 JavaScript 中读取文件的方法是什么？

：可以通过如下方式读取服务器中的文件内容。

```
function readAjaxFile(url) {
    // 创建 xhr
    var xhr = new XMLHttpRequest();
    // 监听状态
    xhr.onreadystatechange = function() {
        // 监听状态值是 4
        if (xhr.readyState === 4 && xhr.status === 200) {
            console.log(xhr.responseText)
        }
    }
    // 打开请求
    xhr.open('GET', url, true)
    // 发送数据
    xhr.send(null)
}
```

可以通过如下方式读取本地计算机中的内容。

```
function readInputFile(id) {
    var file = document.getElementById(id).files[0];
    // 实例化 FileReader
    var reader = new FileReader();
    // 读取文件
    reader.readAsText(file)
    // 监听返回
    reader.onload = function(data) {
        console.log(data, this.result)
    }
}
```

35. ：如何分配对象属性？

：将属性分配给对象的方式与赋值给变量的方式相同。例如，表单对象的操作值以下列方式分配给"submit"：document.form.action ="submit"。

36. ：请说几条书写 JavaScript 语句的基本规范。

：基本规范如下。

（1）不要在同一行声明多个变量。

（2）应使用===/!==来比较 true/false 或者数值。

（3）使用对象字面量替代 new Array 这种形式。

（4）不要使用全局函数。

（5）switch 语句必须带有 default 分支。

（6）函数不应该有时有返回值，有时没有返回值。

（7）for 循环必须使用大括号括起来。

（8）if 语句必须使用大括号括起来。

（9）for-in 循环中的变量应该使用 var 关键字明确限定的作用域，从而避免作用域污染。

37. ：eval 的功能是什么？

：它的功能是把对应的字符串解析成 JavaScript 代码并运行。

应该避免使用 eval，它会造成程序不安全，非常影响性能（执行两次，一次解析成 JavaScript 语句，一次执行）。

38. ：["1", "2", "3"]. map(parseInt)的执行结果是多少？

：[1, NaN, NaN]，因为 parseInt 需要两个参数（val, radix），其中 radix 表示解析时用的基数（进制）；map 传递了 3 个参数（item, index, array），对应的 radix 不合法导致解析失败。

39. ：谈谈你对 this 对象的理解。

：this 是 JavaScript 的一个关键字，随着函数使用场合的不同，this 的值会发生变化。但是有一个总原则，即 this 指的是调用函数的那个对象。

一般情况下，this 是全局对象 Global，可以作为方法调用。

40. ：web-garden 和 web-farm 有什么不同？

：web-garden 和 web-farm 都是网络托管系统。唯一的区别是 web-garden 是在单个服务器中包含许多处理器的设置，而 web-farm 是使用多个服务器的较大设置。

41. ：说一下 document.write()的用法。

：document.write()方法可以用在两个地方，页面载入过程中用实时脚本创建页面内容，以及用延时脚本创建本窗口或新窗口的内容。

document.write 只能重绘整个页面，innerHTML 可以重绘页面的一部分。

42. ：在 JavaScript 中什么是类（伪）数组？如何将类（伪）数组转化为标准数组？

：典型的类（伪）数组是函数的 argument 参数，在调用 getElementsByTagName 和 document.childNodes 方法时，它们返回的 NodeList 对象都属于伪数组。可以使用 Array.prototype.slice.call（fakeArray）将数组转化为真正的 Array 对象。

43. ：JavaScript 中 callee 和 caller 的作用是什么？

：caller 返回一个关于函数的引用，该函数调用了当前函数；callee 返回正在执行的函数，也就是指定的 function 对象的正文。

44. ：讲一下手写数组快速排序的步骤。

：“快速排序”的思想很简单，整个排序过程只需要 3 步。

（1）在数据集之中，选择一个元素作为“基准”（pivot）。

（2）将所有小于“基准”的元素，都移到“基准”的左边；将所有大于“基准”的元素，都移到“基准”的右边。

（3）对“基准”左边和右边的两个子集，不断重复第（1）步和第（2）步，直到所有子集只剩下一个元素为止。

45. ：如何统计字符串“aaaabbbccccddfgh”中字母的个数或统计最多的字母数？

：具体代码如下。

```
var str = "aaaabbbccccddfgh";
function dealStr(str) {
        var obj  = {};
        for (var i = 0; i < str.length; i++) {
                var v = str.charAt(i);
                if (obj[v] && obj[v].value === v) {
                        ++obj[v].count
                } else {
                        obj[v] = {
                                count: 1,
                                value: v
                        }
                }
        }
        return obj;
}
var obj = dealStr(str);
for (key in obj) {
        console.log(obj[key].value + '=' + obj[key].count)
}
```

46. ：写一个 function，清除字符串前后的空格（兼容所有浏览器）。

：具体代码如下。

```
function trim(str) {
    if (str && typeof str === "string") {
        return str.replace(/^\s+|\s+$/g,""); //去除前后空白符
    }
}
```

47. ：列出不同浏览器中关于 JavaScript 兼容性的两个常见问题。

：（1）事件绑定兼容性问题。

IE8 以下的浏览器不支持用 addEventListener 来绑定事件，使用 attachevent 可以解决这个问题。

（2）stopPropagation 兼容性问题。

IE8 以下的浏览器不支持用 e.stopPropagation()来阻止事件传播，使用 e.returnValue = false 可以解决这个问题。

48. ：闭包的优缺点是什么？

：优点是不产生全局变量，实现属性私有化。

缺点是闭包中的数据会常驻内存，在不用的时候需要删除，否则会导致内存溢出（内存泄漏）。

49. ：用 JavaScript 实现一个数组合并的方法（要求去重）。

：代码如下。

```
var arr1 = ['a'];
var arr2 = ['b', 'c'];
var arr3 = ['c', ['d'], 'e', undefined, null];
var concat = (function() {
    // 去重合并 arr1 和 arr2
    var _concat = function(arr1, arr2) {
        for (var i = 0, len = arr2.length; i < len; i++) {
            ~arr1.indexOf(arr2[i]) || arr1.push(arr2[i])
        }
    }
    // 返回数组去重合并方法
    return function() {
        var result = [];
        for (var i = 0, len = arguments.length; i < len; i++) {
            _concat(result, arguments[i])
        }
        return result
    }
})()
```

执行 concat(arr1, arr2, arr3)后，会返回['a', null, undefined, 'e', ['d'], 'c', 'b']。

50. ：说明正则表达式给所有 string 对象添加去除首尾空白符的方法（trim 方法）。

：代码如下。

```
.prototype.trim = function () {
return this.replace(/^\s+|\s+$/g, "");
};
```

51. ：说明用 JavaScript 实现一个提取电话号码的方法。

：代码如下。

```
var str = "12345678901 010-12345678 爱创课堂 0418-1234567 13812345678";
var reg=/(1\d{10})|(0\d{2,3}\-\d{7,8})/g;
alert(str.match(reg);
```

测试“12345678901 010-12345678 爱创课堂 0418-1234567 13812345678”，得到的结果应

该是：[12345678901, 010-12345678, 0418-1234567, 13812345678]。

52. ：JavaScript中常用的逻辑运算符有哪些？

："and"（&&）运算符、"or"（||）运算符和"not"（!）运算符，它们可以在JavaScript中使用。

53. ：什么是事件代理（事件委托）？

：事件代理（Event Delegation），又称为事件委托，是JavaScript中绑定事件的常用技巧。顾名思义，"事件代理"就是把原本需要绑定的事件委托给父元素，让父元素负责事件监听。事件代理的原理是DOM元素的事件冒泡。使用事件代理的好处是可以提高性能。

54. ：什么是JavaScript?

：JavaScript是客户端和服务器端的脚本语言，可以插入HTML页面中，并且是目前较热门的Web开发语言。同时，JavaScript也是面向对象的编程语言。

55. ：列举Java和JavaScript的不同之处。

：Java是一门十分完整、成熟的编程语言。相比之下，JavaScript是一个可以被引入HTML页面的编程语言。这两种语言并不完全相互依赖，而是针对不同的意图而设计的。Java是一种面向对象编程（OOP）或结构化编程语言，类似的语言有C++；而JavaScript是客户端脚本语言，它称为非结构化编程。

56. ：JavaScript和ASP脚本相比，哪个更快？

：JavaScript更快。JavaScript是一种客户端语言，因此它不需要Web服务器的协助就可以执行；ASP是服务器端语言，因此它总是比JavaScript慢。值得注意的是，JavaScript现在也可用于服务器端语言（Node.js）。

57. ：什么是负无穷大？

：Infinity代表了超出JavaScript处理范围的数值。也就是说，JavaScript无法处理的数值都是Infinity。实践证明，JavaScript所能处理的最大值（Number.MAX_VALUE）是1.797 693 134 862 315 7e+308，超过该数则为正无穷大；而最小值（Number.MIN_VALUE）是5e−324，小于该数则为0。所以负无穷大代表的是小于−Number.MAX_VALUE的数字，JavaScript中对应静态变量Number.NEGATIVE_INFINITY。

58. ：如何将JavaScript代码分解成几行？

：在字符串语句中可以通过在第一行末尾使用反斜杠"\"来完成，例如，document.write("This is \a program")。

如果不是在字符串语句中更改为新行，那么JavaScript会忽略行中的断点。

下面的代码是完美的，但并不建议这样做，因为阻碍了调试。

```
var x=1, y=2,
z=
```

```
x+y;
```

59. 🧑：什么是未声明和未定义的变量？

🧑：未声明的变量是程序中不存在且未声明的变量。如果程序尝试读取未声明变量的值，则会在运行时遇到错误。未定义的变量是在程序中声明但尚未给出任何值的变量。如果程序尝试读取未定义变量的值，则返回未定义的值。

60. 🧑：如何编写可动态添加新元素的代码？

🧑：下面给出一段示例代码。

```
<!DOCTYPE html>
<html lang="en">
<head>
    <meta charset="UTF-8">
    <title>爱创课堂——专业前端技术培训学校</title>
</head>
<body>
    <p id="ickt">ickt</p>
<script type="text/javascript">
function addNode() {
    var p = document.createElement('p');
    var textNode = document.createTextNode('爱创课堂');
    p.appendChild(textNode);
    document.getElementById('ickt').appendChild(p)
}
addNode()
</script>
</body>
</html>
```

61. 🧑：什么是全局变量？这些变量如何声明？使用全局变量有哪些问题？

🧑：全局变量是整个代码中都可用的变量，也就是说，这些变量没有任何作用域。var 关键字用于声明局部变量，如果省略 var 关键字，则声明一个全局变量。

使用全局变量面临的问题是局部变量和全局变量名称的冲突。此外，很难调试和测试依赖于全局变量的代码。

62. 🧑：解释 JavaScript 中定时器的工作，并说明使用定时器的缺点。

🧑：定时器用于在设定的时间执行一段代码，或者在给定的时间间隔内重复该代码。这通过使用函数 setTimeout、setInterval 和 clearInterval 来完成。

- setTimeout（function，delay）函数用于启动在所属延迟之后调用特定功能的定时器。
- setInterval（function，delay）函数用于在提到的延迟中重复执行给定的功能，只有在取消时才停止。
- clearInterval（id）函数指示定时器停止。

定时器在一个线程内运行，因此事件可能需要排队等待执行。

63. ：ViewState 和 SessionState 有什么区别？

：ViewState 特定于会话中的页面；SessionState 特定于可在 Web 应用程序中的所有页面上访问的用户特定数据。

64. ：什么是===运算符？

：===称为严格等式运算符，当两个操作数具有相同的值和类型时，该运算符返回 true。

65. ：说明如何使用 JavaScript 提交表单。

：要使用 JavaScript 提交表单，可以使用以下代码。

```
document.form [0] .submit();
```

66. ：元素的样式/类如何改变？

：可以通过以下方式改变元素的样式。

```
document.getElementById("myText").style.fontSize = "20?;
```

可以通过以下方式改变元素的类。

```
document.getElementById("myText").className = "anyclass";
```

67. ：JavaScript 中的循环结构都有哪些？

：for、while、do...while、for_in、for of（ES6 新增的）。

68. ：如何在 JavaScript 中将 base 字符串转换为 integer？

：parseInt() 函数解析一个字符串参数，并返回一个指定基数的整数。parseInt()将要转换的字符串作为其第一个参数，第二个参数是给定字符串的转换进制基数。

为了将 4F（基数 16）转换为整数，可以使用代码 parseInt ("4F", 16)。

69. ：说明"=="和"==="的区别。

："=="仅检查值相等性，而"==="用于更严格的等式判定。如果两个变量的值或类型不同，则后者返回 false。

70. ：3 + 2 +"7"的结果是什么？

：由于 3 和 2 是整数，它们将直接相加，同时由于"7"是一个字符串，将会被直接连接，因此结果将是 57。

71. ：如何检测客户端机器上的操作系统？

：为了检测客户端机器上的操作系统，应使用 navigator.appVersion 字符串（属性）。

72. ：JavaScript 中的 null 表示什么？

：null 用于表示无值或无对象。它意味着没有对象或空字符串，没有有效的布尔值，没有数值和数组对象。

73. ：delete 操作符的功能是什么？

：delete 操作符用于删除对象中的某个属性，但不能删除变量、函数等。

74. ：JavaScript 中有哪些类型的弹出框?

：alert、confirm 和 prompt。

75. ：void（0）的作用是什么?

：void 操作符使表达式的运算结果返回 undefined。

void（0）用于防止页面刷新，并在调用时传递参数“0”。

void（0）用于调用另一种方法而不刷新页面。

76. ：如何强制页面加载 JavaScript 中的其他页面?

：必须插入以下代码才能达到预期效果。

```
<script language="JavaScript" type="text/javascript">
<!--location.href="http://newhost/newpath/newfile.html";//-->
</script>
```

77. ：转义字符是用来做什么的?

：当使用特殊字符（如单引号、双引号、撇号和&符号）时，将使用转义字符（反斜杠）。在字符前放置反斜杠，使其显示。

下面给出两个示例。

```
document.write"I m a "good"boy"
document.write"I m a \"good\"boy"
```

78. ：什么是 JavaScript cookie?

：cookie 是存储在访问者计算机中的变量。每当一台计算机通过浏览器请求某个页面时，就会发送这个 cookie。可以使用 JavaScript 来创建和获取 cookie 的值。

79. ：解释 JavaScript 中的 pop()方法。

：pop()方法与 shift()方法类似，但不同之处在于 shift()方法在数组的开头工作。此外，pop()方法将最后一个元素从给定的数组中取出并返回，然后改变被调用的数组。

例如：

```
var colors = ["red", "blue", "green"];
colors.pop();
// colors : ["red", "blue"]
```

80. ：在 JavaScript 中使用 innerHTML 的缺点是什么?

：缺点如下。

（1）内容随处可见。

（2）不能像“追加到 innerHTML”一样使用。

（3）即使使用+=，如“innerHTML = innerHTML + ‘html’”，旧的内容仍然会被 HTML 替换。

（4）整个 innerHTML 内容被重新解析并构建成元素，因此它的速度要慢得多。

（5）innerHTML 不提供验证，因此可能会在文档中插入具有破坏性的 HTML 并将其中断。

81. ：break 和 continue 语句的作用是什么？

：break 语句从当前循环中退出；continue 语句继续下一个循环语句。

82. ：在 JavaScript 中，datatypes 的两个基本组是什么？

：两个基本组是原始类型和引用类型。

原始类型包括数字和布尔类型。引用类型包括更复杂的类型，如字符串和日期。

83. ：如何创建通用对象？

：通用对象可以通过以下代码创建。

```
var o = new Object()。
```

84. ：typeof 是用来做什么的？

：typeof 是一个运算符，用于返回变量类型的字符串描述。

85. ：哪些关键字用于处理异常？

：try...catch...finally 用于处理 JavaScript 中的异常。

```
try{
执行代码
} catch(exp) {
抛出错误提示信息
} finally {
无论 try / catch 的结果如何都会执行
}
```

86. ：JavaScript 中不同类型的错误有几种？

：有 3 种类型的错误。

- Load time errors，该错误发生于加载网页时，例如出现语法错误等状况，称为加载时间错误，并且会动态生成错误。
- Run time errors，由于在 HTML 语言中滥用命令而导致的错误。
- Logical Errors，这是由于在具有不同操作的函数上执行了错误逻辑而发生的错误。

87. ：在 JavaScript 中，push 方法的作用是什么？

：push 方法用于将一个或多个元素添加或附加到数组的末尾。使用这种方法，可以通过传递多个参数来附加多个元素。

88. ：在 JavaScript 中，unshift 方法的作用是什么？

：unshift 方法就像在数组开头工作的 push 方法。该方法用于将一个或多个元素添加到数组的开头。

89. ：如何为对象添加属性？

：为对象添加属性有两种常用语法。

- 中括号语法，比如 obj["class"] = 12。
- 点语法，比如 obj.class = 12。

90. ：获得 CheckBox 状态的方式是什么？

：alert（document.getElementById（'checkbox1'）.checked）；

如果 CheckBox 选中，此警告将返回 TRUE。

91. ：解释一下 window. onload 和 onDocumentReady。

：在载入页面的所有信息之前，不运行 window.onload。这导致在执行任何代码之前会出现延迟。

window.onDocumentReady 在加载 DOM 之后加载代码。这允许代码更早地执行（早于 window.onlonad）。

92. ：如何理解 JavaScript 中的闭包？

：闭包就是能够读取其他函数内部变量的函数。

闭包的用途有两个，一是可以读取函数内部的变量，二是让这些变量的值始终保持在内存中。

93. ：如何把一个值附加到数组中？

：可以在数组末尾处添加成员 arr [arr.length] = value;或者调用 push 方法 arr.push (value)。

94. ：解释一下 for-in 循环。

：for-in 循环用于循环对象的属性。

for-in 循环的语法如下。

```
for(var iable name in object){}
```

在每次循环中，来自对象的一个属性与变量名相关联，循环继续，直到对象的所有属性都被遍历。

95. ：描述一下 JavaScript 中的匿名函数。

：被声明为没有任何命名标识符的函数称为匿名函数。一般来说，匿名函数在声明后无法访问。

匿名函数声明示例如下。

```
var anon=function(){
alert('I am anonymous');
}
anon();
```

96. 面试官：IE和DOM事件流的区别是什么？

求职者：区别如下。

（1）执行顺序不一样。

（2）参数不一样。

（3）事件名称是否加 on 不一样。

（4）this 指向问题不一样。

97. 面试官：阐述一下事件冒泡。

求职者：JavaScript 允许 DOM 元素嵌套在一起。在这种情况下，如果单击子级的处理程序，父级的处理程序也将执行同样的工作。

98. 面试官：JavaScript 里函数参数 arguments 是数组吗？

求职者：在函数代码中，使用特殊对象 arguments，开发者无须明确指出参数名，使用下标就可以访问相应的参数。

arguments 虽然有数组的性质，但其并非真正的数组。它只是一个类数组对象，并没有数组的方法，不能像真正的数组那样调用.join()、.concat()、.pop()等方法。

99. 面试官：什么是构造函数？它与普通函数有什么区别？

求职者：构造函数是一种特殊的方法，主要用来创建对象时初始化对象，经常与 new 运算符一起使用，创建对象的语句中构造函数的名称必须与类名完全相同。

与普通函数相比，区别如下。

（1）构造函数只能由 new 关键字调用。

（2）构造函数可以创建实例化对象。

（3）构造函数是类的标志。

100. 面试官：请解释一下 JavaScript 和 CSS 阻塞。

求职者：JavaScript 的阻塞特性是所有浏览器在下载 JavaScript 代码的时候，会阻止其他一切活动，比如其他资源的下载，内容的呈现等，直到 JavaScript 代码下载、解析、执行完毕后才开始继续并行下载其他资源并渲染内容。为了提高用户体验，新一代浏览器都支持并行下载 JavaScript 代码，但是 JavaScript 代码的下载仍然会阻塞其他资源的下载（例如图片、CSS 文件等）。

为了防止 JavaScript 修改 DOM 树，浏览器需要重新构建 DOM 树，所以就会阻塞其他资源的下载和渲染。

嵌入的 JavaScript 代码会阻塞所有内容的呈现，而外部 JavaScript 代码只会阻塞其后内容的显示，两种方式都会阻塞其后资源的下载。也就是说，外部脚本不会阻塞外部脚本的加载，但会阻塞外部脚本的执行。

CSS 本来是可以并行加载的，但是当 CSS 后面跟着嵌入的 JavaScript 代码的时候，该 CSS 就会阻塞后面资源的下载。而当把嵌入的 JavaScript 代码放到 CSS 前面时，就不会出现阻塞的情况了（在 IE6 下 CSS 都会阻塞加载）。

根本原因是因为浏览器会维持 HTML 中 CSS 和 JavaScript 代码的顺序，样式表必须在嵌入的 JavaScript 代码执行前先加载、解析完。而嵌入的 JavaScript 代码会阻塞后面的资源加载，所以就会出现 CSS 阻塞资源加载的情况。

101. ：嵌入的 JavaScript 代码应该放在什么位置？

：应放在以下位置。

（1）放在底部，虽然放在底部照样会阻塞所有内容的呈现，但不会阻塞资源下载。

（2）如果嵌入的 JavaScript 代码放在 head 中，请把嵌入的 JavaScript 代码放在 CSS 头部。

（3）使用 defer 的地方（只支持 IE）。

（4）不要在嵌入的 JavaScript 代码中调用运行时间较长的函数，如果一定要调用，可以用 setTimeout 来调用。

102. ：请说出 JavaScript 无阻塞加载的具体方式。

：将脚本放在底部。

<link>放在 head 中，以保证在 JavaScript 代码加载前，能加载出正常显示的页面。

<script>标签放在</body>前。

在阻塞脚本中，因为每个<script>标签下载时都会阻塞页面的解析，所以限制页面的<script>总数也可以改善性能。它适用于内嵌脚本和外链脚本。

在非阻塞脚本中，等页面完成加载后，再加载 JavaScript 代码。也就是说，在 window.onload 事件发出后开始加载代码。

其中，defer 属性支持 IE4 和 Fierfox3.5 及更高版本的浏览器。通过动态脚本元素，文档对象模型（DOM）允许使用 JavaScript 动态创建 HTML 的几乎全部文档内容，代码如下。

```
<script type="text/javascript">
    var script=document.createElement("script");
    script.type="text/javascript";
    script.src="file.js";
    document.getElementsByTagName("head")[0].appendChild(script);
</script>
```

此技术的重点在于，无论在何处启动下载，即使在 head 里，文件的下载和运行都不会阻塞其他页面的处理过程。

103. ：请解释一下事件冒泡机制。

：在一个对象上触发某类事件（比如 onclick 事件）时，如果此对象定义了此事件的处理程序，那么此事件就会调用这个处理程序；如果没有定义此事件处理程序或者事件返回 true，那么这个事件会向这个对象的父级对象传播，从里到外，直至它被处理（父级对象所有同类事件都将被激活），或者它到达了对象层次的最顶层，即 document 对象（有些浏览器中是 window）。

冒泡型事件触发顺序是指从最特定的事件目标（触发事件对象）到最不特定的事件目标对象（document 对象）。

JavaScript 冒泡机制是指如果某元素定义了事件 A，如 click 事件，如果触发了事件之后，没有阻止冒泡事件，那么该事件将向父级元素传播，触发父类的 click 事件。

104. ：请说出阻止事件冒泡的方法

：阻止事件冒泡的方法，包括兼容 IE 浏览器（e.cancleBubble）和标准浏览器（e.stopProgation）。下面给出一段示例代码。

```
function stopBubble(e){
    var evt = e||window.event;
    evt.stopPropagation ? evt.stopPropagation() : (evt.cancelBubble=true);
}
```

105. ：请指出 split()与 join() 函数的区别。

：split()将字符串切割成数组，是关于字符串的方法；join()将数组转换成字符串，是关于数组的方法。

对数组执行 join()函数，然后通过参数分隔符字符串将它们连接起来，从而返回一个字符串。对字符串执行 split()函数，然后在参数分隔符处将其断开，从而返回一个数组。

简单地说，split()把一个字符串（根据某个分隔符字符串）切割成若干个字符串并存放在一个数组里。而 join()把数组中的字符串连成一个长串，可以认为它是 split()的逆操作。

106. ：说说你对原型（prototype）的理解。

：JavaScript 是一种通过原型实现继承的语言，它与别的高级语言是有区别的，例如 Java。C#是通过类型决定继承关系的，JavaScript 是动态的弱类型语言。总之，可以认为 JavaScript 中所有数据都是对象。在 JavaScript 中，原型也是一个对象，用原型可以实现对象的属性继承，JavaScript 的对象中都包含了一个"prototype"内部属性，这个属性所对应的就是该对象的原型。

作为对象的内部属性，"prototype"是不能直接访问的。所以，为了方便查看对象的原型，Firefox 和 Chrome 内核的 JavaScript 引擎中提供了"__proto__"这个非标准的访问器（ECMA 新标准中引入了标准对象原型访问器"Object.getPrototype(object)"）。

原型的主要作用就是实现继承与扩展对象。

107. ：typeof 与 instanceof 的区别是什么?

：在 JavaScript 中，判断一个变量的类型可以用 typeof。

（1）如果是数字类型，typeof 返回的值是 number。比如 typeof(1)返回的值是 number。

（2）如果是字符串类型，typeof 返回的值是 string。比如 typeof("123")返回的值是 string。

（3）如果是布尔类型，typeof 返回的值是 boolean。比如 typeof(true)返回的值是 boolean。

（4）如果是对象、数组、null，typeof 返回的值是 object。比如 typeof(window)、typeof(document)、typeof(null)返回的值都是 object。

（5）如果是函数类型，typeof 返回的值是 function。比如 typeof(eval)、typeof(Date)返回的值都是 function。

（6）对于不存在的变量、函数或者 undefined，将返回 undefined。比如 typeof(abc)、typeof(undefined)都返回 undefined。

在 JavaScript 中，instanceof 用于判断某个对象是否被另一个类构造（也就是说，是否是该类的实例化对象）。

当使用 typeof 运算符判断引用类型存储值时，会出现一个问题，无论引用的是什么类型的对象，它都返回"object"。ECMAScript 引入了另一个 Java 运算符 instanceof 来解决这个问题。与 typeof 运算符相似，instanceof 运算符用于识别正在处理的对象的类型。与 typeof 方法不同的是，instanceof 方法要求开发者明确地给出对象的特定类型。

108. ：什么是事件流?

：事件流是指从页面中接收事件的顺序。也就是说，当一个事件产生时，这个事件的传播过程就是事件流。

109. ：什么是事件冒泡?

：IE 中的事件流叫事件冒泡。事件冒泡是指事件开始时由最具体的元素接收，然后逐级向上传播到较为不具体的节点（文档）。对于 HTML 来说，当一个元素产生一个事件时，它会把这个事件传递给它的父元素，父元素接收到之后，还要继续传递给它的上一级元素，就这样一直传播到 document 对象（一些浏览器会传播到 window 对象）。

110. ：什么是事件捕获

：事件捕获是指不太具体的元素更早地接收到事件，而最具体的节点最后接收到事件。它们的用意是在事件到达目标之前就捕获它；也就是与冒泡的过程正好相反。以 HTML 的 click 事件为例，document 对象（DOM0 级规范要求从 document 开始传播，但是现在的浏览器是从 window 对象开始的）最先接收到 click 事件，然后事件沿着 DOM 树依次向下传播，一直传播到事件的实际目标。

111. ：如何清除一个定时器？

：清除定时器使用的方法是：window.clearInterval()。清除循环定时器使用的方法是 window.clearTimeout()。

112. ：如何在 body 中添加一个 DOM 对象？innerHTML 和 innerText 有什么区别？

：在 body 中添加 DOM 的方法是使用 body.appendChild（DOM 元素）。

innerHTML 是指从对象的起始位置到终止位置的全部内容，包括 HTML 标签。

innerText 是指从起始位置到终止位置的内容，但它不包括 HTML 标签。

113. ：列出几个 window 对象和属性。

：window 对象如下。

window.event、window.document、window.history、window.screen、window.navigator、window.external。

window 对象的属性如下。

```
window //窗口自身
window.self //引用本窗口 window=window.self
window.name //为窗口命名
window.defaultStatus //设定窗口状态栏信息
window.location //URL 相关属性信息对象
```

114. ：什么是回调函数？

：回调函数就是一个通过函数指针调用的函数。如果把函数的指针（地址）作为参数传递给另一个函数，当这个指针用来调用其所指向的函数时，我们就说这是回调函数。回调函数不是由该函数的执行方直接调用的，而是在特定的事件或条件发生时由另一方调用的，用于对该事件或条件进行响应。

115. ：什么是自执行函数？它有哪些应用场景？有什么好处？

：自执行函数是指声明的一个匿名函数，可以立即调用这个匿名函数。

作用是创建一个独立的作用域。一般用于框架、插件等场景。

好处是防止变量弥散到全局，避免各种 JavaScript 库冲突；隔离作用域，避免污染，或者截断作用域链，避免闭包造成引用变量无法释放；利用立即执行特性，返回需要的业务函数或对象，避免每次用条件判断来处理。

116. ：什么是事件委托？它有什么好处？

：事件委托指利用冒泡的原理，把事件加到父级上，触发执行效果。

好处如下。

- 减少事件数量，提高性能。
- 预测未来元素，新添加的元素仍然可以触发该事件。

- 避免内存外泄，在低版本 IE 中，防止删除元素而没有移除事件造成的内存溢出。

117. ：节点类型是有哪些？如何判断当前节点类型？

：节点有以下类型。

- 元素节点；
- 属性节点；
- 文本节点；
- 注释节点；
- 文档节点。

用 nodeObject.nodeType 判断节点类型。其中，nodeObject 为 DOM 节点（节点对象）。该属性返回用数字表示节点的类型，例如，元素节点返回 1，属性节点返回 2。

118. ：什么是强制（显式）类型转换？什么是隐式类型转换？

：强制（显式）类型转换如下。

```
Boolean(0)
Boolean(new object())
Number(undefined)
Number(null)
String(null)
parseInt( )、parseFloat( )、JSON.parse( )、JSON.stringify ( )
```

隐式类型转换如下。

在使用算术运算符时，运算符两边的数据类型可以是任意的，比如，一个字符串可以和数字相加。之所以不同的数据类型之间可以做运算，是因为 JavaScript 引擎在运算之前会悄悄地对它们进行隐式类型转换。

例如：

```
x+"" //等价于 String(x)
+x //等价于 Number(x)
x-0 //同上
!!x //等价于 Boolean(x),注意前面的双叹号
```

119. ：已知 id 为 icketang 的 input 输入框，如何获取这个输入框的输入值（不使用第三方框架）？

：使用 document.getElementById("icketang").value。

120. ：使用 typeof bar === "object"可以确定 bar 是不是对象的潜在陷阱，如何避免这个陷阱？

：尽管 typeof bar === "object" 是检查 bar 是不是对象的可靠方法，但是在 JavaScript 中也认为 null 是对象。

因此，下面的代码将在控制台中输出 true（而不是 false）。

```
var bar = null;
console.log(typeof bar === "object"); // true
```

只要清楚了这一点，同时检查 bar 是否为 null，就可以很容易地避免问题。

```
console.log((bar !== null) && (typeof bar === "object")); // false
```

要答全问题，还有其他两件事情值得注意。

首先，上述解决方案将返回 false，当 bar 是一个函数的时候，在大多数情况下，这是期望结果，但当你想对函数返回 true 的时候，可以这样修改上面的解决方案。

```
console.log((bar !== null) && ((typeof bar === "object") || (typeof bar ===
"function")))
```

其次，当 bar 是一个数组（例如，当 var bar = []）的时候，上述解决方案将返回 true。在大多数情况下，这是期望的结果，因为数组是真正的对象，但当你想对数组返回 false 时，可以这样修改上面的解决方案。

```
console.log((bar !== null) && (typeof bar === "object") && (Object.prototype.toStr
ing.call(bar) !== "[object Array]"))。
```

或者在 ES5 规范中输入如下内容。

```
console.log((bar !== null) && (typeof bar === "object") && (! Array.isArray(bar)))。
```

121. ：下面的代码将输出什么到控制台？为什么？

```
(function(){
var a = b = 3;
})();
console.log("a defined " + (typeof a !== 'undefined'));
console.log("b defined " + (typeof b !== 'undefined'));
```

：输出结果如下。

```
a defined false
b defined true
```

a 和 b 都定义在函数的封闭范围内，并且都始于 var 关键字，因此大多数 JavaScript 开发人员期望 typeof a 和 typeof b 在上面的例子中都是 undefined。

然而，事实并非如此。问题在于大多数开发人员将语句 var a = b = 3 错误地理解为是以下声明的简写。

```
var b = 3;
var a = b;
```

但事实上，var a = b = 3 实际是以下声明的简写。

```
b = 3;
var a = b;
```

因此（如果你不使用严格模式），该代码段的输出如下。

```
a defined false
b defined true
```

但是，b 如何定义在封闭函数的范围之外呢？

既然语句 var a = b =3 是语句 b = 3 和 var a = b 的简写，b 最终就成为一个全局变量（因为它没有前缀 var 关键字），于是需要定义在封闭函数之外。

需要注意的是，在严格模式下（使用 use strict），语句 var a = b = 3 将生成 ReferenceError: b is not defined 的运行时错误，从而避免任何 headfakes 或 bug。

122. ：下面的代码将输出什么内容到控制台？为什么？

```
var myObject = {
        foo: "bar",
        func: function() {
            var self = this;
            console.log("outer func:  this.foo = " + this.foo);
            console.log("outer func:  self.foo = " + self.foo);
            (function() {
                    console.log("inner func:  this.foo = " + this.foo);
                    console.log("inner func:  self.foo = " + self.foo);
            }());
        }
};
myObject.func();
```

：上面的代码将输出以下内容到控制台。

```
outer func: this.foo = bar
outer func: self.foo = bar
inner func: this.foo = undefined
inner func: self.foo = bar
```

在外部函数中，this 和 self 都指向 myObject，因此两者都可以正确地引用和访问 foo。

在内部函数中，this 不再指向 myObject。结果是，this.foo 没有在内部函数中定义，相反，指向到本地的变量 self 保持在范围内，并且可以访问（在 ECMAScript 5 之前，在内部函数中 this 将指向全局的 window 对象；反之，内部函数中的 this 是未定义的）。

123. ：封装 JavaScript 源文件的全部内容到一个函数块有什么意义？

：这是一个越来越普遍的做法，已被许多流行的 JavaScript 库（jQuery、Node.js 等）采用。这种技术创建了一个围绕文件全部内容的闭包。最重要的是，创建了一个私有的命名空间，有助于避免不同 JavaScript 模块和库之间的命名冲突。

这种技术的另一个特点是，允许把一个易于引用的（更短的）别名用于全局变量。例如，jQuery 插件中，jQuery 允许你使用 jQuery.noConflict()，来禁止$引用到 jQuery 命名空间。在完成这项工作之后，利用这种闭包技术，代码仍然可以使用$，如下所示。

```
(function($) { /* jQuery plugin code referencing $ */ } )(jQuery);
```

124. ：为了在 script 里访问在 script 下面的 HTML 中的元素，可以用什么技术实现？

：JavaScript 不能访问当前 script 元素后面定义的 HTML 元素，但在 window 里有个 onload 函数，把代码写在 window.onload=function()函数体里就可以访问了。

125. ：以下两个函数会返回相同的结果吗？为什么相同或为什么不相同？

```
function foo1(){
  return {
      bar: "hello"
  };
}

function foo2(){
  return
  {
      bar: "hello"
  };
}
```

：这两个函数返回的内容并不相同。通过以下语句查看返回值。

```
console.log("foo1 returns:");
console.log(foo1());
console.log("foo2 returns:");
console.log(foo2());
```

输出结果如下。

```
foo1 returns:Object {
    bar: "hello"
}
foo2 returns:undefined
```

这不仅令人惊讶，而且让人困惑，因为 foo2()返回 undefined，却没有任何错误抛出。

原因与这样一个事实有关，即分号在 JavaScript 中是一个可选项（尽管省略它们通常是非常糟糕的形式）。结果是，当碰到 foo2()中包含 return 语句的代码行时（代码行上没有其他任何代码），分号会立即自动插入返回语句之后，也不会抛出错误，因为代码的其余部分是完全有效的，即使它没有得到调用或做任何事情。

这也说明了在 JavaScript 中大括号的位置应该放在语句后面的编程风格更符合 JavaScript 的语法要求。

126. 👤: NaN 是什么？它的类型是什么？如何可靠地判断一个值是否等于 NaN？

👤: NaN 属性代表一个“不是数字”的值。这个特殊的值是因为运算不能执行而导致的，不能执行的原因可能是其中的运算对象之一非数字（例如，"abc" / 4），也可能是是运算的结果非数字（例如，除数为零）。

虽然这看上去很简单，但 NaN 有一些令人惊讶的特点，如果你不知道它们，可能会导致令人头痛的 Bug。

首先，虽然 NaN 意味着“不是数字”，但是它的类型是 Number。

```
console.log(typeof NaN === "number"); // true
```

此外，NaN 和任何内容比较——甚至是它自己本身——结果都是 false。

```
console.log(NaN === NaN); // logs "false"
```

可以用一种半可靠的方法来判断了一个数字是否等于 NaN，使用内置函数 isNaN()，但即使使用 isNaN()也并非是一个完美的解决方案。

一个更好的解决办法是使用 value !== value，如果值等于 NaN，只会产生 true。另外，ECMAScript 6 中拓展了两个处理 NaN 的方法。一个是 Number.isNaN() 函数，比全局 isNaN() 函数更可靠，比较的时候不会做数据类型的转换。另一个是 Object.is，它可以判断两个 NaN 是否相等。

127. 👤: 说明下列代码将输出什么，并解释原因。

```
console.log(0.1 + 0.2);
console.log(0.1 + 0.2 == 0.3);
```

👤: 它会输出以下内容。

```
0.30000000000000004
false
```

原因如下。

十进制数 0.1 对应二进制数 0.000 110 011 001 100 11…(循环 0011)。

十进制数 0.2 对应二进制数 0.001 100 110 011 001 1…(循环 0011)。

两者相加得到达以下结果。

0.000 110 011 001 100 110 011 001 100 110 011 001 100 110 011 001 100 110 01…

+ 0.001 100 110 011 001 100 110 011 001 100 110 011 001 100 110 011 001 100 11…

= 0.010 011 001 100 110 011 001 100 110 011 001 100 110 011 001 100 110 011 00…

转换成十进制之后得到 0.300 000 000 000 000 04。

128. ：写出函数 isInteger(*x*)的实现方法，用于确定 *x* 是否是整数。

：ECMAScript 6 引入了一个新的方法，即 Number.isInteger()，它可以用来判断一个数字是否是整数。在 ECMAScript 6 之前，isInteger 的实现会更复杂。在 ECMAScript 规格说明中，整数只是在概念上存在，即，数字值总是存储为浮点数值。

考虑到这一点，有如下几种实现方案。

```
function isInteger(x) {
    return (x^0) === x;
}
```

下面的解决方法虽然不如上面那个方法优雅，但也是可行的。

```
function isInteger(x) {
    return Math.round(x) === x;
}
```

请注意，Math.ceil()和 Math.floor()在上面的实现中等同于 Math.round()。

或者使用以下实现方案。

```
function isInteger(x) {
    return (typeof x === 'number') && (x % 1 === 0);
}
```

一个比较普遍的错误解决方案如下。

```
function isInteger(x) {
    return parseInt(x, 10) === x;
}
```

虽然这个以 parseInt 函数为基础的方法在 *x* 取许多值时能良好地工作，但是一旦 *x* 取值相当大，它就会无法正常工作。问题在于 parseInt()在解析数字之前强制把第一个参数转换为字符串。因此，一旦数目变得足够大，它的字符串就会表达为指数形式（例如，1e+21）。因此，parseInt()函数就会解析 1e+21，但当解析到'e'字符的时候，就会停止解析，因此只会返回 1。

129. ：下列代码行 1～4 如何排序，才能使之能够在执行代码时输出到控制台？为什么？

：

```
(function() {
1    console.log(1);
2    setTimeout(function() { console.log(2) }, 1000);
3    setTimeout(function() { console.log(3) }, 0);
4    console.log(4);
})();
```

序号如下。

```
1
4
3
2
```

让我们先来解释比较显而易见的那部分。

1和4之所以放在前面，是因为它们只是简单调用console.log()，而没有任何延迟输出。

2之所以放在3的后面，是因为2是延迟了1000ms（即，1s）之后输出的，而3是延迟了0ms之后输出的。

浏览器有一个事件循环，它会检查事件队列和处理未完成的事件。例如，如果时间发生在后台（例如，脚本的onload事件），浏览器正忙（例如，处理一个onclick），那么事件会添加到队列中。当onclick处理程序完成后，检查队列，然后处理该事件（例如，执行onload脚本）。

同样，如果浏览器正忙。setTimeout()也会把其引用的函数的执行放到事件队列中。

当setTimeout()的第二个参数为0的时候，它代表"尽快"执行指定的函数。具体是指，函数的执行会从事件队列的下一个计时器开始。但是请注意，这不是立即执行：函数不会执行，除非下一个计时器开始计时。这就是为什么在上述例子中调用console.log(4)发生在调用console.log(3)之前（因为调用console.log(3)是通过setTimeout完成的，因此会稍微延迟）。

130. ：写一个简单的函数（少于80个字符），要求返回一个布尔值，指明字符串是否为回文结构。

：下面这个函数在str是回文结构的时候返回true；否则，返回false。

```
function isPalindrome(str) {
  str = str.replace(/\W/g, '').toLowerCase();
  return (str == str.split('').reverse().join(''));
}
```

例如：

```
console.log(isPalindrome("level"));// true
console.log(isPalindrome("levels"));// false
console.log(isPalindrome("A car, a man, a maraca"));  // logs 'true'
```

131. ：写一个sum方法，在使用任意语法调用时，都可以正常工作。

：console.log(sum(2,3)); // 5

```
console.log(sum(2)(3)); // Outputs 5
```

（至少）有两种方法可以做到。

方法1，代码如下。

```
function sum(x) {
 if (arguments.length  === 2) {
    return arguments[0] + arguments[1];
 } else {
    return function(y) {
        return x + y;
    }
 }
}
```

在 JavaScript 中，函数可以提供到 arguments 对象的访问，arguments 对象提供传递到函数的实际参数的访问。这时我们能够使用 length 属性来确定在运行时传递给函数的参数数量。

如果传递两个参数，那么只须加在一起并返回。

否则，假设它以 sum(2)(3)这样的形式调用，所以返回一个匿名函数，这个匿名函数合并了传递到 sum()的参数和传递给匿名函数的参数。

方法 2，代码如下。

```
function sum(x, y) {
 if (y !== undefined) {
    return x + y;
 } else {
    return function(y) {
        return x + y
    }
 }
}
```

当调用一个函数的时候，JavaScript 不要求参数的数目匹配函数定义中的参数数量。如果传递的参数数量大于函数定义中的参数数量，那么多余参数将简单地被忽略。另一方面，如果传递的参数数量小于函数定义中的参数数量，那么在函数中引用缺少的参数时将会给一个 undefined 值。所以，在上面的例子中，简单地检查第 2 个参数是否未定义，就可以确定函数的调用方式。

132. ：请看下面的代码片段并回答以下问题。

```
for (var i = 0; i < 5; i++) {
     var btn = document.createElement('button');
     btn.appendChild(document.createTextNode('Button ' + i));
     btn.addEventListener('click', function(){ console.log(i); });
     document.body.appendChild(btn);
}
```

（1）当用户单击 “Button 4” 的时候会输出什么到控制台，为什么？

（2）提供一个或多个可获取当前 *i* 的值的实现方案。

：（1）无论用户单击什么按钮，数字 5 将总会输出到控制台。这是因为，当调用 onclick 方法（对于任何按钮）的时候，for 循环已经结束，变量 *i* 已经获得了 5 的值。

（2）要让代码工作的关键是，通过传递到一个新创建的函数对象，在每次传递通过 for 循环时，捕捉到 *i* 值。下面是 3 种可能实现的方法。

可以通过闭包实现对循环变量 *i* 的存储。

```
for (var i = 0; i < 5; i++) {
        var btn = document.createElement('button');
        btn.appendChild(document.createTextNode('Button ' + i));
        btn.addEventListener('click', (function(i) { return  function() { console.
        log(i); }; })(i));
        document.body.appendChild(btn);
}
```

或者，可以封装全部调用到新匿名函数中的 btn.addEventListener。

```
for (var i = 0; i < 5; i++) {
        var btn = document.createElement('button');
        btn.appendChild(document.createTextNode('Button ' + i));
         (function (i) { btn.addEventListener('click', function() { console.log(i);
         }); })(i);
        document.body.appendChild(btn);
}
```

也可以调用数组对象的本地 forEach 方法来替代 for 循环。

```
Array(5).fill(0).forEach(function (value, i) {
        var btn = document.createElement('button');
        btn.appendChild(document.createTextNode('Button ' + i));
        btn.addEventListener('click', function() { console.log(i); });
        document.body.appendChild(btn);
});
```

133. ：下面的代码将输出什么到控制台？为什么？

```
var arr1 = "john".split('');
var arr2 = arr1.reverse();
var arr3 = "jones".split('');
arr2.push(arr3);
console.log("array 1: length=" + arr1.length + " last=" + arr1.slice(-1));
console.log("array 2: length=" + arr2.length + " last=" + arr2.slice(-1));
```

：输出结果是如下。

```
"array1: length=5 last=j,o,n,e,s"
"array2: length=5 last=j,o,n,e,s"
```

在上述代码执行之后，arr1 和 arr2 相同，原因如下。

调用数组对象的 reverse()方法并不只是返回反顺序的阵列，它也反转了数组本身的顺序（即，在这种情况下，指的是 arr1）。

reverse()方法返回一个对数组本身的引用（在这种情况下，即 arr1）。其结果为，arr2 仅仅是一个对 arr1 的引用（而不是副本）。因此，当对 arr2 做了任何事情（即当调用 arr2.push(arr3)）时，arr1 也会受到影响，因为 arr1 和 arr2 引用的是同一个对象。

134. ：下面的代码将输出什么到控制台？为什么？

```
console.log(1 + "2" + "2");
console.log(1 + +"2" + "2");
console.log(1 + -"1" + "2");
console.log(+"1" + "1" + "2");
console.log( "A" - "B" + "2");
console.log( "A" - "B" + 2);
```

：上面的代码将输出以下内容到控制台。

```
"122"
"32"
"02"
"112"
"NaN2"
NaN
```

JavaScript(ECMAScript)是一种弱类型语言，它可对值进行自动类型转换，以适应正在执行的操作。

例 1：1 + "2" + "2" 输出"122"。下面分析原因。1 + "2"是执行的第一个操作，由于其中一个运算对象（"2"）是字符串，JavaScript 会假设它需要执行字符串连接，因此会将 1 的类型转换为"1"，1 + "2"结果就是"12"。然后，"12" + "2"就是"122"。

例 2：1 + +"2" + "2" 输出"32"。下面分析原因。根据运算的顺序，要执行的第一个运算是+"2"（第一个 "2" 前面的 “+” 被视为一元运算符），因此，JavaScript 将 "2" 的类型转换为数字。其结果是，接下来的运算就是 1 + 2，这当然是 3。然后我们需要在一个数字和一个字符串之间进行运算（即，3 和"2"）。同样，JavaScript 会将数值类型转换为字符串，并执行字符串的连接，产生"32"。

例 3：1 + -"1" + "2" 输出"02"。下面分析原因。这里的解释和前一个例子相同，除了此处的一元运算符是 “–”，当应用 “–” 时"1"变为了–1。然后将其与 1 相加，结果为 0，再将其转换为字符串，连接最后的"2"，得到"02"。

例 4：+"1" + "1" + "2" 输出"112"。下面分析原因。虽然第一个运算对象"1"因为前缀的一元"+"运算符类型转换为数值，但是当连接到第二个运算对象"1"的时候，立即转换回字符串。最后与"2"连接，产生了字符串"112"。

例 5："A"–"B" + "2" 输出"NaN2"。说明：由于运算符 “–” 对"A"和"B"处理的时候，

都不能转换成数值，因此"A"-"B"的结果是 NaN，然后再和字符串"2"连接，得到"NaN2"。

例 6："A"-"B" + 2 输出 NaN。说明：参见前一个例子，"A"-"B"结果为 NaN，但是，应用任何运算符到 NaN 与其他任何的数字运算对象上，结果仍然是 NaN。

135. ：下面的递归代码在数组列表偏大的情况下会导致堆栈溢出，在保留递归模式的基础上，怎么解决这个问题？

```
var list = readHugeList();
var nextListItem = function() {
        var item = list.pop();
        if (item) {
           nextListItem();
        }
};
```

：潜在的堆栈溢出可以通过修改 nextListItem 函数避免。

```
var list = readHugeList();
var nextListItem = function() {
        var item = list.pop();
        if (item) {
            setTimeout( nextListItem, 0);
        }
};
```

堆栈溢出之所以会被消除，是因为事件循环操纵了递归，而不是调用堆栈。当 nextListItem 运行时，如果 item 不为空，timeout 函数（nextListItem）就会被推到事件队列，该函数退出，因此就清空调用堆栈。当事件队列运行其 timeout 事件且进行到下一个 item 时，把定时器设置为再次调用 nextListItem。因此，该方法从头到尾都没有直接的递归调用，所以无论迭代次数的多少，调用堆栈一直保持清空的状态。

136. ：JavaScript 中的“闭包”是什么？请举一个例子。

：闭包是一个可以访问外部（封闭）函数作用域链中变量的内部函数。闭包可以访问 3 种范围中的变量，这 3 个范围具体如下。

- 自己范围内的变量。
- 封闭函数范围内的变量。
- 全局变量。

下面是一个简单的例子。

```
var globalVar = "hello";
(function outerFunc(outerArg) {
        var outerVar = 'a';
        (function innerFunc(innerArg) {
                var innerVar = 'b';
                console.log("outerArg = " + outerArg + "" + "innerArg = " + innerA
```

```
                rg + "" + "outerVar = " + outerVar + "" + "innerVar = " + innerVar
                + "" + "globalVar = " + globalVar);
        })(200);
})(100);
```

在上面的例子中，来自于 innerFunc、outerFunc 和全局命名空间的变量都在 innerFunc 的范围内。因此，上面的代码将输出如下结果。

```
outerArg = 100
innerArg = 200
outerVar = a
innerVar = b
globalVar = hello
```

137. ：下面的代码将输出什么？闭包在这里能起什么作用？

```
for (var i = 0; i < 5; i++) {
        (function() {
                setTimeout(function() { console.log(i); }, i * 1000 );
        })();
}
```

：上面的代码不会按预期显示值 0、1、2、3 和 4，而是会显示 5、5、5、5 和 5。

原因是，在循环中执行的每个函数将先整个循环完成之后执行，因此，将会引用存储在 i 中的最后一个值，那就是 5。

闭包可以为每次迭代创建一个唯一的作用域，存储作用域内的循环变量。如下代码会按预期输出 0、1、2、3 和 4 到控制台。

```
for (var i = 0; i < 5; i++) {
        (function(x) {
                setTimeout(function() { console.log(x); }, x * 1000 );
        })(i);
}
```

138. ：以下代码行将输出什么到控制台？

```
console.log("0 || 1 = "+(0 || 1));
console.log("1 || 2 = "+(1 || 2));
console.log("0 && 1 = "+(0 && 1));
console.log("1 && 2 = "+(1 && 2));
```

：该代码将输出以下结果。

```
0 || 1 = 1
1 || 2 = 1
0 && 1 = 0
1 && 2 = 2
```

详细分析如下。

在 JavaScript 中，||和&&都是逻辑运算符，从左至右进行运算。

- “或”（||）运算符。在形如 *X*||*Y* 的表达式中，首先计算 *X* 并将其表示为一个布尔值。如果这个布尔值是 true，那么返回 true(1)，不再计算 *Y*，因为“或”的条件已经满足。如果这个布尔值为 false，那么我们仍然无法知道 *X*||*Y* 是真还是假，直到计算 *Y*，并且也把它表示为一个布尔值。

因此，0 || 1 的计算结果为 true(1)，同理计算 1 || 2。

- “与”（&&）运算符。在形如 *X*&&*Y* 的表达式中，首先计算 *X* 并将其表示为一个布尔值。如果这个布尔值为 false，那么返回 false(0)，不再计算 *Y*，因为“与”的条件已经失败。如果这个布尔值为 true，但是我们仍然不知道 *X*&&*Y* 是真还是假，直到计算 *Y*，并且也把它表示为一个布尔值。

不过，关于&&运算符最有趣的地方在于，当一个表达式的计算结果为“true”的时候，就返回表达式本身。这就解释了为什么 1 && 2 返回 2（而不是返回 true 或 1）。

139. ：下面的代码将输出什么？请解释。

```
console.log(false == '0')
console.log(false === '0')
```

：代码将输出以下结果

```
true
false
```

在 JavaScript 中，有两种等于运算符。3 个等于运算符===的作用类似于传统的等于运算符：如果两侧的表达式有相同的类型和相同的值，那么计算结果为 true。而双等于运算符会只强制比较它们的值。因此，总体上而言，使用===而不是==的做法更好。!==与!=亦是同理。

140. ：以下代码将输出什么？解释你的答案。

```
var a={}, b={key:'b'}, c={key:'c'};
a[b]=123;
a[c]=456;
console.log(a[b]);
```

：这段代码将输出 456（而不是 123）。

原因为，当设置对象属性时，JavaScript 会隐式地将[]内的变量转换成字符串。在这种情况下，由于 b 和 c 都是对象，因此它们都将被转换为"[object Object]"。结果就是，a[b]和 a[c]均相当于 a["[object Object]"]，并可以互换使用。因此，设置或引用 a[c]和设置或引用 a[b]完全相同。

141. ：在控制台中，以下代码行将输出什么结果？

```
console.log((function f(n){return ((n > 1) ? n * f(n-1) : n)})(10));
```

：代码将输出 10!的值（即 10!或 3628800）。

原因如下。

命名函数 f()递归地调用本身，当调用 f(1)的时候，只简单地返回 1。下面就是它的调用过程。

f(1): return n，结果为 1。

f(2): return 2 * f(1)，结果为 2。

f(3): return 3 * f(2)，结果为 6。

f(4): return 4 * f(3)，结果为 24。

f(5): return 5 * f(4)，结果为 120。

f(6): return 6 * f(5)，结果为 720。

f(7): return 7 * f(6)，结果为 5040。

f(8): return 8 * f(7)，结果为 40320。

f(9): return 9 * f(8)，结果为 362880。

f(10): return 10 * f(9)，结果为 3628800。

142. ：请看下面的代码段。控制台将输出什么？为什么？

```
(function(x) { return (function(y) { console.log(x); })(2) })(1);
```

：控制台将输出 1。原因是，闭包是一个函数，连同在闭包创建的时候，其范围内的所有变量或函数在一起。在 JavaScript 中，闭包是作为一个“内部函数”实施的，即，另一个函数主体内定义的函数。闭包的一个重要特征是，内部函数仍然有权访问外部函数中的变量。

因此，在本例中，由于 *x* 未在函数内部中定义，因此在外部函数范围中搜索定义的变量 *x*，且发现具有 1 的值。

143. ：下面的代码将输出什么到控制台？为什么？

```
var hero = {
    _name: 'John Doe',
    getSecretIdentity: function (){
        return this._name;
    }
};
var stoleSecretIdentity = hero.getSecretIdentity;
console.log(stoleSecretIdentity());
console.log(hero.getSecretIdentity());
```

：代码将输出以下结果。

```
undefined
John Doe
```

第一个 console.log 之所以输出 undefined，是因为我们正在从 hero 对象提取方法，所以调用了全局上下文中（即 window 对象）的 stoleSecretIdentity()，而在此全局上下文中，_name 属性不存在。

其中一种修复 stoleSecretIdentity() 函数的方法如下。

```
var stoleSecretIdentity = hero.getSecretIdentity.bind(hero);
```

144. 面试官：解释一下 JavaScript 实现二分法查找的方法。

应聘者：二分法查找（也称折半查找）是一种在有序数组中查找特定元素的搜索算法。查找过程可以分为以下步骤。

（1）从有序数组中间元素开始搜索，如果该元素正好是目标元素（即要查找的元素），则搜索过程结束，否则进入下一步。

（2）如果目标元素大于或者小于中间元素，则在数组大于或小于中间元素的那一半区域查找，然后重复步骤（1）的操作。

（3）如果某一步中数组为空，则表示找不到目标元素。

参考代码如下。

```
// 非递归算法
function binary_search(arr, key) {
    var low = 0,
        high = arr.length - 1;
    while (low <= high) {
        var mid = Math.floor((high + low) / 2);
        if (key === arr[mid]) {
            return mid;
        } else if (key > arr[mid]) {
            low = mid + 1;
        } else {
            high = mid - 1;
        }
    }
    return -1;
}
var arr = [1, 2, 3, 4, 5, 6, 7, 8, 9, 10, 11, 23, 44, 86];
var result = binary_search(arr, 10);
console.log(result) // 9 返回目标元素的索引值
// 递归算法
function binary_search(arr, low, high, key) {
    if (low > high) {
        return -1;
    }
    var mid = Math.floor((low + high) / 2);
    if (arr[mid] === key) {
        return mid
    } else if (arr[mid] > key) {
```

```
            high = mid - 1;
            return binary_search(arr, low, high, key)
        } else {
            low = mid + 1;
            return binary_search(arr, low, high, key)
        }
    }
    var arr = [1, 2, 3, 4, 5, 6, 7, 8, 9, 10, 11, 23, 44, 86];
    var result = binary_search(arr, 0, arr.length, 10);
    console.log(result)
```

145. ：写一个 function，清除字符串前后的空格（兼容所有浏览器）。

：具体代码如下。

```
function trim(str) {
    if (str && typeof str === "string") {
        return str.replace(/^\s+|\s+$/g, ""); //去除前后空白符
    }
}
```

146. ：使用正则表达式验证邮箱格式。

：具体代码如下。

```
var reg = /^(\w)+(\.\w+)*@(\w)+((\.\w{2,3}){1,3})$/;
var email = "example@qq.com";
console.log(reg.test(email)); // true
```

147. ：为了获取页面中所有的 checkbox，应该怎么做（不使用第三方框架）？

：具体代码如下。

```
var domList = document.getElementsByTagName('input');
var checkBoxList = [];
var len = domList.length;
while (len--) {
    (domList[len].type === 'checkbox') && checkBoxList.push(domList[len])
}
```

148. ：请设置一个已知 ID 的 DIV 的内容为 xxxx，字体颜色设置为黑色（不使用第三方框架）。

：通过以下代码进行设置。

```
var dom = document.getElementById("ID");
dom.innerHTML = "xxxx"
dom.style.color = "#000"
```

149. ：什么是跨域？

：跨域是指不同域名之间的相互访问。

由于 JavaScript 同源策略的限制，A 域名下的 JavaScript 无法操作 B 或者 C 域名下

的对象。

150. 面试官：当单击一个 DOM 节点时，为了能够执行一个函数，应该怎么做？

应聘者：直接在 DOM 里绑定事件，即<div onclick="test()"></div>。在 JavaScript 里通过 onclick 绑定，即 xxx.onclick = test。

通过添加事件进行绑定，即 addEventListener(xxx,"test()",test)。

151. 面试官：下列代码输出什么？请解释原因。

```
var a;
alert(typeof a); // undefined
alert(b);         // 报错
```

应聘者：undefined 是一个只有一个值的数据类型，这个值就是 “undefined”。在使用 var 声明变量但并未对其值进行初始化时，这个变量的值就是 undefined。而 b 由于未声明将报错。注意，未声明的变量和声明了但未赋值的变量是不一样的。

152. 面试官：下列代码输出什么？请解释原因。

```
var a = null;
alert(typeof a); //object
```

应聘者：会输出 “object”。null 是一个只有一个值的数据类型，这个值就是 null。null 表示一个空指针对象，所以用 typeof 检测会返回 “object”。

153. 面试官：请解释下列表达式的结果。

```
var undefined;
undefined == null; // true
1 == true;          // true
2 == true;         // false
0 == false;        // true
0 == '';           // true
NaN == NaN;        // false
[] == ![];         // true
[] == []           // false
```

应聘者：undefined 与 null 相等，但不恒等（===），所以第 1 个表达式返回 true。

true 转换为数字是 1，所以第 2 个表达式返回 true。

false 转换成数字是 0，所以第 3 个表达式返回 false。

同理，可得到第 4 个和第 5 个表达式的返回值。NaN 是非数字，但是两个 NaA 不相等，所以第 6 个表达式返回 false。

在 ECMAScript 标准中，[]是对象，值为真，所以![]的值是 false，此时第 7 个表达式变为[] == false。参照标准，该比较变成了[] == Number(false)，即[] == 0。这个时候它又变成了 ToPrimitive([]) == 0，即'' == 0。接下来，比较 Number('') == 0，也就是 0 == 0，最终第 7 个表达式的结果为 true。

两个空数组是两个对象，它们是不相等的，所以最后一个表达式返回 false。

154. ：请说明以下代码的输出结果。

```
var a = new Object();
a.value = 1;
b = a;
b.value = 2;
alert(a.value);
```

：2（考察引用数据类型的细节）。

155. ：已知数组 var stringArray = ["This", "is", "爱创课堂"]，请通过 alert 方法，输出“This is 爱创课堂”。

：alert(stringArray.join(""))。

156. ：已知字符串 foo= “get-element-by-id”，写一个 function 将其转化成驼峰表示法“getElementById”。

：具体代码如下。

```
function toCamel(msg) {
    var arr = msg.split('-');
    for (var i = 1; i < arr.length; i++) {
        arr[i] = arr[i].charAt(0).toUpperCase() + arr[i].slice(1)
    }
    return arr.join('')
}
```

或者

```
function toCamel(msg) {
    return String(msg || '').replace(/-([a-z])?/g, function(match, $1) {
        return ($1 || '').toUpperCase()
    })
}
```

157. ：已知 var numberArray = [3,6,2,4,1,5]，完成以下两个操作。

（1）实现该数组的倒序排列，输出[5,1,4,2,6,3]；

（2）实现该数组的降序排列，输出[6,5,4,3,2,1]。

：实现倒序排列的代码如下。

```
numberArray.reverse()
```

实现降序排序的代码如下。

```
numberArray.sort(function(a, b) {
    return b - a
})
```

158. ：以 YYYY-MM-DD 的方式，输出当天的日期，比如当天是 2017 年 9 月 26 日，则输出 2017-09-26。

：具体代码如下。

```
var d = new Date();
// 获取年，getFullYear()返回 4 位的数字
var year = d.getFullYear();
// 获取月，月份比较特殊，0 是 1 月，11 是 12 月
var month = d.getMonth() + 1;
// 变成两位
month = month < 10 ? "0" + month : month;
// 获取日
var day = d.getDate();
day = day < 10 ? "0" + day : day;
console.log(year + '-' + month + '-' + day)
```

159. ：请将字符串“<tr><td>{$id}</td><td>{$name}</td></tr>”中的{$id}替换成 10，{$name}替换成 Tony（使用正则表达式）。

：代码如下。

```
var tpl = "<tr><td>{$id}</td><td>{$id}_{$name}</td></tr>";
function formatTpl(tpl, data) {
    return tpl.replace(/{\$(\w+)}/g, function(match, $1) {
        return data[$1] || '';
    })
}
formatTpl(tpl, {
    id: 10,
    name: "Tony"
})
```

160. ：为了保证页面输出安全，我们经常需要对一些特殊的字符进行转义，请写一个函数 escapeHtml，对<、>、&和"进行转义。

：代码如下。

```
function escapeHtml(str) {
    return str.replace(/[<>"&]/g, function(match) {
        switch (match) {
            case "<":
                return "&lt;";
            case ">":
                return "&gt;";
            case "&":
                return "&amp;";
            case '"':
                return "&quot;";
        }
    })
}
```

161. ：foo = foo||bar 这行代码是什么意思？为什么要这样写？

：if(!foo) foo = bar。

如果 foo 存在，其值不变；否则，把 bar 的值赋给 foo。

作为"&&"和"||"操作符的操作数表达式，这些表达式在进行求值时，只要最终的结果已经可以确定是真或假，求值过程便终止，这称为短路求值（short-circuit evaluation）。这是这两个操作符的一个重要属性。

162. ：下列代码将会输出什么？

```
var foo = 1;
function demo() {
    console.log(foo);
    var foo = 2;
    console.log(foo);
}
demo()
```

：由于变量声明前置，因此 console.log()的两次输出分别为 undefined 和 2。上面的代码相当于以下代码。

```
var foo = 1;
function demo() {
    console.log(foo);     // undefined
    var foo = 2;
    console.log(foo);     // 2
}
demo()
```

函数声明与变量声明会被 JavaScript 引擎隐式地提升到当前作用域的顶部，但是只提升名称不会提升赋值部分。

163. ：用 JavaScript 随机选取 10～100 之间的 10 个数字，把它们存入一个数组中，并排序。

：代码如下。

```
var isArray = [];
function getRandom(start, end) {
    return Math.floor(Math.random() * (end - start + 1) + start)
}
for (var i = 0; i < 10; i++) {
    isArray.push(getRandom(10, 100))
}
isArray.sort()
console.log(isArray)
```

164. ：把下面两个数组合并，并删除第二个元素。

```
var arr1 = ['a', 'b', 'c'];
```

```
var arr2 = ['d', 'e', 'f'];
```

：具体代码如下。

```
var arr3 = arr1.concat(arr2);
arr3.splice(1, 1);
```

165. ：怎样创建、添加、移除、替换、插入和查找节点？

：（1）通过以下代码创建新节点。

```
createDocumentFragment()    //创建一个 DOM 片段
createElement()             //创建一个具体的元素
createTextNode()            //创建一个文本节点
```

（2）通过以下代码添加、移除、替换、插入节点。

```
appendChild()               //添加
removeChild()               //移除
replaceChild()              //替换
insertBefore()              //插入
```

（3）通过以下代码查找节点。

```
getElementsByTagName()      //通过标签名称
getElementsByName()         //通过元素的 Name 属性的值
getElementById()            //通过元素 Id，唯一性
```

166. ：有这样一个 URL（http://***.com/item.htm?name=icketang&num=2&address=&telephone=12345678901&word），请写一段 JavaScript 程序提取 URL 中的各个 GET 参数（参数名和参数个数不确定），将其按“key：value”形式存储在对象中，如{name:'icketang', num:'2', address:'', telephone:'12345678901',word:undefined}。

：代码如下。

```
function urlSerilize(url) {
    var result = {};
    url = url.split('?')[1];
    var map = url.split('&');
    for (var i = 0; i < map.length; i++) {
        result[map[i].split('=')[0]] = map[i].split('=')[1];
    }
    return result
}
urlSerilize('http://***.com/item.htm?name=icketang&num=2&address=
&telephone=12345678901&word')
```

167. ：正则表达式构造函数 var reg = new RegExp("xxx")与正则表达字面量 var reg=//有什么不同？请写出匹配邮箱的正则表达式。

：当使用 RegExp()构造函数的时候，不仅需要转义引号（用\转义），还需要用双反斜杠表示一个反斜杠（即\\表示\）。使用正则表达字面量的效率更高。

匹配邮箱的正则表达式如下。

```
var mail = /^([a-zA-Z0-9_-])+@([a-zA-Z0-9_-])+((\.[a-zA-Z0-9_-]{2,3}){1,2})$/;
```

168. 面试官：给出下面代码的输出结果。

```
for (var i = 1; i <= 3; i++) {
    setTimeout(function() {
        console.log(i)
    }, 0)
}
```

求职者：4 4 4。

原因是 JavaScript 事件处理程序在线程空闲之前不会运行。

169. 面试官：如何让上述代码输出 1 2 3?

求职者：可改成立即执行函数。

```
for (var i = 1; i <= 3; i++) {
    setTimeout((function(num) {
        console.log(num)
    })(i), 0)
}
```

170. 面试官：JavaScript 中 callee 和 caller 的作用是什么?

求职者：caller 返回一个对函数的引用，该函数调用了当前函数；callee 返回正在执行的函数，也就是所指定的 function 对象的正文。

171. 面试官：如果一对兔子每月生一对小兔子，一对新生兔从第二个月起就开始生小兔子，同时假定每对兔子都是一雌一雄，试问一对兔子在第 *n* 个月能繁殖多少对兔子（使用 callee 完成）?

求职者：这是一个典型的斐波那契数列，代码如下。

```
function getRabbitNum(num) {
    var result = [];
    function fn(n) {
        if (n <= 2) {
            result[n] = 1;
            return 1;
        } else {
            if (result[n]) {
                return result[n]
            } else {
                result[n] = arguments.callee(n - 1) + arguments.callee(n - 2);
                return result[n]
            }
        }
    }
    fn(num)
```

```
    return result;
}
console.log(getRabbitNum(10))
```

172. 面试官：为了实现一个函数 clone，可以对 JavaScript 中 5 种主要的数据类型（包括 Number、String、Object、Array、Boolean）进行值（深）复制。

应聘者：代码如下。

```
/**
 * 复制一份数据
 * @param  obj
 * return  复制结果
 ***/
function clone(obj) {
    var buf;
    if (obj instanceof Array) {
        var i = obj.length;
        buf = [];     // 向空的数组中复制内容
        while (i--) {
            buf[i] = clone(obj[i])
        }
        return buf;
    } else if (obj instanceof Object) {
        buf = {};      // 向空的对象中复制内容
        for (var i in obj) {
            buf[i] = clone(obj[i])
        }
        return buf;
    } else {
        // 值类型直接返回
        return buf = obj;
    }
}
var arr = [1, { a: 100 }, null];
var obj = { a: 100, b: true, c: { d: 'hello' } }
var num = 200;
console.log(clone(arr))
console.log(clone(obj))
console.log(clone(num))
```

173. 面试官：如何消除数组[1, 2, 3, 3, 4, 4, 5, 5, 6, 1, 9, 3, 25, 4]里面重复的元素？

应聘者：代码如下。

```
function noRepeat(arr) {
    var i = 0,
        len = arr.length,
        obj = {},
        result = [];
    while(++i < len) {
```

```
        obj[arr[i]] || result.push(arr[i])
        obj[arr[i]] = true;
    }
    return result;
}

var noRepeatArr = noRepeat([1, 2, 3, 3, 4, 4, 5, 5, 6, 1, 9, 3, 25, 4]);
console.log(noRepeatArr);      // [2, 3, 4, 5, 6, 1, 9, 25]
```

174. ：说明 DOM 对象的 3 种查询方式。

：3 种查询方法如下。

- 使用 getElementById()，根据元素 id 进行查找。
- 使用 getElementsByTagName(tag)，根据标签名称进行查找。
- 使用 getElementsByName(name)，根据元素名称进行查找。

175. ：如何创建元素节点和文本节点？如何删除节点？

：通过 createElement("div")创建元素节点；通过 createTextNode()创建文本节点；通过 remove Child()删除节点。

176. ：对于下面这个 ul，如何在单击每一列的时候“提醒”其 index（闭包）？

```
<ul id="test">
    <li>这是第一条</li>
    <li>这是第二条</li>
    <li>这是第三条</li>
</ul>
```

：两种实现方式如下。

```
// 方法一
var lis = document.getElementById('test').getElementsByTagName('li');
for (var i = 0, len = lis.length; i < len; i++) {
    lis[i].index = i;
    lis[i].onclick = function() {
        console.log(this.index)
    }
}
//方法二
var lis = document.getElementById('test').getElementsByTagName('li');
for (var i = 0, len = lis.length; i < len; i++) {
    lis[i].onclick = (function(index) {
        return function() {
            console.log(index)
        }
    })(i)
}
```

177. 👤：编写一个 JavaScript 函数，如果输入指定类型的选择器（仅须支持 id、class、tagName 三种简单 CSS 选择器，无须兼容组合选择器），就可以返回匹配的 DOM 节点，要考虑浏览器兼容性和性能。

👤：具体代码如下。

```
/**
 * 封装选择器方法
 * @selector 选择器字符串
 ***/
var query = typeof document.querySelectorAll === "function" ?
    // 如果支持 HTML5 用 HTML5 选择器方法
    function(selector) {
        return Array.prototype.slice.call(document.querySelectorAll(selector))
    } :
    function(selector) {
    var reg = /^(#)?(\.)?(\w+)$/;
    var matches = reg.exec(selector);
    var result = [];
    // 如果是 id 选择器
    if (matches[1]) {
        result.push(document.getElementById(matches[3]))
    // 类选择器
    } else if(matches[2]) {
        var allDoms = document.getElementsByTagName('*');
        for (var i = 0, len = allDoms.length; i < len; i++) {
            // 查看 DOM 是否具有该类
            !!~allDoms[i].className.search(new RegExp('\\b' + 'abc' + '\\b')) &&
            result.push(allDoms[i])
        }
    // 元素名称选择器
    } else {
        // getElementsByTagName 得到的结果为类数组对象，要转化成数组
        result = Array.prototype.slice.call(document.getElementsByTagName
        (matches[3].toLowerCase()))
    }
    return result;
}
```

178. 👤：请指出以下代码中不合理的地方并给出改进意见。

```
if (window.addEventListener) {
    var addListener = function(el, type, listener, capture) {
        el.addEventListener(type, listener, capture)
    }
} else if (document.all) {
    addListener = function(el, type, listener) {
        el.attachEvent('on' + type, function() {
            listener.apply(el)
        })
    }
}
```

：不合理的地方如下。

- 不应该在 if 和 else 语句中声明 addListener 函数，应该先声明该函数。
- 不需要使用 window.addEventListener 或者 document.all 来进行检测浏览器，应该使用能力检测。
- 因为 attachEvent 在 IE 中有 this 指向问题，所以调用它时需要处理一下，改进如下。

```
function addEvent(el, type, handler) {
    if (el.addEventListener) {
        el.addEventListener(type, handler, false)
    } else if (el.attachEvent) {
        el['_' + type + handler] = handler;
        el[type + handler] = function() {
            el['_' + type + handler].apply(el);
        }
        el.attachEvent('on' + type, el[type + handler])
    } else {
        el['on' + type] = handler;
    }
}
```

179. ：给 String 对象添加一个方法，传入，一个 string 类型的参数，然后在 string 的每个字符之间添加一个空格并返回，例如，addSpace(“hello world”)将返回‘h e l l o w o r l d’。

：两种实现方式如下。

```
// 方式一
function addSpace(str) {
    return String(str).split('').join(' ')
}
// 测试
console.log(addSpace(100))              // 1 0 0
console.log(addSpace('hello world'))  // h e l l o   w o r l d
// 方式二
String.prototype.addSpace = function() {
    return this.split('').join(' ')
}
// 测试
var str = 'hello world';
console.log(str.addSpace())    // h e l l o   w o r l d
```

180. ：写一个方法，清除字符串前后的空格（兼容所有浏览器）。

：ECMAScript 新增的 trim 方法可以清除字符串首尾的空白符，但是有兼容性问题。可以为其他浏览器适配该方法。

```
String.prototype.trim = String.prototype.trim || function() {
    return this.replace(/^\s+|\s+$/g, '')
```

```
}
var str = ' \t\n test string ';
console.log(str.trim())
console.log(str === ' \t\n test string ');     // true
```

181. ：定义一个 log 方法，让它可以代替 console.log 方法。

：具体代码如下。

```
function log(msg) {
    console.log(msg)
}
log('hello 爱创课堂');              // hello 爱创课堂
```

如果要传入多个参数，可以使用下面的方法。

```
function log() {
    console.log.apply(console, arguments)
}
log('hello', 100, '爱创课堂')     // hello 100 爱创课堂
```

182. ：要给每个 log 方法添加一个“[爱创课堂:]”前缀，比如，把'hello world!'变成'[爱创课堂:]hello world!'，请用程序实现。

：代码如下。

```
function log() {
    var args = Array.prototype.slice.call(arguments);
    args.unshift('[爱创课堂:]');
    console.log.apply(console, args);
}
// 测试
log('hello world');         // [爱创课堂:] hello world
```

183. ：在 JavaScript 中什么是伪数组？如何将伪数组转化为标准数组？

：伪数组（类数组）是满足如下条件的对象：无法直接调用数组的方法或期望 length 属性有什么特殊的行为，但仍可以像遍历真正数组一样来遍历它们。典型的是函数的 argument 参数，还有像调用 getElementsByTagName、document.childNodes 等，都返回 NodeList 对象，NodeList 对象都属于伪数组。可以使用 Array.prototype.slice.call(arrayLike) 将数组转化为真正的 Array 对象。

184. ：根据对作用域上下文和 this 的理解，下列代码中两处 console 分别输出什么？为什么？

```
var User = {
    count: 1,
    getCount: function() {
        return this.count
    }
}
```

```
console.log(User.getCount())    // ?
var getCount = User.getCount;
console.log(getCount())         // ?
```

：分别输出 1 和 undefined。

getCount 是在 winodw 的上下文中执行的，所以会访问不到 count 属性。

185. ：如何确保 Uesr 总是能访问到 func 的上下文，即正确返回 1?

：正确的方法是使用 ECMAScript5 新增的绑定作用域的方法 bind（代码如下），为了使其兼容各浏览器，适配该方法。

```
Function.prototype.bind = Function.prototype.bind || function(context) {
    var self = this;
    var args = Array.prototype.slice.call(arguments, 1)
    return function() {
        var currentArgs = Array.prototype.slice.call(arguments)
        var allArgs = args.concat(currentArgs);
        return self.apply(context, allArgs)
    }
}
var getCount = User.getCount.bind(User);
console.log(getCount())
```

186. ：如何实现对一个页面中某个节点的拖曳（使用原生 JavaScript 代码）?

：给需要拖曳的节点绑定 mousedown、mousemove、mouseup 事件。

mousedown 事件触发后，开始拖曳。

当触发 mousemove 事件时，需要通过 event.clientX 和 clientY 获取拖曳位置，并实时更新位置。

当触发 mouseup 事件时，拖曳结束。

需要注意浏览器边界的情况。

187. ：实现下面的功能（只实现 tip 组件部分）。

（1）用户第一次进来的时候，显示该 tip，同一天访问该页面，不显示 tip。

（2）用户单击“商销装修新功能上线，我知道了”，此后访问该页面时不再显示 tip。

：实现代码如下。

```
// 为了跨浏览器，所以要用 cookie 实现
(function() {
    function setCookie(name, value, days) {
        var date = new Date();
        date.setTime(+date + days * 1000 * 60 * 60 * 24)
        document.cookie = name + '=' + escape(value) + ';expires=' + date.toGMTString();
```

```
    }
    function getCookie(name) {
        var myCookie = document.cookie + ';';
        var searchName = name + '=';
        var startOfCookie = myCookie.indexOf(searchName);
        var endOfCookie;
        if (startOfCookie != -1) {
            startOfCookie += searchName.length;
            endOfCookie = myCookie.indexOf(';', startOfCookie);
            return myCookie.substring(startOfCookie, endOfCookie);
        }
        return '';
    }
    function Tips(id) {
        this.dom = document.getElementById(id)
        this.init();
    }
    Tips.prototype = {
        // 初始化
        init: function() {
            if (this.checkValid()) {
                this.showTip();
                this.bindEvent();
            }
            setCookie('tips', 'show', 1)
        },
        // 检测是否过期
        checkValid: function() {
            var tips = getCookie('tips');
            if (!tips) {
                return true;
            } else {
                return false
            }
        },
        // 显示 tips
        showTip: function() {
            this.dom.style.display = 'block'
        },
        // 隐藏 tips
        hideTip: function(forever) {
            forever && setCookie('tips', 'show', 365)
            this.dom.style.display = 'none'
        },
        // 为"商销装修新功能上线！我知道了"按钮绑定事件
        bindEvent: function() {
            var me = this;
            this.dom.getElementsByTagName('span')[0].onclick = function() {
                me.hideTip(true)
```

```
            }
        }
    }
    // 获取假定 id 为 tips 的组件元素
    new Tips('tips')
})()
```

188. 面试官：说出以下函数的作用，并指出空白区域应该填写什么。

```
(function(window) {
    function fn(str) {
        this.str = str;
    }
    fn.prototype.format = function() {
        var arg = ______;
        return this.str.replace(______, function(a, b) {
            return arg[b] || '';
        })
    }
    window.fn = fn;
})(window);
(function() {
    var t = new fn('<p><a href="{0}">{1}</a><span>{2}</span></p>');
    console.log(t.format('http://www.icketang.com', '爱创课堂', '欢迎您！'))
})()
```

求职者：该函数的作用是通过 format 函数用{0}这样的内容替换函数的参数，返回一个格式化后的结果。

第一个空白区域应填写 arguments。

第二个空白区域应填写/{(\d+)}/g。

189. 面试官：用面向对象的 JavaScript 代码介绍一下自己。

求职者：代码如下。

```
function JobSeeker(name, job, site) {
 this.name = name;
 this.job = job;
 this.site = site;
}
JobSeeker.prototype = {
 getName: function() {
    console.log('My name is ' + this.name + '.')
 },
 getJob: function() {
    console.log('I hope to get a job as a ' + this.job + '.')
 },
 getWorkSite: function() {
    console.log('I hope to work in ' + this.site + '.')
 }
```

```
}
var person = new JobSeeker('Zhang Rongming', 'front-end engineer', 'Beijing')
person.getName();      // My name is Zhang Rongming.
person.getJob();       // I hope to get a job as a front-end engineer.
person.getWorkSite(); // I hope to work in Beijing.
```

190. ：在定义函数时要注意哪些问题?

：（1）function 是定义函数的关键字，必不可少。

（2）函数名是函数的名字，是自定义的，函数的命名遵循命名规则。

（3）在调用函数时，可以向其传递值，这些值称为参数，参数可以为空。

（4）在定义函数时，参数集合中的参数称为形参，在调用函数时传递给函数的参数是实际参数，称为实参；形参与实参必须以一致的顺序出现，第一个变量的值就是第一个被传递的参数的给定值，以此类推。

在调用该函数的时候，要执行代码，函数所进行的操作，也称为函数体。

191. ：函数命名规则是什么?

：命名规则如下。

（1）函数名区分大小写。

（2）函数名允许包含字母、数字、下划线、美元符号（$），但是第一个字符不能是数字（广义上讲，可以包含汉字等，出于兼容性，不建议使用汉字等字符定义变量）。

（3）不允许使用其他字符、关键字和保留字命名函数。

192. ：什么情况下会用到函数拆分?

：以下情况下会用到。

（1）函数体里面的代码很长的时候，可以按照不同的模块或者功能将代码拆分为多个功能较小的函数。

（2）函数里面某一段代码使用的次数特别多，而其他代码的使用次数并不是很多的时候，就可以将它们拆分，这样可以提高效率。

193. ：什么是变量作用域?

：变量的作用域是指变量有效的范围，与变量定义的位置密切相关，作用域是从空间这个角度来描述变量的，也可以理解为变量的可见性。在某个范围内变量是可见的，也就是说，变量是可用的。按照作用域的不同，变量可分为局部变量和全局变量。

在函数中使用 var 关键字显式声明的变量是局部变量；而没有用 var 关键字，用直接赋值的方式声明的变量是全局变量。

194. ：什么是函数?

：函数是由事件驱动的或者当调用它时执行的可重复使用的代码块。

195. ：什么是事件？

：当用户或浏览器与页面产生交互的时候，产生可以被 JavaScript 侦测到的交互行为，这个过程称为事件。

网页中的每个元素都可以产生某些可以触发 JavaScript 函数的交互行为，即事件。

比如，在用户单击某个按钮时，产生一个 onclick 事件，就触发了某个函数。

事件可以是浏览器行为，也可以是用户行为。

196. ：事件的分类有那些？

：JavaScript 的事件有很多：鼠标事件、键盘事件、表单事件、窗口事件、触屏事件、剪贴板事件、打印事件、多媒体事件、CSS3（动画、过渡等）事件、其他事件。

197. ：如何取消冒泡？

：在 IE 的事件模型中，必须设置事件对象的 cancelBubble 属性为 true。例如 window.event.cancelBubble = true。

注意，在 W3C 事件模型中必须调用事件的 stopPropagation()方法。例如，e.stopPropagation()。此方法可以阻止所有事件冒泡向外传播。

198. ：在 JavaScript 中为什么需要事件委托？简要描述一下事件委托。

：JavaScript 里非常火热的一项技术应该是事件委托（event delegation）。使用事件委托技术能避免对每个元素添加事件监听器。相反，把事件监听器添加到它们的父元素上。事件监听器会分析从子元素冒泡上来的事件，找到它们是哪个子元素的事件。也就是说，把监听子元素上的事件监听函数放到它的父元素上。这样新添加的子元素仍然可以执行事件回调函数。在一些低版本浏览器（如 IE6）中，由于子元素并没有绑定事件，因此在删除该子元素时不会造成内存泄漏的问题。因此事件委托有三大优势，即减少事件数量、避免内存外泄、预测未来元素。

199. ：用哪个属性可以快速地给一个节点加一段 HTML 内容？

：可以通过 innerHTML 为节点设置一段 HTML 内容。

200. ：为什么要使用模板引擎？

：模板引擎（这里特指用于 Web 开发的模板引擎）是为了使用户界面（视图）与业务数据（模型）分离而产生的，它可以生成特定格式的文档。用于网站的模板引擎会生成一个标准的 HTML 文档。

在一些示例中 JavaScript 有大量的 HTML 字符串，HTML 中有一些像 onclick 的 JavaScript 代码，这样 JavaScript 中有 HTML，HTML 中有 JavaScript，代码的耦合度很高，不便于修改与维护，使用模板引擎可以解决这些问题。

201. ：说说你知道的 JavaScript 中构造函数的扩展示例。

：（1）var a = {}其实是 var a = new Object()的语法糖。

（2）var a = []其实是 var a = new Array()的语法糖。

（3）function demo() {}其实是 var demo = new Function(...)。

（4）可以使用 instanceof 判断一个对象是否是一个类的实例化对象。

202. ：说说原型规则和示例。

：（1）所有的引用类型（数组、对象、函数）都具有对象特征，即可以自由扩展属性（除了 null 以外），如以下代码所示。

```
var obj = {};
obj.a = 100;
var arr = [];
arr.a = 100;
function fn() {
};
fn.a = 100;
var f1 = new fn();
```

（2）所有的引用类型（数组、对象、函数）都有一个__proto__属性，属性值是一个普通的对象，如以下代码所示。

```
var obj = {};
obj.a = 100;
var arr = [];
arr.a = 100;
function fn() {
};
fn.a = 100;
var f1=new fn();
console.log(obj.__proto__);
console.log(arr.__proto__);
console.log(fn.__proto__);
```

（3）所有的函数都有一个 prototype 属性，属性值也是一个普通的对象。

```
function fn() {
};
fn.a = 100;
var f1=new fn();
console.log(fn.__proto__);
console.log(fn.prototype);
```

（4）对于所有的引用类型（数组、对象、函数），__proto__属性值指向它的构造函数的“prototype”属性值。

```
var obj = {};
obj.a = 100;
var arr = [];
arr.a = 100;
function fn() {
```

```
};
fn.a = 100;
var f1 = new fn();
console.log(obj.__proto__);
console.log(arr.__proto__);
console.log(fn.__proto__);
console.log(fn.prototype);
console.log(obj.__proto__ === Object.prototype);//true
console.log(f1.__proto__ === fn.prototype);//true
```

（5）当试图得到一个对象的某个属性时，如果这个对象本身没有这个属性，那么会从它的__proto__（即它的构造函数的 prototype）中寻找，即 console.log(obj.__proto__ === Object.prototype)。

203. ：你能解释一下 JavaScript 中的继承是如何工作的吗？

：在子构造函数中，将父类的构造函数在子类的作用域中执行；在子类的原型中，复制父类构造函数原型上的属性方法。

204. ：谈一谈 JavaScript 作用域链。

：当执行一段 JavaScript 代码（全局代码或函数）时，JavaScript 引擎会为其创建一个作用域，又称为执行上下文（Execution Context）。

在页面加载后，会首先创建一个全局作用域，然后每执行一个函数，会建立一个对应的作用域，从而形成一条作用域链。每个作用域都有一条对应的作用域链，链头是全局作用域，链尾是当前函数作用域。

作用域链的作用是解析标识符。当创建（不是执行）函数时，会将 this、arguments、命名参数和该函数中的所有局部变量添加到当前作用域中。当 JavaScript 需要查找变量的时候（这个过程称为变量解析），它首先会从作用域链中的链尾（也就是当前作用域）查找是否有该变量属性。如果没有找到，就顺着作用域链（也就是全局作用域链）继续查找，直到查找到链头。如果仍未找到该变量，就认为这段代码的作用域链上不存在该变量，并抛出一个引用错误（Reference Error）的异常。

205. ：如何理解 JavaScript 原型链？

：JavaScript 中的每个对象都有一个 prototype 属性，称为原型，而原型的值也是一个对象，因此它也有自己的原型，这样就串联起了一条原型链。原型链的链头是 object，它的 prototype 比较特殊，值为 null。

原型链的作用是对象继承。函数 A 的原型属性（prototype property）是一个对象，当把这个函数作为构造函数来创建实例时，该函数的原型属性将作为原型赋值给所有对象实例，比如新建一个数组，数组的方法便从数组的原型上继承而来。

当访问对象的一个属性时，首先查找对象本身。若找到，则返回；若未找到，则继续查找其原型对象的属性（如果还找不到，实际上还会沿着原型链向上查找，直到根）。只要没有被覆盖，对象原型的属性就能在所有的实例中找到，若整个原型链都未找到，则返回 undefined。

206. ：如何理解和应用 JavaScript 闭包？

：闭包是一种使函数能够访问其他函数的作用域中变量（局部变量）的语法机制。下面给出一个例子。

```
function outerFunc() {
    var title = "爱创课堂";
    function innerFunc() {
        console.log(title)
    }
    return innerFunc;
}

var innerFunc = outerFunc();
innerFunc();    // 爱创课堂
```

在这个例子中，我们可以看出，在函数 innerFunc 中依然可以访问 outFunc 的局部变量 title。

下面给出一个应用闭包的示例。模拟类的私有属性，利用闭包的性质，局部变量 num 只有在 Person 构造函数方法中才可以访问，而 name 在外部也能访问，从而实现了类的私有属性。

```
var Person = (function() {
    var num = 0;
    function Person(name) {
        num++;
        this.name = name;
        console.log('No.' + num + ' user name is ' + this.name)
    }
    return Person;
})()
var user1 = new Person('Mr Zhang');      // No.2 user name is Mr Zhang
var user2 = new Person('Xiao Ming');// No.2 user name is Xiao Ming
console.log(user1.name);      // Mr Zhang
console.log(user1.num);          // undefined
```

207. ：如果构造函数手动返回 this 对象、值类型变量、其他对象，结果有什么不同？

：如果构造函数返回的是 this 对象，没有影响；如果构造函数返回的是值类型变量，没有影响；如果构造函数返回的是其他对象，则实例化对象被替换成该对象。

208. ：在网页中实现一个计算当年还剩多少时间的倒数计时程序，要求网页上实时动态显示“××年还剩××天××时××分××秒”。

：代码如下。

```
function showDate() {
    var startDate = new Date();
    var startYear = startDate.getFullYear();
    var endDate = new Date(startYear + 1 + '-1-1 00:00:00')
    var restTime = endDate.getTime() - startDate.getTime();
    var seconds = restTime / 1000;
    var minutes = seconds / 60;
    var hours = minutes / 60;
    var days = hours / 24;
    console.log('距离' + (startYear + 1) + '年还剩' + Math.floor(days) + '天' +
    Math.floor(hours % 24) + '时' + Math.floor(minutes % 60) + '分' + Math.floor(seconds %
    60) + '秒')
}
showDate();
```

209. ：为什么利用多个域名来存储网站资源效果会更好？

：确保用户在不同地区能用最快的速度打开网站，其中某个域名下的服务器崩溃了，用户也能通过其他域名访问网站资源。

210. ：请说出4种减少页面加载时间的方法。

：具体方法如下。

（1）压缩CSS、JavaScript文件。

（2）合并JavaScript、CSS文件，减少HTTP请求。

（3）把外部JavaScript、CSS文件放在最底下。

（4）减少DOM操作，尽可能用JavaScript对象操作代替不必要的DOM操作（虚拟DOM）。

211. ：用什么方法来判断一个对象的数据类型？如何判断数组？

：用typeof判断对象类型，可以准确地检测值类型（有人也叫原始类型或基本类型）数据，用instanceOf判断是不是数组。

212. ：分别讲一下小括号、中括号、大括号、冒号在JavaScript中的作用。

：作用分别如下。

- 小括号：用来执行一个表达式、定义或调用一个函数。
- 中括号：用来创建一个数组/获取数组元素。
- 大括号：用来创建一个对象，定义一个代码块。
- 冒号：用来分隔对象的属性名和属性值（即key:value）。

213. ：描述一下函数的3种定义方式。

：定义方式如下。

- 通过函数字面量：function name() {}。
- 通过函数表达式：var name = function() {}。

- 通过构造函数：var name = new Function("n", "m", "n+m")。

214. ：函数的形参和实参是否可以不一样？如果不一样，如何调用？

：可以不一样，每个函数里面都有个 arguments 类数组变量，可以获取执行函数时真正传递实参的个数。

215. ：列举几个系统预定义函数并描述它们的作用。

：• parseInt()、parseFloat()用于将一个字符串转为数字。

- isNaN()用于判断一个值是不是一个数值（注意，判断时会做数据类型转化）。
- encodeURI()、decodeURI()与 encodeURIComponent()、decodeURIComponent()用于对字符串进行编码与解码。
- eval()用于将字符串当作 JavaScript 语句执行。
- setInterval(callback,*m*)用于每间隔 *m* 毫秒执行一次 callback 函数

216. ：创建的变量什么时候是局部变量？什么时候是全局变量？

：如果在函数里面用 var 声明，就是局部变量；如果在函数里面不用 var 声明，那就是全局变量；如果在函数外面用 var 定义，都是全局变量。

217. ：数组有几种创建方式？

：有以下几种创建方式。

- 使用数组字面量：var arr = []（最常用）。
- 使用数组构造函数：var arr = new Array()。
- 使用数组表达式：var arr = Array()。

218. ：数组用什么方式访问？

：以中括号语法，通过索引值下标来访问，如 arr[index]。

219. ：如何删除数组成员？

：为了不改变后面成员的索引值，使用 delete arr[index]删除。为了在删除成员的同时，删除所占位置使用 a.splice(index, 1)。

220. ：对象是如何创建的？属性是如何定义的？

：创建对象有 4 种方式。

- 使用对象字面量，var obj = {}（最常用）。
- 使用类的实例化方式，var obj = new Person()（常用）。
- 使用对象构造函数，var obj = new Object()。
- 使用对象表达式，var obj = Object()。

对于创建的对象，可以用点语法或者中括号语法为对象添加属性或者方法。

在对象字面量方式中，可以用冒号语法，在定义对象的同时，为其添加属性方法。

在类的实例化方式中，可以在类的构造函数中，用 this 为其添加属性和方法，或者

在构造函数外面，在类的原型对象上，为其添加属性方法。当然，在对象实例化后，仍然可以用点语法或者中括号语法，为对象追加属性方法。

221. ：JavaScript 里面的全局对象是什么？如何调用？

：浏览器端，JavaScript 的全局对象是 window，在 JavaScript 里面直接调用的函数都是 window 对象里面的函数。

默认的 this 也指向 window，默认全局对象的属性和方法不用在前面加 window，可以直接调用。

222. ：说出几个常见的 JavaScript 内置对象，并指出它们的优点。

：Object、Array、String、Number、Boolean、Date、Function。

可以方便地使用一些方法和常量，例如 String 里面就有很多字符串函数，Date 可以处理时间。

223. ：prototype（原型）是什么？它是如何使用的？

：每个函数都有一个 prototype 属性，它是一个引用变量，默认指向一个空 Object 对象。当调用一个对象的函数或者属性的时候，如果在当前对象里面找不到，那么就到原型对象里面逐级寻找。

224. ：说说你对作用域链的作用的理解。

：作用域链的作用是保证执行环境里，有权访问的变量和函数是有序的，作用域链中的变量只能向上访问，变量访问到全局（window）对象即终止，在作用域链中向下访问变量是不允许的。

225. ：什么是 DOM？DOM 分为哪 3 种？

：DOM 的全拼是 Document Object Model，即文档对象模型，DOM 是 W3C（万维网联盟）的标准。DOM 定义了访问 HTML 和 XML 文档的标准，即独立于平台和语言的接口。W3C DOM 标准分为以下 3 种。

- 核心 DOM——针对任何结构化文档的标准模型。
- XML DOM——针对 XML 文档的标准模型。
- HTML DOM——针对 HTML 文档的标准模型。

226. ：请谈谈 cookie 的兼容性。

：cookie 虽然为持久保存客户端数据提供了方便，分担了服务器存储的负担，但是还有很多局限性。

第一，每个特定的域名下，cookie 字段个数是有限的。

（1）IE6 或更低版本中最多有 20 个 cookie。

（2）IE7 和之后的版本中最多可以有 50 个 cookie。

（3）Firefox 中最多有 50 个 cookie。

（4）chrome 和 Safari 没有做硬性限制。

第二，当 cookie 字段个数超出浏览器的限制时，IE 和 Opera 会清理最后面的 cookie；Firefox 会随机清理 cookie。

第三，cookie 的数据总量，最大为 4096 字节，为了兼容性，一般不能超过 4095 字节。

IE 提供了一种存储方式，可以持久化用户数据，叫作 userdata，从 IE5 就开始支持。每个数据最多 128KB，每个域名下最多 1MB。这个持久化数据放在缓存中，如果缓存没有清理，那么会一直存在。

227. ：请谈谈使用 cookie 时的注意事项。

：cookie 具有极高的扩展性和可用性。在使用时要注意以下几点。

（1）通过良好的编程，控制保存在 cookie 中的 session 对象的大小。

（2）通过加密和安全传输技术（SSL），降低 cookie 被破解的可能性。

（3）只在 cookie 中存放不敏感数据，即使被盗也不会有重大损失。

（4）控制 cookie 的生命周期，使之不会永远有效，偷盗者很可能会拿到一个过期的 cookie。

228. ：请谈谈 cookie 的缺点。

：缺点如下。

（1）`cookie`数量和长度的限制。每个 domain 最多只能有 20 条 cookie，每个 cookie 的长度不能超过 4KB，否则会被截掉。

（2）安全性问题。如果 cookie 被人拦截了，他就可以取得所有的 session 信息，即使加密也于事无补，因为拦截者并不需要知道 cookie 的意义，他只要原样转发 cookie 就可以达到目的了。

（3）有些状态不可能保存在客户端，例如，为了防止重复提交表单，需要在服务器端保存一个计数器，如果把这个计数器保存在客户端，那么它起不到任何作用。

229. ：用快速排序的思想实现一个快速排序。

：“快速排序”的思想很简单，整个排序过程只需要 3 步。

（1）在数据集中，找一个基准点。

（2）建立两个数组，分别存储左边和右边的数组。

（3）利用递归，进行下一次的比较。

实现快速排序的代码如下。

```
function quicklySort(arr) {
    if (!arr instanceof Array) {
        return ;
    }
    // 少于一个成员，直接返回
```

```
    if (arr.length <= 1) {
        return arr;
    }
    // 获取中间数的索引值
    var num = Math.floor(arr.length / 2);
    // 获取中间数值
    var value = arr.splice(num, 1);
    var left = [];          // 小于中间数的数组
    var right = [];         // 大于中间数的数组
    for (var i = 0; i < arr.length; i++) {
        if (arr[i] < value) {
            // 小于中间数，放在左容器
            left.push(arr[i])
        } else {
            // 大于中间数，放右容器
            right.push(arr[i])
        }
    }
    // 将左右容器递归比较，并将结果与中间值拼接在一起
    return quicklySort(left).concat(value, quicklySort(right))
}
console.log(quicklySort([20, 40, 21, 44, 21, 50, 12, 6, 8, 10, 80, 33]))
```

230. ：说说 script 标签的 defer 属性和 async 属性的区别。

：defer 并行加载 JavaScript 文件，会按照页面上 script 标签的顺序执行；async 并行加载 JavaScript 文件，下载完成立即执行，不会按照页面上 script 标签的顺序执行。

231. ：谈谈栈和队列的区别。

：栈的插入和删除操作都是在一端进行的，而队列的操作却是在两端进行的。

队列是先进先出的，栈是先进后出的。

栈只允许在表尾一端进行插入和删除，而队列只允许在表尾一端进行插入，在表头一端进行删除。

232. ：谈谈 cookie 和 session 的区别。

：区别如下。

（1）cookie 数据存放在客户的浏览器上，session 数据存放在服务器上。

（2）cookie 不是很安全，别人可以分析存放在本地的 cookie 并进行 cookie 欺骗，所以考虑到安全问题，应当使用 session。

（3）session 会在一定时间内保存在服务器上，当访问增多时，会影响服务器的性能，因此为了减轻服务器的负担，应当使用 cookie。

（4）一个 cookie 保存的数据不能超过 4KB，很多浏览器都限制一个站点最多保存 20 个 cookie。

（5）对于用户信息来说，应该将与登录相关的重要信息存放在 session 中，而对于其

他信息来说，如果需要保留，可以存放在 cookie 中。

233. ：如果需要用原生 JavaScript 写动画程序，你认为最短的时间间隔是多久？为什么？

：多数显示器的默认频率是 60Hz，即 1s 刷新 60 次；所以理论上最短的时间间隔为（1 / 60）*1000ms = 16.7ms。

234. ：有一个抽奖数字 12345678，其中 123 中奖的概率为 20%，4567 中奖的概率为 10%，8 不会中奖，用程序怎么实现？

：大概思路是这样的。要解决中奖概率的问题，可以用随机数。比如，20%的中奖概率就是选择 1 ~ 10 的两个随机数，那么随机抽取到 1 和 2 的概率就是 20%。

首先随机生成 1 ~ 8 的数字。

如果生成的数字是 1 或者 2 或者 3，再随机生成 1 ~ 10 的数字，判断随机数是否小于等于 2。如果小于等于，则中奖；否则，没中奖。

如果生成的数字是 8，那么直接弹出对话框告知没中奖。

如果生成的数字是 4、5、6、7，再随机生成 1 ~ 10 的数字，然后查看该随机数是否等于 1，因为等于 1 的概率是 10%。所以如果等于 1 则中奖；如果不等于 1 则不中奖。

235. ：document.write()有什么作用？

：document.write()方法可以用在两个方面：页面载入过程中用实时脚本创建页面内容，以及用延时脚本创建本窗口或新窗口的内容。

document.write()只能重绘整个页面。innerHTML 可以重绘页面的一部分。

HR 有话说

毫无疑问，JavaScript 是前端面试的重头戏，也是最核心的部分。JavaScript 也是囊括知识点最多的部分，从 BOM 到 DOM，从 ECMAScript 编程到简单算法的实现等，都是 JavaScript 部分面试题主要考察的内容。当然，这里的重中之重当属事件和 DOM 操作，这也是 JavaScript 的核心部分。在 ECMAScript 中，小到运算符，大到函数的闭包、作用域，以及原型链等都是应试者必须掌握的技术知识。

第 7 章　jQuery

1. ：你觉得 jQuery 或 Zepto 源码有哪些地方写得好？

：jQuery 源码封装在一个匿名函数的自执行环境中，有助于防止变量的全局污染。然后通过传入 window 对象参数，可以使 window 对象作为局部变量使用。好处是当 jQuery 访问 window 对象的时候，就不用将作用域链退回到顶层作用域了，从而可以更快地访问 window 对象。同样，传入 undefined 参数，可以降低 undefined 被重定义的风险。

```
(function( window, undefined ) {
    // 在 IFEE 中，定义了沙箱环境
    // 在这里 var 定义的变量，属于这个函数域内的局部变量，用于避免污染全局
    // 把当前沙箱需要的外部变量通过函数参数引入进来
    // 只要保证参数对内提供的接口的一致性，就可以随意替换传进来的这个参数
    window.jQuery = window.$ = jQuery;
})( window );
```

jQuery 将一些原型属性和方法封装在了 jQuery.prototype 中，为了方便对 jQuery.prototype 的访问，将 jQuery.prototype 赋值给 jQuery.fn。

有一些数组或对象的方法经常能使用到，jQuery 将其保存为局部变量以提高访问速度。

jQuery 实现的链式调用可以节约代码，所返回的都是同一个对象，可以提高开发效率。

2. ：jQuery 与 jQuery UI 的区别是什么？

：jQuery 是一个 JavaScript 库，主要提供选择器、属性修改和事件绑定等功能。

jQuery UI 则是在 jQuery 的基础上对 jQuery 的扩展，是 jQuery 的插件。jQuery UI 提供了一些常用的界面元素，诸如对话框、拖动行为、改变大小行为等。

3. ：jQuery 中如何将数组转化为 json 字符串？然后如何再转化回来？

：jQuery 中没有提供这个功能，所以要写两个 jQuery 扩展方法。

（1）如果对 jQuery.fn 进行扩展，则要通过 jQuery 实例化对象调用。

```
$.extend({
    arrayStringify: function(arr) {
        return JSON.stringify(arr)
    },
    arrayParse: function(str) {
```

```
        return JSON.parse(str)
    }
})
```

然后调用以下代码。

```
var demo = ['hello', {title: '爱创课堂'}]
var str = $.arrayStringify(demo);       // ["hello",{"title":"爱创课堂"}]
var arr = $.arrayParse(str);            // ['hello', {title: '爱创课堂'}]
```

（2）如果对 jQuery 进行扩展，则可以直接通过 jQuery 调用，这更方便。

```
$.fn.extend({
    arrayStringify: function(arr) {
        return JSON.stringify(arr)
    },
    arrayParse: function(str) {
        return JSON.parse(str)
    }
})
```

然后调用以下代码。

```
var demo = ['hello', {title: '爱创课堂'}]
var str = $('').arrayStringify(demo);       // ["hello",{"title":"爱创课堂"}]
var arr = $('').arrayParse(str);            // ['hello', {title: '爱创课堂'}]
```

4. ：请你谈谈针对 jQuery 的优化方法。

：class 的选择器比 Id 选择器的性能开销大，因为 class 选择器需要遍历所有 DOM 元素。

当频繁操作 DOM 时，先将 DOM 缓存起来再操作。用 jQuery 的链式调用语法，避免多次获取。下面给出一个示例。

```
var str = $("a").attr("href");
for (var i = size; i < arr.length; i++) {}
```

for 循环在每一次循环中都查找数组（arr）的 length 属性。在开始循环的时候，设置一个变量来存储这个数字，可以让循环运行得更快，代码如下。

```
for (var i = size, len = arr.length; i < len; i++) {}
```

5. ：jQuery 中的美元符号$有什么作用？

：其实美元符号$只是“jQuery”中的别名，是 jQuery 的简写，旨在方便使用 jQuery。在如下代码中，使用了$。

```
$(document).ready(function(){
    // ...
});
```

当然，也可以用 jQuery 代替$，如以下代码所示。

```
jQuery(document).ready(function(){
    // ...
});
```

jQuery 中就使用这个美元符号来灵活获取各种 DOM 元素，例如 $（"#main#"）获取 id 为 main 的元素。

6. ：body 中的 onload()函数和 jQuery 中的 ready()函数有什么区别?

：onload()和 ready()的区别有以下两点。

（1）可以在页面中使用多个 ready()，但只能使用一次 onload()。

（2）ready()函数在页面 DOM 元素加载完以后就会调用，而 onload()函数则要在所有的关联资源（包括图像、音频）加载完毕后才会调用，要晚于 ready()函数。

7. ：jQuery 中有哪几种常见的选择器?

：常见的选择器如下。

- 基本选择器，直接根据 id、CSS 类名、元素名返回匹配的 DOM 元素。
- 层次选择器（也叫作路径选择器），可以根据路径层次来选择相应的 DOM 元素。
- 过滤选择器，在前面的基础上过滤相关条件，得到匹配的 DOM 元素。
- 属性选择器，通过匹配元素自身属性来筛选元素。
- 子元素选择器，通过 CSS3 提供的子元素选择器来获取特定子元素。
- 表单选择器，通过表单的类型来获取表单元素。
- 内容选择器，通过判断元素的内容来筛选元素。
- 可见选择器，通过判断元素的可见性来选择元素。

8. ：请使用 jQuery 将页面上的所有元素边框设置为 2px 宽的虚线。

：实现代码如下。

```
<script language="javascript" type="text/javascript">
        $("*").css("border", "2px dotted red");
</script>
```

9. ：当 CDN 上的 jQuery 文件不可用时，该怎么办?

：为了节省带宽和保持脚本引用的稳定性，我们会使用 CDN 上的 jQuery 文件，例如 Google 的 jQuery CDN 服务。但是如果这些 CDN 上的 jQuery 服务不可用，还可以用以下代码切换到本地服务器的 jQuery 版本。

```
<script type="text/javascript" language="Javascript" src="http://ajax.aspnetcdn.com/
ajax/jquery/jquery-1.4.1.min.js "></script>
<script type='text/javascript'>//<![CDATA[
if (typeof jQuery == 'undefined') {
document.write(unescape("%3Cscript src='/Script/jquery-1.4.1.min.js' type='text/
```

```
javascript' %3E%3C/script%3E"));
}//]]>
</script>
```

10. 如何使用 jQuery 实现单击按钮时弹出一个对话框?

实现代码（HTML）如下。

```
<button class="btn">打开弹框</button>
jQuery:
<script type="text/javascript">
    $(function() {
        $('.btn').click(function() {
            alert('success')
        })
    })
</script>
```

11. jQuery 中的 delegate()函数有什么作用?

delegate()是 jQuery 中事件委托的语义化方法，会在以下两种情况中使用到。

（1）如果有一个父元素，需要给其下的子元素添加事件，这时可以使用 delegate()了，具体代码如下。

```
$("ul").delegate("li", "click", function(){
    $(this).hide();
});
```

（2）当元素在当前页面中不可用时，可以使用 delegate()。

12. 如何用 jQuery 编码和解码 URL?

可以使用以下方法实现 URL 的编码和解码。

编码时使用 encodeURIComponent(url)。解码时使用 decodeURIComponent(url)。

13. 如何用 jQuery 禁用浏览器的前进和后退按钮?

代码如下。

```
(script type="text/javascript" language="javascript")
$(document).ready(function() {
    // 前进
    window.history.forward();
    // 后退
    window.history.back();
});
</script>
```

14. jQuery 库中的$()是什么? 它的作用是什么?

$()函数是 jQuery()函数的别称。$()函数用于将任何对象包裹成 jQuery 对象，并可以调用定义在 jQuery 实例化对象上的多个不同方法。

例如，如果将一个选择器字符串传入$()函数，它会返回一个包含所有匹配的 DOM 元素的 jQuery 对象。

15. ：网页上有5个<div>元素，如何使用 jQuery 来选择它们？

：可以用标签选择器来选择所有的 div 元素。

jQuery 代码$("div")会返回一个包含5个 div 标签的 jQuery 对象。

16. ：jQuery 里的 ID 选择器和 class 选择器有什么不同？

：与 CSS 中的应用相同，ID 选择器和 class 选择器之间的差异一样。jQuery 的 ID 选择器是用 ID 来选择元素的，比如#element1，而 class 选择器是用 class 来选择元素的。如果只需要选择一个元素，就使用 ID 选择器；而如果希望选择一组具有相同 class 的元素，就要用 class 选择器。下面的 jQuery 代码使用了 ID 选择器和 class 选择器。

```
$('#demo')// 返回一个 jQuery 实例化对象，包含具有 ID 为 demo 的元素
$('.ickt) // 返回一个 jQuery 实例化对象，包含页面中所有具有 ickt 类的元素
```

ID 选择器和 class 选择器的另一个不同之处是，前者用字符“#”，而后者用字符“.”。

17. ：如何在单击一个按钮时使用 jQuery 隐藏一幅图片？

：单击具有 demo-btn 的类名的按钮，就可以隐藏具有 demo-img 的类名的图片，代码如下所示。

```
$('.demo-btn').click(function(){
    $('.demo-img').hide();
});
```

18. ：$(document).ready()是什么函数？为什么要用它？

：ready()函数用于在文档进入 ready 状态时执行代码。当 DOM 完全加载（例如 HTML 完全解析，DOM 树构建完成）时，jQuery 允许你执行代码。使用$(document).ready()最大的好处在于它适用于所有浏览器，jQuery 有助于解决跨浏览器兼容性的难题。

19. ：JavaScript 中的 window.onload 事件和 jQuery 中的 ready()函数有什么不同？

：有以下不同。

首先，JavaScript 中的 window.onload 事件和 jQuery 中的 ready()函数之间的主要区别是，前者除了要等待创建 DOM，还要等到包括大型图片、音频、视频在内的所有外部资源都加载完毕。如果加载图片和媒体内容花费了大量时间，用户就会感受到定义在 window.onload 事件上的代码在执行时，有明显的延迟，影响用户体验。而 jQuery 中的 ready()函数只须等待 DOM 树，而无须等待图像或外部资源的加载，执行起来更快。

其次，使用 jQuery 中的$(document).ready()的另一个优势是，可以在网页里多次使用它，浏览器会按照它们在 HTML 页面中出现的先后顺序，依次执行它们。对于 JavaScript

中的 window.onload 事件而言，只能订阅一次。因此，jQuery 中的 ready()函数比 JavaScript window.onload 事件更适用。

20. ：如何找到 HTML 中所有多选下拉框内的选中项?

：可以用 jQuery 选择器获取所有满足 multiple=true 的<select>标签的选中项。

```
$('[multiple] :selected')
```

这段代码同时使用了属性选择器和:selected 选择器，结果只返回选中的选项。还可以根据需求修改属性选择器，例如，用 id 选择器而不是属性选择器来获取<select>标签。

21. ：jQuery 里的 each()是什么函数? 你是如何使用它的?

：each()函数就像是 Java 里的一个 Iterator（迭代器），它允许你遍历一个元素集合。可以给 each()方法传一个函数，被调用的 jQuery 对象会在其每个元素上执行传入的函数。

22. ：如何获取页面中所有多（复）选框内被选中选项的内容?

：可以用上面的选择器代码找出所有选中项，然后在 each()方法的回调函数中，用 alert 方法，将它们逐一显示出来，代码如下。

```
$('[multiple] :selected').each(function(index, dom) {
    alert($(dom).text())
    // 或者
    alert($(this).text())
})
```

其中 text()方法返回选项的文本。

23. ：$(this)和 this 关键字在 jQuery 中有什么不同?

：$(this)返回一个 jQuery 对象，可以对它调用多个 jQuery 方法，比如用 text()获取文本，用 on()绑定事件等。而 this 代表当前元素，它是 JavaScript 关键词中的一个，表示上下文中的当前 DOM 元素。不能对它调用 jQuery 方法，直到它被$()函数包裹，例如$(this)。

24. ：如何使用 jQuery 提取一个 HTML 元素的属性? 例如，链接的 href?

：attr()方法用来提取任意一个 HTML 元素的属性值。首先，需要利用 jQuery 选择器，获取所有的链接或者一个特定的链接。然后，用 each 方法，遍历它们。接下来，用 attr()方法来获得它们的 href 属性的值。下面的代码会找到页面中所有的链接并返回 href 值。

```
$('a').each(function(){
      alert($(this).attr('href'));
});
```

25. ：如何使用 jQuery 修改元素的属性值?

：attr()方法和 jQuery 中的其他方法（如 CSS、val、html、text 等）一样，如果在调用 attr()的同时带上一个值，就可修改元素的属性值，例如，attr(name, value)，这里 name 是属性的名称，value 是属性的新值。

26. ：能用 jQuery 代码选择所有在段落内部的超链接吗？

：可以用如下代码，来选择所有嵌套在段落（<p>标签）内部的超链接（<a>标签）。

```
$('p a')
```

27. ：jQuery 中 detach()和 remove()方法的区别是什么？

：detach()和 remove()方法都可以移除一个 DOM 元素，但两者之间是有区别的。

remove()将元素自身移除的同时，也会移除元素内部的一切，包括绑定的事件及与该元素相关的 jQuery 数据。

detach()虽然可以将元素自身移除，但是它不会删除数据和绑定事件。

28. ：如何利用 jQuery，来向一个元素添加或移除 CSS 类？

：可以用 addClass()和 removeClass()这两个 jQuery 方法动态地改变元素的 class。

29. ：使用 CDN 加载 jQuery 库的主要优势是什么？

：主要优势如下。

（1）可以节省服务器带宽。

（2）可以更快地下载 jQuery 文件。

（3）如果浏览器已经从同一个 CDN 上下载了 jQuery 文件，再次打开页面时，不会再次下载。

因此，许多公共的网站都将 jQuery 用于用户交互和动画，如果浏览器已经有了下载好的 jQuery 库，网站就可以更快地使用 jQuery。

30. ：jQuery.ajax()和 jQuery.get()方法之间的区别是什么？

：ajax()方法更强大，可配置性更强，可以指定等待多久，以及如何处理错误；get()方法只是 ajax()方法中 get 请求的简化方法。

31. ：jQuery 中的方法链是什么？使用方法链有什么好处？

：方法链就是执行完的方法返回的结果是当前 jQuery 的实例化对象，可以继续调用另一个方法，这使得代码简洁明了。由于只对 DOM 进行一轮查找，因此有更出色的性能。

32. ：要是在一个 jQuery 事件处理程序里返回了 false 会怎么样？

：这将会阻止事件向上冒泡以及默认行为。

33. ：document.getElementbyId("myId")和$("#myId")哪种方式更高效？

：第一种方式更高效，因为它使用了 JavaScript 原生方法，更直接；而$("#myId")是 jQuery 封装的方法，要处理其外部的判断逻辑。

34. ：你在公司是怎么使用 jQuery 的？

：配置 jQuery 环境，下载 jQuery 类库，在页面中引用 jQuery 类库即可。

```
<script type="text/javascript" src="jquery/jquery-1.7.2.min.js"/>
```

接下来，在$方法的回调函数中实现业务逻辑。

```
<script> $(function(){ }); </script>
```

小铭提醒

这类题主要考察应试者是否有项目经验，根据自己的实际工作经验回答即可。

35. ：为什么要使用 jQuery?

：因为 jQuery 有强大的选择器，出色的 DOM 选择器，可靠的事件处理机制（jQuery 在处理事件绑定的时候相当可靠），完善的 Ajax（它的 Ajax 封装得非常好，不需要考虑复杂浏览器的兼容性和 XMLHttpRequest 对象的创建和使用的问题），出色的浏览器兼容性。它不仅支持链式操作，隐式迭代，行为层和结构层的分离，还支持丰富的插件。jQuery 的文档也非常丰富。

36. ：如何用 jQuery 将一个 HTML 元素添加到 DOM 树中?

：可以用 jQuery 的 appendTo()方法，将一个 HTML 元素添加到 DOM 树中。这是 jQuery 提供的众多操控 DOM 方法中的一个。还可以用 appendTo()方法在指定的 DOM 元素末尾添加一个现存的元素或者一个新的 HTML 元素。

插入 DOM 的相关方法有 8 个，分别为 append、appendTo、prepend、prependTo、after、insertAfter、before、insertBefore。

37. ：你使用 jQuery 时遇到过哪些问题？你是怎么解决的?

：例如，在前端获取不到值，可能是 JSON 出现的错误（多了一个空格，多了一个逗号等）。这在执行的时候是不会报错的。

jQuery 库与其他库之间的冲突如下。

（1）如果其他库在 jQuery 库之前导入，可以通过 jQuery.noConflict()将$变量的控制权移交给其他库。或者，通过自定义快捷键，将 jQuery.noConflict()执行结果存储在一个变量中。

（2）如果 jQuery 库在其他库之前导入，就直接使用 jQuery。

之前使用 Ajax 方法的时候遇到了一个问题，发现 jQuery.ajax()方法的返回值一直有问题，清除缓存后数据无误，多次测试后发现返回的值都是之前的值，并且一直未执行 url（后台为 Java、PHP 或 Node.js，设置的断点一直未进入）。在网上查找一下，发现是未设置 type 的原因。如果没设置 jQuery.ajax 的 type="Post"，那么 Ajax 就会默认 type="Get"，这就会导致之前的数据被缓存起来。加上 type="Post"，问题解决了。

小铭提醒

这个答案是开放的，主要考察应试者的项目经验。

38. ：你知道 jQuery 中的选择器吗？请讲一下有哪些选择器。

：jQuery 中的选择器大致分为基本选择器、层次选择器、过滤选择器、表单选择器、内容选择器、可见性选择器、属性选择器和子元素选择器。

39. ：jQuery 中的选择器和 CSS 中的选择器有区别吗？

：jQuery 中的选择器支持 CSS 里的选择器，使用 jQuery 选择器是为了获取元素，为其添加样式和相应的行为；而 CSS 中的选择器只为其添加相应的样式。

40. ：你觉得 jQuery 中的选择器在使用的时候，需要注意哪些地方？

：要注意以下方面。

（1）当选择器中含有“.”“#”“[”等特殊字符的时候，需要进行转义。

（2）属性选择器的引号嵌套问题。

（3）注意层级选择器中包含空格的情况。

41. ：jQuery 对象和 DOM 对象是怎样转换的？

：在把 jQuery 对象转换为 DOM 对象时，jQuery 对象是一个数组对象，可以通过[index]方式得到相应的 DOM 对象，还可以通过 get(index)方法得到相应的 DOM 对象。在把 DOM 对象转换为 jQuery 对象时，使用$（DOM 对象）。

42. ：你是如何使用 jQuery 中的 Ajax 的？

：如果是一些常规的 Ajax 程序，使用 load()、$.get()、$.post()就可以了。如果需要设定 beforeSend（提交前回调函数）、error（失败后处理）、success（成功后处理）及 complete（请求完成后处理）回调函数等，要使用$.ajax()。

43. ：你觉得 jQuery 中的 Ajax 好用吗？为什么？

：非常好用。因为 jQuery 提供了一些日常开发中常用的快捷操作，例如 load、Ajax、get、post 等，所以在 jQuery 中使用 Ajax，这些操作将变得极其简单，我们就可以把精力集中在业务和用户的体验上，不需要处理那些烦琐的 XMLHttpRequest 对象使用问题和浏览器兼容问题。

44. ：jQuery 中$.get()提交和$.post()提交哪些区别？

：（1）$.get()提交方法使用 GET 方法进行异步请求；$.post() 方法使用 post 方法进行异步请求。

（2）get()请求会将参数添加在 URL 的 query 中进行传递；而 post 请求则是作为 HTTP 请求体的内容，发送给 Web 服务器的，这种传递是对用户不可见的。

（3）以 get 方式传输的数据大小不能超过 2KB，而 post 通常是没有限制的；

（4）以 get 方式请求的数据会被浏览器缓存起来，因此有更新和安全问题。

45. ：jQuery 中的 load 方法一般怎么用？

：load 方法一般在载入远程 HTML 代码并插入到 DOM 中时用，通常用来从 Web

服务器上获取静态的数据文件。如果要传递参数，可以使用$.get()或$.post()。

46. ：在 jQuery 中是如何操作类的?

：用 addClass()来追加类，用 removeClass()来删除类，用 toggle()来切换类。

47. ：如何给 jQuery 动态添加新的元素？如何给新生成的元素绑定事件?

：jQuery 的 html()可以给当前元素添加新的元素。

直接在元素还未生成前就绑定事件肯定是无效的，因为所绑定的元素目前根本不存在。所以可以用 live 方法来动态绑定事件。

小铭提醒

在 jQuery 1.7 版本后，live 方法过时了，建议使用$（父元素选择器）on（事件类型，子元素选择器，事件回调函数）方式绑定事件，或者使用事件委托语义化方法 delegate 实现事件的绑定。

48. ：你使用过 jQuery 中的动画吗？是怎样用的?

：使用过。

- hide() 和 show() 可以同时修改多个样式属性，如高度、宽度、不透明度。
- fadeIn() 和 fadeOut()、fadeTo() 只能改变不透明度。
- slideUp() 和 slideDown()、slideToggle() 只能改变高度。
- animate() 属于自定义动画的方法，可以自定义属性。

49. ：单击超链接后会自动跳转，单击“提交”按钮后表单会提交等，有时候，为了阻止这些默认的行为，该怎么办?

：可以用 event.preventDefault()或在事件处理函数中返回 false，即 return false。

50. ：你一般用什么方法提交数据？为什么?

：一般会使用$.post()方法。

如果需要设定 beforeSend（提交前回调函数）、error（失败后处理）、success（成功后处理及 complete（请求完成后处理）回调函数等，就会使用$.ajax()。

51. ：在 Ajax 中获取数据主要有几种方式?

：3 种方式，包括 HTML 拼接的 query 数据、json 数组对象数据、serialize()方法序列化后的表单数据。

52. ：你在 jQuery 中使用过哪些插入节点的方法?

：内部插入方法，如 append()、appendTo()、prepend()、prependTo()。

外部插入方法，如 after()、insertAfter()、before()、insertBefore()。

53. ：包裹节点的方法有哪些？用包裹节点的方法有什么好处?

：包裹节点的方法有 wrapAll()、wrap()、wrapInner()，在文档中插入额外的结构化标记时可以使用这些包裹的方法，因为它不会破坏原始文档的语义。

54. ：在 jQuery 中，如何获取或者设置属性？如何删除属性？

：jQuery 中可以用 attr()方法来获取和设置元素属性。可以用 removeAttr()方法来删除元素属性。

55. ：如何设置和获取 HTML 及文本的值？

：用 html()方法，类似于 innerHTML 属性，可以用它读取或设置某个元素中的 HTML 内容。

小铭提醒

html()方法可以用于 XHTML 文档，不能用于 XML 文档。

类似于 innerText 属性，text()方法可以用来读取或设置某个元素中的文本内容。val()方法可以用来设置和获取元素的值。

56. ：jQuery 中有哪些方法可以遍历节点？

：以下方法可以遍历节点。

- children()，取得匹配元素的子元素集合，只考虑子元素，不考虑后代元素。
- next()，取得匹配元素后面紧邻的同辈元素。
- prev()，取得匹配元素前面紧邻的同辈元素。
- siblings()，取得匹配元素前后的所有同辈元素。
- closest()，取得最近的匹配元素。
- find()，取得匹配元素中的元素集合，包括子代和后代。

57. ：子代元素选择器和后代元素选择器有什么区别？

：子代元素选择器查找子节点下的所有元素，后代元素选择器查找子节点或子节点的子节点中的元素。

58. ：beforeSend 方法有什么作用？

：发送请求前可以修改 XMLHttpRequest 对象的函数，在 beforeSend 中如果返回 false，可以取消本次的 Ajax 请求。XMLHttpRequest 对象是唯一的参数，所以在这个方法里可以进行验证。

59. ：你在 Ajax 中使用过 json 文件吗？你是如何加载该文件的？

：使用过，使用$.getJSON()方法即可加载 json 文件。

60. ：有哪些查询节点的选择器？

：我在公司使用过以下选择器。

- :first 查询第一个节点。
- :last 查询最后一个节点。

- :odd 查询奇数节点，但是索引从 0 开始。
- :even 查询偶数节点。
- :eq(index)查询索引值与 index 相等的节点。
- :gt(index)查询索引值大于 index 的节点。
- :lt 查询索引值小于 index 的节点。
- :header 选取所有的标题元素等。

61. ：nextAll()能替代$('prev~siblindgs')选择器吗？

：能。使用 nextAll()方法和使用$('prev ~ siblindgs')方法得到的结果是一样的。

62. ：siblings()方法和$('prev ~ div')选择器是一样的吗？

：$('prev ~ div')只能选择 ‘prev’ 元素后面的同辈<div>元素。而 siblings()方法获取的兄弟元素，与当前元素的前后位置无关，只要是同辈元素都能匹配。

63. ：在 jQuery 中可以替换节点吗？

：可以。在 jQuery 中有两种替换节点的方式，replaceWith()和 replaceAll()。

例如，把<p title="who are you">who are you</p>替换成<strong>I am icketang<strong>。

```
$('p').replaceWith('<strong>I am icketang</strong>');
```

replaceAll 与 replaceWith 用法的区别是，调用者与参数调换位置即可。

64. ：jQuery 是如何处理缓存的？

：要处理缓存就要禁用缓存。

（1）通过$.post()方法来获取数据，默认情况下禁用缓存。

（2）通过$.get()方法来获取数据，可以设置时间戳来避免缓存，例如可以在 URL 后面加上+ (new Date().getTime()) 或者 +(+new Date())；例如 $.get('ajax.xml?' + (+new Date()), function () { //内容 })。

（3）通过$.ajax 方法来获取数据，并设置 cache:false。

65. ：$.getScript()方法 和 $.getJson()方法有什么区别？

：（1）$.getScript()方法可以直接加载 JavaScript 文件，并且不需要对 JavaScript 文件进行处理，JavaScript 文件会自动执行。

（2）$.getJson() 是用于加载 json 文件的，用法和$.getScript()一样。

66. ：jQuery 能做什么？

：能完成以下操作。

（1）获取页面的元素。

（2）修改元素的样式。

（3）改变元素的内容。

（4）监听页面交互事件。

（5）为页面添加动画效果。

（6）无须刷新页面，即可以从服务器端获取信息（异步请求的实现）。

（7）使浏览器操作行为一致（浏览器兼容）。

67. ：$("#msg").text()和$("#msg").text("<b>new content</b>")有什么区别？

：（1）$("#msg").text()方法返回id为msg的元素节点的文本内容。

（2）$("#msg").text("<b>new content</b>")将"<b>new content</b>"作为普通文本字符串，写入id为msg的元素节点内容中，页面显示结果为<b>new content</b>。

68. ：为了将单选按钮组的第二个选框元素设置为选中状态，应该如何设置？

：$('input[name=items]').get(1).checked = true。

69. ：选择器中id、class有什么区别？

：在网页中每个id名称只能用一次，class可以重复使用。

70. ：你使用过哪些数据格式？它们各有什么特点？

：HTML格式、json格式和XML格式。

（1）HTML片段提供外部数据，一般来说是最简单的。

（2）如果数据需要复用，那么在性能和文件大小方面具有优势的是json。

（3）当远程应用程序未知时，XML能为数据的操作性提供最可靠的保证。

71. ：jQuery中的hover()和toggle()有什么区别？

：hover()和toggle()都是jQuery中的两个合成事件。hover()方法用于模拟光标悬停事件。toggle()方法用于连续交替单击事件。

72. ：你知道jQuery中的事件冒泡吗？它是怎么执行的？如何停止冒泡事件？

：知道。事件冒泡从里面往外面开始传递。在jQuery中stopPropagation()方法用于停止冒泡，它兼容所有浏览器。

73. ：在jQuery中你有没有编写过插件？插件有什么好处？你编写过哪些插件？应该注意哪些事项？

：编写过插件。

插件的好处是对已有的一系列方法或函数进行封装，以便在其他地方复用，方便后期维护和提高开发效率。

编写过的插件有封装对象方法的插件、封装全局函数的插件和选择器插件。

应该注意以下事项。

（1）插件推荐命名为jQuery.[插件名].js，以免和其他的JavaScript库插件混淆。

（2）所有的对象方法都应当附加到jQuery.fn对象上，而所有的全局函数都应当附加到jQuery对象本身上。

（3）插件应该返回一个 jQuery 对象，以保证插件可链式操作。

（4）避免在插件内部使用$作为 jQuery 对象的别名，而应使用完整的 jQuery 表示，这样可以避免冲突。当然，也可以使用闭包来避免冲突。

（5）所有的方法或函数插件，都应当以分号结尾，否则压缩的时候可能会出现问题。在插件头部加上分号，这样可以避免他人的不规范代码给插件带来影响。

（6）在插件中用$.extent({})封装全局函数、选择器插件；扩展已有的 jQuery 对象用$.fn.extend({})封装对象方法插件。

74. ：jQuery 中如何实现多库并存?

：多库并存用于解决“$”符号的冲突。

方法一：利用 jQuery 的实用函数$.noConflict()，这个函数可以把$的名称控制权归还给另一个库，因此可以在页面上使用其他库。这时，可以用"jQuery"这个名称调用 jQuery 的功能。

下面给出一段示例代码。

```
$.noConflict();
jQuery('#id').hide();
.....
// 或者给 jQuery 起一个别名
var ickt = jQuery
ickt('#id').hide();
.....
```

方法二：在 IIFE 函数中传入 jQuery(function($){})(jQuery)。

方法三：使用 jQuery(function($){})。

传递一个回调函数作为 jQuery 工厂方法的参数，此时这个函数声明为就绪函数（页面就绪时执行）。jQuery 总是把 jQuery 对象作为第一个参数传递，可以用$形参，作为对 jQuery 对象的引用。

75. ：jQuery 中 get 和 eq 有什么区别?

：get()取得其中一个匹配的元素。num 表示取得第几个匹配的元素，get()多针对集合元素，返回的是 DOM 对象组成的数组；eq()获取第 *N* 个元素，下标都从 0 开始，返回的是一个 jQuery 对象。

76. ：jQuery 中监听事件有几种方式?

：jQuery 中提供了 4 种事件监听方式，分别是 bind()、live()、delegate()和 on()。对应地，解除事件监听的函数分别是 unbind()、die()、undelegate()和 off()。

bind()是使用频率较高的一种，作用就是在选择到的元素上绑定特定事件类型的监听函数 jQuery。

live()可以对后生成的元素绑定相应的事件，处理机制就是把事件绑定在DOM树的根节点上，而不是直接绑定在某个元素上。

小铭提醒

从jQuery 1.7版本开始，不再建议使用live()。

delegate( )采用了事件委托的概念，不是直接为子元素绑定事件，而是为其父元素（或祖先元素）绑定事件。当在div内任意元素上单击时，事件会一层层从event target向上冒泡，直至到达为其绑定事件的元素。

on()方法可以将绑定动态添加到页面元素上，用on()方法绑定事件可以提升效率。

77. ：jQuery中如何将一个jQuery对象转化为DOM对象？

：有以下两种方法。

方法一：jQuery对象是一个数据对象，可以用[index]的方法来得到相应的DOM对象。例如以下代码。

```
var $v = $("#v") ; //jQuery对象
console.log($v[0]);//DOM对象
```

方法二：用get(index)方法，可以得到相应的DOM对象。例如以下代码。

```
var $v = $("#v"); //jQuery对象
console.log($v.get(0)); //DOM对象
```

78. ：$.map()和$.each()有什么区别？

：$.map()方法主要用来遍历操作数组和对象，返回的是一个新的数组。$.map()方法适用于将数组或对象的每个项目映射到一个新数组中。

$.each()主要用于遍历jQuery对象，返回的是原来的数组，并不会返回一个新数组。

79. ：jQuery和Zepto有什么区别？

：（1）针对移动端程序，Zepto有一些基本的触摸事件可以用来做触摸屏交互（tap事件、swipe事件），Zepto是不支持IE浏览器的，jQuery团队在2.0版中不再支持旧版的IE（6、7、8）。因为Zepto使用jQuery句法，所以在文档中建议把jQuery作为IE浏览器的后备库。这样程序在IE中仍然可以运行，而其他浏览器也能享受到Zepto在文件大小上的优势。然而，它们两个的API不是完全兼容的，所以使用这种方法时一定要小心，并要做充分的测试。

（2）在DOM操作上，当添加id时，jQuery不会生效，而Zepto会生效。

（3）在动画实现上，Zepto采用CSS3特性实现对DOM的动画设置，jQuery则是通过JavaScript计时器操作原生的DOM样式属性，性能较差。

（4）Zepto 主要用在移动设备上，只支持较新的浏览器。好处是代码量比较小，性能也较好。jQuery 主要是兼容性好，可以在各种 PC、移动端上运行。好处是兼容各种浏览器；缺点是代码量大，同时要考虑兼容性，性能也不够好。

80. 面试官：jQuery 中 attr 和 prop 有什么区别？

应聘者：对于 HTML 元素本身就带有的固有属性，在处理时，使用 prop 方法；对于 HTML 元素自定义的 DOM 属性，在处理时，使用 attr 方法。

81. 面试官：什么是效果队列？

应聘者：jQuery 中有个动画队列的机制。当对一个对象多次添加动画效果时，后添加的动作就会被放入这个动画队列中，等前面的动画完成后再开始执行。可是用户的操作往往都比动画快，如果用户对一个对象频繁操作时不处理动画队列，就会造成队列堆积，影响效果。

jQuery 中的 stop 方法可以停止当前执行的动画，并且它有两个布尔参数，默认值都为 false。当第一个参数为 true 时会清空动画队列，当第二个参数为 true 时会瞬间完成当前动画。所以，经常使用 obj.stop(true,true)来停止动画。

如果将第二个参数设为 true，也只是把当前在执行的动画跳转到完成状态，这时第一个参数如果也为 true，后面的队列就会被清空。

如果一个效果需要同时处理多个动画，只完成其中的一个而把后面的队列丢弃，也会出现意想不到的结果。

82. 面试官：如何用原生 JavaScript 实现 jQuery 的 ready 方法？

应聘者：$(document).ready()在 DOM 绘制完毕后就执行，而不必等到页面加载完毕。

```
// 实现 ready 方法
var DOMReady = (function() {
    // 回调函数队列
    var fnList = [];
    // 页面是否已经绘制完成
    var ready = false;
    var fnEvent = null;
    // 事件回调函数
    function handler(e) {
        // 确保事件回调函数只执行一次
        if (ready) {
            return;
        }
        // 如果发生了 onreadystatechange 事件，但是状态不是 complete，说明 DOM 没有绘制完成
        if (e.type === 'onreadystatechange' && document.readyState !== 'complete') {
            return ;
        }
        // 运行所有回调函数，为了防止运行时候注册更多的事件回调函数，每次都要重新判断 fnList 的长度
        for (var i = 0; i < fnList.length; i++) {
```

```
            // 在 document 作用域下执行回调函数，并传递事件对象
            fnList[i].call(document, e)
        }
        // 执行完毕，切换 ready 状态
        ready = true;
        // 移除所有回调函数
        fnList = null;
        fnEvent = e;
    }
    // 注册事件
    // 能力检测
    if (document.addEventListener) {
        document.addEventListener('DOMContentLoaded', handler, false)
        document.addEventListener('readystatechange', handler, false)
        window.addEventListener('load', handler, false);     // IE9+
    } else if (document.attachEvent) {
        document.attachEvent('onreadystatechange', handler);
        window.attachEvent('onload', handler)
    }
    // 返回真正的 DOMReady 方法
    return function(fn) {
        if (ready) {
            fn.call(document, fnEvent)
        } else {
            fnList.push(fn)
        }
    }
})()
// 测试
// 订阅 load 事件
window.onload = function() {
    console.log('load')
}
// 订阅 ready 事件
DOMReady(function() {
    console.log('ready')
})
```

83. ：什么是 deferred 对象？

：开发网站的过程中，我们经常遇到某些耗时很长的 JavaScript 操作。其中，既有异步的操作（比如 Ajax 读取服务器数据），也有同步的操作（比如遍历一个大型数组），它们都不能立即得到结果。

普遍的做法是，为它们指定回调函数（callback）。即事先规定，一旦运行结束，调用那些函数。

但是，在回调函数方面，jQuery 的功能非常弱。为了改变这一点，jQuery 开发团队

就设计了 deferred 对象。

简单来说，deferred 对象就是 jQuery 的回调函数解决方案。在英语中，defer 的意思是“延迟”，所以 deferred 对象的含义就是“延迟”到未来某个点再执行。

它解决了处理耗时操作的问题，为那些操作提供了更好的控制和统一的编程接口。

84. ：jQuery 中 deferred 的主要功能是什么？

：可总结为以下 4 点。

（1）实现链式操作。

（2）指定同一操作的多个回调函数。

（3）为多个操作指定回调函数。

（4）提供普通操作的回调函数接口。

HR 有话说

jQuery 部分的面试题主要考察应试者对 jQuery 的掌握程度，这不仅涉及如何使用 jQuery，还包括如何才能使效果更好、性能更高，读着应该了解这些方法是如何实现的。

第8章 移 动 端

1. ：在移动端，单击穿透是什么?

：单击穿透现象有 3 种。

- 单击穿透问题：单击蒙层（mask）上的“关闭”按钮，蒙层消失后，发现触发了按钮下面元素的 click 事件。
- 页面单击穿透问题：如果按钮下面恰好是一个有 href 属性的 a 标签，那么页面就会发生跳转。
- 跨页面单击穿透问题：这次没有蒙层了，直接单击页内按钮跳转至新页，然后发现新页面中对应位置元素的 click 事件被触发了。

有 4 种解决方案。

（1）只用 touch。

这是最简单的解决方案，完美解决单击穿透问题，把页面内所有 click 都换成 touch 事件（touchstart、touchend、tap）。

（2）只用 click。

因为单击会带来 300ms 的延迟，所以页面内任何一个自定义交互都将增加 300ms 的延迟。

（3）轻触（tap）后延迟 350ms 再隐藏蒙层。

改动最小，缺点是隐藏蒙层变慢了，350ms 还是能感觉到慢的。

（4）添加 pointer-events:none 样式。

这比较麻烦且有缺陷，不建议使用。蒙层隐藏后，给按钮下面的元素添上 pointer-events: none 样式，让 click 穿过去，350ms 后去掉这个样式。恢复响应的缺陷是蒙层消失后的 350ms 内，用户单击按钮下面的元素没反应，如果用户单击速度很快，一定会发现。

2. ：如何实现自适应布局?

：通过以下几种方式实现。

（1）可以使用媒体查询做响应式页面。

（2）用 Bootstrap 的栅格系统。

（3）使用弹性盒模型。

3. 👤：在移动端（Android、iOS）怎么做好用户体验？

👤：从以下几方面做好用户体验。

（1）清晰的视觉纵线。

（2）信息的分组。

（3）极致的减法。

（4）利用选择代替输入。

（5）标签及文字的排布方式。

（6）依靠明文确认密码。

（7）合理地利用键盘。

4. 👤：如何解决 Android 浏览器查看背景图片模糊的问题？

👤：这个问题是 devicePixelRatio 的不同导致的，因为手机分辨率太小，如果按照分辨率来显示网页，字会非常小，所以苹果系统当初就把 iPhone 4 的 960×640 像素的分辨率在网页里更改为 480×320 像素，这样 devicePixelRatio = 2。而 Android 的 devicePixelRatio 比较乱，值有 1.5、2 和 3。为了在手机里更为清晰地显示图片，必须使用 2 倍宽高的背景图来代替 img 标签（一般情况下都使用 2 倍）。

例如一个 div 的宽高是 100px×100px，背景图必须是 200px×200px，然后设置 background-size:contain 样式，显示出来的图片就比较清晰了。

5. 👤：如何解决长时间按住页面出现闪退的问题？

👤：通过以下代码设置样式。

```
element {
  -webkit-touch-callout: none;
}
```

6. 👤：如何解决 iPhone 及 iPad 下输入框的默认内阴影问题？

👤：通过以下代码设置样式。

```
element{
  -webkit-appearance: none;
}
```

7. 👤：在 iOS 和 Android 下，如何实现触摸元素时出现半透明灰色遮罩？

👤：通过以下代码设置样式。

```
element {
  -webkit-tap-highlight-color:rgba(255,255,255,0)
}
```

8. 👤：在旋转屏幕时，如何解决字体大小自动调整的问题？

👤：通过以下代码设置样式。

```
html, body, form, fieldset, p, div, h1, h2, h3, h4, h5, h6 {
  -webkit-text-size-adjust:100%;
}
```

9. 如何解决 Android 手机圆角失效问题?

：通过 background-clip: padding-box 为失效的元素设置样式。

10. 如何解决 iOS 中 input 键盘事件 keyup 失效问题?

：通过以下代码解决。

```
<input type="text" id="testInput">
<script type="text/javascript">
  document.getElementById('testInput').addEventListener('input', function(e){
    var value = e.target.value;
  });
</script>
```

11. 如何解决 iOS 设置中 input 按钮样式会被默认样式覆盖的问题?

：设置默认样式为 none。解决方式如下。

```
input,
textarea {
  border: 0;
  -webkit-appearance: none;
}
```

12. 如何解决通过 transform 进行 skew 变形、rotate 旋转会出现锯齿现象的问题?

：通过以下代码设置样式。

```
-webkit-transform: rotate(-4deg) skew(10deg) translateZ(0);
transform: rotate(-4deg) skew(10deg) translateZ(0);
outline: 1px solid rgba(255,255,255,0)
```

13. 如何解决移动端 click 事件有 300ms 延迟的问题?

：300ms 延迟导致用户体验不好。为了解决这个问题，一般在移动端用 touchstart、touchend、touchmove、tap（模拟的事件）事件来取代 click 事件。

14. 在 iOS 中，以中文输入法输入英文时，如何解决字母之间可能会出现六分之一空格的问题?

：可以用正则表达式去掉空格。

```
this.value = this.value.replace(/\u2006/g, '')
```

15. 如何解决移动端 HTML5 音频标签 audio 的 autoplay 属性失效问题?

：因为自动播放网页中的音频或视频会给用户带来一些困扰或者不必要的流量消耗，所以苹果系统和 Android 系统通常都会禁止自动播放和使用 JavaScript 的触发播放，必须由用户来触发才可以播放。

解决这个问题的代码如下。

```
document.addEventListener('touchstart', function () {
    // 播放音频
    document.getElementsByTagName('audio')[0].play();
    // 暂停音频
    document.getElementsByTagName('audio')[0].pause();
});
```

16. ：如何解决移动端 HTML5 中 date 类型的 input 标签不支持 placeholder 属性的问题?

：代码如下。

```
<input placeholder="请输入日期" type="text" onfocus="(this.type='date')" name="date">
```

17. ：如何通过 HTML5 调用 Android 或 iOS 的拨号功能?

：HTML5 提供了自动调用拨号的标签，只要在 a 标签的 href 中添加 tel:协议就可以了。

拨打固定电话的代码如下。

```
<a href="tel:010-12345678">单击拨打 010-12345678</a>
```

拨打手机号码的代码如下。

```
<a href="tel:12345678901">单击拨打 12345678901</a>
```

18. ：如何解决上下拖动滚动条时的卡顿问题?

：通过以下代码设置样式。

```
body {
  -webkit-overflow-scrolling: touch;
  overflow-scrolling: touch;
}
```

Android 3+和 iOS 5+支持 CSS3 的新属性 overflow-scrolling，该属性也可以解决上述问题。

19. ：如何禁止复制或选中文本?

：通过以下代码设置样式。

```
Element {
  -webkit-user-select: none;
  -moz-user-select: none;
  -khtml-user-select: none;
   user-select: none;
}
```

20. ：如何解决 Android 手机的默认浏览器不支持 websocket 的问题?

：解决办法就是把通信层的 websocket 改成 websocket+http 双协议，对外封装成 Net。业务层对 websocket 的调用都改成对 Net 的调用。

Net 默认连接 websocket，如果不支持，就自动切换到 http 长轮询。

http 的长轮询在使用的时候会有卡顿现象。

21. ：说说你所知道的移动端响应式适配的方法。

：对于简单一点的页面，一般高度直接设置成固定值，宽度一般撑满整个屏幕。

对于稍复杂一些的页面，利用百分比设置元素的大小来进行适配，或者利用 flex 等 CSS 属性设置一些需要定制的宽度。

对于再复杂一些的响应式页面，需要利用 CSS3 的媒体查询属性来进行适配，大致思路是根据屏幕的大小，设置相应的 CSS。

HR 有话说

前端发展到今天，移动端的流量已经超越了 PC 端。比如对绝大部分人来说，每天使用手机上网的时间要远高于使用笔记本电脑、计算机的上网时间。因此移动端变得越来越重要。每个人的手机屏幕大小不同、系统不同，因此移动端屏幕的响应式适配、移动端兼容性、浏览器的操作 Bug 等是移动端部分的面试题主要考察的内容。

第 9 章　浏览器兼容问题

1. 问：如何解决不同浏览器的标签默认的 margin 值和 padding 值的不同？

答：可以使用 Normalize 来清除默认样式。也可以使用如下代码重置默认样式。

```
body,h1,h2,h3,ul,li,input,div,span,a,form …… { margin:0; padding:0; }
```

2. 问：如何解决块属性标签浮动后，在设置水平 margin 的情况下，在 IE6 中显示的 margin 比设置的大的问题？

答：在 float 的标签样式控制中加入 display:inline，将其转化为行内属性。

3. 问：在设置较小高度的（一般小于 10px）标签时，如何解决在 IE6、IE7、遨游中高度超出默认设置高度的问题？

答：出现这个问题的原因是 IE8 之前的浏览器都会给标签设置一个默认的最小行高。即使标签是空的，这个标签的高度也是会达到默认的行高；可以通过给超出高度的标签设置 overflow:hidden 或者设置行高 line-height 小于你设置的高度来解决该问题。

4. 问：页面中的图片元素为什么默认具有间距？

答：因为 img 标签是行内属性标签，所以只要不超出容器宽度，img 标签都会排在一行里，但是部分浏览器的 img 标签之间会有个间距。

出现间距时的解决方法如下。

可以使用 float 属性让 img 浮动布局。

可以通过 font-size 属性将空白字符大小设置成 0。

可以将图片的 display 属性设置成 block。

5. 问：如何解决设置标签最低高度 min-height 不兼容的问题？

答：如果要设置一个标签的最小高度 200px，需要完成以下设置。

```
{min-height:200px;height:auto!important;height:200px;overflow:visible;}
```

6. 问：如何清除浮动？

答：可以通过以下方式清除浮动。

```
.box1, .box2 {
    /*方案一，为父容器设置高度*/
    height: 120px;
    /*方案六*/
    overflow: hidden;
```

```
}
/*方案二，清除法*/
.box2 {
    clear: both;
}
/*方案三，外墙法*/
.wall {
    clear: both;
}
/*方案四，内墙法*/
.box1 p, .box2 p {
    clear: both;
}
.box1 div, .box2 div {
    width: 100px;
    height: 100px;
    margin: 10px;
    background: yellowgreen;
    /*让它们浮动*/
    float: left;
}
/*方案五，利用伪元素*/
.box1:after,
.box2:after {
    /*必须要设置 content*/
    content: '';
    /*转化块元素*/
    display: block;
    clear: both;
}
/*方案七，利用 clearfix*/
.clearfix:after {
    content: '';
    display: block;
    clear: both;
}
```

7. ：怎样实现盒模型?

：通过以下代码实现。

```
Element {
    /* 标准盒模型: margin>border>padding>width(content) */
    box-sizing: border-box;
    /* IE 盒模型: margin>width(border>padding>content) */
    box-sizing: content-box;
}
```

8. ：你都知道哪些浏览器 hacker?

：IE6 识别的 hacker 是下划线（ _ ）和星号（ * ）。

IE7 识别的 hacker 是星号（*）。

比如这样一个 CSS 设置。

```
div { height: 300px; *height: 200px; _height:100px; }
```

IE6 浏览器在读到 height:300px 的时候会认为高是 300px。继续往下读，它也认识*height，所以当 IE6 读到*height:200px 时会覆盖与前一条相冲突的设置，认为高度是 200px。继续往下读，IE6 还认识_height，所以它又会覆盖 200px 高的设置，把高度设置为 100px。

IE7 和遨游浏览器也是一样的，从高度 300px 的设置往下读。当它们读到*height:200px 时就停下了，因为它们不认识_height。所以它们会把高度解析为 200px，剩下的浏览器只认识第一个 height:300px，所以它们会把高度解析为 300px。因为在设置优先级相同并且冲突的属性时，后一个会覆盖前一个，所以书写的次序是很重要的。

9. ：如何解决 li 元素内出现浮动元素时产生间隙的问题？

：通过设置 vertical-align：top/middle/bottom 来解决。

10. ：如何让长单词及较长的 URL 换行？

：用 word-break:break-all 在词内换行（把单词分成两截，分行显示）。

11. ：如何解决 display:inline-block 在 IE6、IE7 下不兼容的问题？

：设置 float:left 属性。

12. ：如何解决 IE6 不支持 position:fixed 属性的问题？

：IE6 下用 position:absolute 和 JavaScript 来模拟，或者完全不用 fixed 属性。

13. ：如何解决 cursor:hand 在 IE 下无法正常识别正常 FF 的问题？

：用 W3C 规范中定义的 cursor:pointer 属性来解决。

14. ：在定义常量时如何兼容浏览器？

：在 Firefox 下，可以使用 const 关键字或 var 关键字来定义常量。

在 IE 下，只能使用 var 关键字来定义常量，所以可以统一使用 var 关键字来定义常量。

15. ：讲一下 event.x 与 event.y 在 IE 和 Firefox 中的区别。

：在 IE 下，event 对象有 x、y 属性，但是没有 pageX、pageY 属性。

在 Firefox 下，event 对象有 pageX、pageY 属性，但是没有 x、y 属性，可以使用三元运算符（var x = event.x ? event.x : event.pageX），来代替 IE 下的 event.x 或者 Firefox 下的 event.pageX。

16. ：使用 window.location.href 有何兼容问题？

：IE 或者 Firefox 2.0.x 下，可以使用 window.location 或 window.location.href，但是在 Firefox 1.5.x 下，只能使用 window.location，所以可以使用 window.location 来代替 window.location.href。

17. 你知道 frame 有哪些兼容问题?

：以下面的 frame 为例，有以下两方面的兼容问题。

（1）访问 frame 对象。

在 IE 中，使用 window.frameId 或者 window.frameName 来访问这个 frame 对象，frameId 和 frameName 可以同名。

在 Firefox 中，只能使用 window.frameName 来访问这个 frame 对象。

另外，在 IE 和 Firefox 中都可以使用 window.document.getElementById("frameId")来访问这个 frame 对象。

（2）切换 frame 内容。

在 IE 和 Firefox 中都可以使用 window.document.getElementById("testFrame").src="xxx.html"或 window.frameName.location ="xxx.html"来切换 frame 的内容。

如果需要将 frame 中的参数传回父窗口（注意，不是 opener，而是 parent frame），可以在 frame 中使用 parent 来访问父窗口，例如，使用 parent.document.images，获取父窗口中所有图片。

18. 谈谈模态和非模态窗口问题。

：在 IE 下，可以通过 showModalDialog 和 showModelessDialog 打开模态和非模态窗口；在 Firefox 下则不能。所以可以直接使用 window.open(pageURL,name, parameters) 方式打开新窗口。

如果需要在子窗口中访问父窗口，可以在子窗口中使用 window.opener 来访问父窗口。

19. Firefox 与 IE 的父元素（parentElement）的区别是什么?

：在 IE 中使用 obj.parentElement，在 Firefox 中使用 obj.parentNode。

由于 Firefox 与 IE 都支持 DOM，因此可以使用 obj.parentNode 访问父元素。

20. 如何获取表单中的输入框元素?

：在如下代码中，要访问 input 元素。

```
<form name="icketang">
    <input type="text" name="username">
</form>
```

为此，在 IE 下，可以使用 document.icketang.item("username")或 document.icketang.elements['username']。

在 Firefox 下，只能使用 document.icketang.elements["username"]。

为了兼容所有浏览器，可以统一使用 document.formName.elements["elementName"]。

21. 在 IE 浏览器下操作类数组对象与标准浏览器有什么不同?

：在以下代码中，divs 就是获取的类数组对象。

```
<div>1</div>
```

```
<div>2</div>
<div>3</div>
var divs = document.getElementsByTagName('div');
```

在 IE 下，可以使用()或[]获取类数组对象中的属性数据，如 divs(1)或者 divs[1]。

在 Firefox 下，只能使用[]获取类数组对象中的属性数据，如 divs[1]。

所以要统一使用[]获取类数组对象中的属性数据。

22. ：如何获取自定义属性数据？

：在 IE 下，可以使用获取常规属性的方法来获取自定义属性数据，也可以使用 getAttribute()获取自定义属性数据。

在 Firefox 下，只能使用 getAttribute()获取自定义属性数据。

所以要统一用 getAttribute()获取自定义属性数据。

23. ：input.type 属性有什么兼容性问题？

：在 IE 下 input.type 属性为只读属性，但是在 Firefox 下 input.type 属性为可读写属性。

所以工作中，不要修改 input.type 属性。如果必须要修改，可以先隐藏原来的 input，然后在同样的位置再插入一个新的 input 元素。

24. ：说说 event.srcElement 兼容问题。

：在 IE 下，even 对象有 srcElement 属性，但是没有 target 属性。

在 Firefox 下，even 对象有 target 属性，但是没有 srcElement 属性。

通过使用 srcObj = event.srcElement ?event.srcElement : event.target 这种方式兼容所有浏览器。

25. ：说说 body 载入问题。

：Firefox 的 body 对象在 body 标签没有被字体完全读入之前就存在。

而 IE 的 body 对象则必须在 body 标签被浏览器完全读入之后才存在。

26. ：说说 table 操作问题。

：IE、Firefox 以及其他浏览器对 table 标签的操作都各不相同，在 IE 中不允许对 table 和 tr 的 innerHTML 赋值。当使用 JavaScript 增加一个 tr 时，使用 appendChild 方法也不行。可以向 table 追加一个空行来解决这个问题。

```
//在 IE 中，插入失败
color.innerHTML = 'red';
// 解决方案
var row = demo.insertRow(-1)
var td = document.createElement('td');
td.innerHTML = '爱创课堂';
row.appendChild(td)
```

27. ：innerText 在 IE 中能正常工作，但在 FireFox 中不行，如何解决？

：在 Firefox 中可以使用 textContent。

解决方案如下。

```
// 判断是否是 IE 浏览器
if (~navigator.appName.indexOf('Explorer')) {
    demo.innerText = '爱创课堂'
} else {
    demo.textContent = '爱创课堂'
}
```

28. 问：在设置 CSS 透明度时，如何兼容浏览器？

答：在 IE 中使用 filter:progid:DXImageTransform.Microsoft.Alpha(style=0,opacity=60)，在 FireFox 中使用 opacity:0.6。

对于通过 opacity 设置的透明度，子元素会继承透明属性。

解决方式如下。

（1）使用 background:rgba(0,0,0,.6)，注意，IE8 及以下不支持 rgba 色彩模式。

（2）使用定位，背景色与子元素处于同级关系。

29. 问：CSS 中的 width 属性包含 padding 吗？

答：在标准盒模型中 width 属性不包括 padding，在 IE 盒模型中包括 padding。

30. 问：在代码 box.style{width:100;border 1px;}中，用 Firefox 和 IE 的盒模型解释盒子宽度，为什么会相差 2px？

答：对于以上代码，IE 理解为 box.width = 100px，Firefox 理解为 box.width = 100px + 1*2px = 102px，其中加上了边框的宽度 2px。

31. 问：说说 ul 和 ol 列表缩进的兼容问题。

答：当消除 ul、ol 等列表的缩进时，样式应写成：list-style:none;margin:0px;padding:0px。

在 IE 中，设置 margin:0px 可以去除列表上下左右的缩进、空白以及列表编号或圆点，设置 padding 对样式没有影响。

在 Firefox 中，设置 margin:0px 仅仅可以去除上下的空白，设置 padding:0px 仅仅可以去掉左右缩进，还必须设置 list-style:none 才能去除列表编号或圆点。也就是说，在 IE 中仅仅设置 margin:0px 即可达到最终效果，而在 Firefox 中必须同时设置 margin:0px、padding:0px 和 list-style:none 三项才能达到最终效果。

32. 问：如何实现元素水平居中？

答：对于块元素：使用 margin:0 auto。对于行内元素：使用父元素选择器{ text-align: center; }。

33. 问：如何让 p 元素垂直居中？

答：用 vertical-align:middle 将行距增加到和整个 p 一样高（line-height:200px;），然后插入文字，就垂直居中了。缺点是要控制内容不换行。

34. ：说说 margin 的加倍问题。

：设置为 float 的 p 在 IE 下设置的 margin 会加倍。这是 IE6 中都存在的一个 Bug。解决方案是在这个 p 里面加上 display:inline。

例如，以下代码就解决了这个问题。

```
.demo{
    float:left;
    margin:5px;
    display:inline;
}
```

35. ：如何设置 IE 的最小宽度和最小高度？

：IE 不认识 min-这个定义，但实际上它把正常的 width 和 height 当作有 min 的情况来使用。这样问题就大了。如果只用正常的宽度和高度，浏览器里这两个值就不会变；如果只用 min-width 和 min-height，IE 下面根本等于没有设置宽度和高度。

比如要设置背景图片，这个宽度是比较重要的。要解决这个问题，可以使用浏览器 Hack。

```
.demo {
    width: 80px;
    height: 35px;
}
html>body .demo {
    width: auto;
    height: auto;
    min-width: 80px;
    min-height: 35px;
}
```

小铭提醒

也可以在 CSS 中使用表达式，嵌入 JavaScript 代码判断，但是由于安全问题，工作中不建议使用表达式。

36. ：如何解决 IE6 中浮动元素的文本产生 3 像素间距的 Bug？

：设置左边对象浮动，在右边设置局部自适应布局中，右边对象内的文本会离左边有 3 像素的间距。

解决方案如下。

```
<div class="left"></div>
<div class="main"></div>
.left {
    float: left;
    background: pink;
    height: 300px;
```

```
        width: 120px;
        /* 使用IE6 Hack，修改边距 */
        _margin-right: -3px;
    }
    .main {
        background: green;
        height: 300px;
    }
```

37. 问：如何解决IE6下图片下有空隙的问题？

答：解决这个Bug的技巧有很多，可以改变HTML的排版，或者设置img为display:block，或者设置vertical-align属性为vertical-align:top/bottom/middle/text-bottom。

38. 问：如何让文本与文本输入框对齐？

答：可以为输入框添加vertical-align:middle属性。

39. 问：如何解决IE无法设置滚动条颜色的问题？

答：解决办法是将body换成HTML。

40. 问：如何解决form标签边距兼容性问题？

答：在IE中，form标签会自动通过margin设置一些边距，而在Firefox中margin则是0。因此，为了显示一致，最好在CSS中指定margin和padding都为0，如以下代码所示。

```
    ul, form{
        margin:0;
        padding:0;
    }
```

41. 问：为什么Firefox下文本无法撑开容器的高度？

答：标准浏览器中固定高度值的容器是不会像IE6里那样撑开的。如果既想固定高度，又想撑开高度，就需要去掉height属性，设置min-height属性。为了兼容IE6，可按照如下代码定义。

```
    {
        height:auto;
        _height:200px;
        min-height:200px;
    }
```

42. 问：IE和Firefox对空格的尺寸解释有什么不同？

答：Firefox中的空格为4px，IE中的空格为8px。Firefox对p与p之间的空格是忽略的，但是IE是处理的。因此，在两个相邻p之间不要有空格和回车符，否则可能造成不同浏览间之间格式不正确，而且原因难以查明。比如著名的3px偏差，其中多个img标签连着，然后定义float: left，结果在Firefox里面正常显示，而IE里面显示的每个img

都相隔了 3px。把标签之间的空格都删除也不起作用。解决方法是在 img 外面套 li，并且对 li 定义 margin: 0，所以在必要的时候不要无视 list 标签。

43. ：IE 条件注释中有哪些常用运算符？

：IE 支持条件注释，常用的运算符如下。

- lte —— 小于等于运算符。
- lt —— 小于运算符。
- gte —— 大于等于运算符。
- gt —— 大于运算符。
- ! —— 不等于运算符。

44. ：什么是渐进增强和优雅降级？

：渐进增强指针对低版本浏览器构建页面，保证最基本的功能，然后再针对高级浏览器进行效果、交互等改进并追加功能，以达到更好的用户体验。

优雅降级指一开始就构建完整的功能，然后再针对低版本浏览器进行兼容。

HR 有话说

这部分所提到的浏览器兼容性指的是 PC 端浏览器兼容性。在一些地方，因为低版本的 IE 浏览器已被淘汰，所以 PC 端的浏览器兼容性已不再是难题。然而，由于国内的一些公司对 Window XP 系统的维护，导致国内 IE 低版本浏览器始终无法被淘汰，因此如果你面试的是一家开发 PC 端项目的公司，并且要兼容所有浏览器，那么你需要注意本模块的内容。

第 10 章　面 向 对 象

1. ：JavaScript 是怎么样实现继承的？请举例说明。

：JavaScript 通过 prototype 属性实现继承，继承的属性方法是共享的，例如 Child 子类继承 Parent 父类，Child.prototype = new Parent()。

在子类构造函数内执行父类构造函数，并传递子类作用域和参数，从而实现对父类构造函数的继承，例如 function Child() { Parent.apply(this, arguments) }。

2. ：简述如何通过 new 构建对象？

：通过 new 操作符构建对象的步骤如下。

（1）创建一个新的对象，这个对象的类型是 object。

（2）将 this 变量指向该对象。

（3）将对象的原型指向该构造函数的原型。

（4）执行构造函数，通过 this 对象，为实例化对象添加自身属性方法。

（5）将 this 引用的新创建的对象返回。

代码如下。

```
function demo(Base) {
   var obj = {};
   // this = obj;
   obj.__proto__ = Base.prototype;
   School.call(obj)
   return obj
}
```

3. ：谈谈 JavaScript 中继承的实现方法。

：子类的实例可以共享父类的方法；子类可以覆盖从父类扩展来的方法。

4. ：说说构造函数的特点。

：构造函数的函数名首字母大写，构造函数类似于一个模板，可以使用 new 关键字执行构造函数，创建实例化对象。

5. ：小贤是一条可爱的小狗（Dog），它的叫声很好听（wow），每次看到主人的时候就会乖乖叫一声（yelp）。根据这段描述，请用程序实现。

：代码如下。

```
function Dog() {}
```

```
Dog.prototype.wow = function() {
   console.log('wow')
}
Dog.prototype.yelp = function() {
   this.wow();
}
var xx = new Dog()
xx.yelp();      // wow
```

6. ：小芒（MadDog）和小贤一样，原来也是一条可爱的小狗，可是突然有一天疯了，一看到人就会每隔 0.5s 叫一声（wow），且不停叫唤（yelp）。根据描述，请用代码来实现。

：代码如下。

```
function MadDog() {}
MadDog.prototype = new Dog();
MadDog.prototype.yelp = function() {
    var me = this;
    setInterval(function() {
       me.wow()
    }, 500)
}
var madDog = new MadDog();
madDog.yelp()
```

7. ：列出 JavaScript 常用继承方式并说明其优缺点。

：常用继承方式及其优缺点如下。

（1）构造函数式继承是指在子类的作用域上，执行父类的构造函数，并传递参数。构造函数式继承虽然解决了对父类构造函数的复用问题，但没有更改原型。

（2）类（原型链）式继承是指将父类的实例化对象添加给子类的原型。执行构造函数是没有意义的，因为我们只想继承原型链上的属性和方法，当执行父类的构造函数时，没有添加参数，所以执行构造函数的结果是不正确的。父类构造函数中的数据，没有直接添加在子类的实例化对象上，而是添加在原型上。子类型实例化时无法复用父类的构造函数。

（3）组合式继承是比较常用的一种继承方法，其背后的思路是，使用原型链实现对原型属性和方法的继承，而通过构造函数来实现对实例属性的继承。这样，既在原型上定义方法实现了函数复用，又保证每个实例都有它自己的属性。但其问题是导致父类的构造函数执行了两次：一次是在构造函数式继承中执行的；另一次是在类式继承中执行的。

使用上述继承要注意以下几点。

（1）在构造函数式继承中，属性的赋值一定在继承的后面执行，否则会产生覆盖问题。

（2）在类式继承中，原型上属性或者方法的赋值一定在继承后面，否则会产生覆盖问题。

（3）在类式继承中，在原型上添加属性或者方法一定使用点语法的形式，不可以给对象赋值。

（4）在类式继承中，要为原型添加属性方法对象，可以在继承后面通过库的 extend 方法（或 ECMAScript 6 提供了 assign 方法）实现。

8. ：用 JavaScript 写一个实现寄生式继承的方法。

：以下代码实现了寄生式继承方法 inherit。

```
var inherit = (function() {
    // 定义寄生类
    function F() {};
    return function(sub, sup) {
        // 寄生类的原型指向父类
        F.prototype = sup.prototype;
        // 继承父类的原型
        sub.prototype = new F();
        // 更正构造函数
        sub.prototype.constructor = sub;
        // 返回子类
        return sub;
    }
})()

// 父类
function Star(names) {
    this.names = names
}
Star.prototype.getNames = function() {
    return this.names;
}
// 子类
function MovieStar(names, age) {
    // 构造函数式继承
    Star.apply(this, arguments)
    this.age = age;
}
// 寄生式继承
inherit(MovieStar, Star);
MovieStar.prototype.getAge = function() {
    return this.age;
}
console.log(new MovieStar('xiao bai', 20))
```

9. ：说出你熟知的 JavaScript 继承方式。

：有以下几种继承方式。

（1）构造函数式继承。

（2）类（原型链）式继承。

（3）组合式继承（混合使用构造函数式和类式）。

（4）寄生式继承。

（5）继承组合式继承（混合使用构造函数式和寄生式）。

（6）原子继承。

（7）多继承。

（8）静态继承。

（9）特性继承。

（10）构造函数拓展式继承。

（11）工厂式继承。

10. ：面向对象的特性有哪些？

：有以下特性。

（1）抽象，就是忽略一个主题中与当前目标无关的那些方面，以便更充分地关注与当前目标相关的方面。

（2）封装，利用抽象数据类型将数据和基于数据的操作封装在一起，使其构成一个不可分割的独立实体。数据存放在抽象数据类型的内部，尽可能地隐藏内部的细节，只保留一些对外接口，使之与外部发生联系。

（3）继承，使用已存在的类的定义作为基础，建立新类的技术。新类的定义可以增加新的数据或新的功能，也可以用父类的功能，但不能选择性地继承父类。

（4）多态，程序中定义的引用变量所指向的具体类型和通过该引用变量触发的方法调用在编程时并不确定，而在程序运行期间才能确定，即一个引用变量到底会指向哪个类的实例对象，该引用变量触发的方法调用到底是哪个类中实现的方法，必须在程序运行期间才能决定。

11. ：面向对象编程的三大特点是什么？

：封装、继承、多态。

（1）封装，即将描述同一个对象的属性和方法定义在一个对象中。

（2）继承，即父对象中的属性和方法被子对象使用。

（3）多态，即同一个对象在不同情况下呈现不同的形态（注意，在 JavaScript 中无“多态”的概念）。多态有以下两种形式。

- 重载，即同一方法名，根据传入的参数不同，而执行不同操作。
- 重写，即子对象在继承父对象的属性或方法后，重新定义一个新的属性或方法，以覆盖从父对象中继承的属性或方法。

12. 面试官：面向对象开发的好处是什么？

求职者：在代码开发中，如果一些功能可能在某些网页中是重复出现的，那么完全可以把这部分功能封装成一个对象，然后在多个地方进行调用，而不是每次遇到它的时候都重新书写一次，以此来实现对数据或者方法的复用。

13. 面试官：方法重载（Overload）与方法重写（Override）的区别是什么？

求职者：方法重载属于编译时的多态，根据传递的参数不同，执行不同的业务逻辑，得到不同的结果。方法重写属于运行时的多态，子类原型指向父类原型，子类重写父类的方法，在调用子类方法的时候使用子类的方法，从而重写父类中定义的方法。

14. 面试官：如何判断某个对象是否包含指定成员？

求职者：通过以下方式判断。

（1）使用 obj.hasOwnProperty("")。

如果找到，返回 true；否则，返回 false。

（2）使用 "属性名" in 对象。

如果找到，返回 true；否则，返回 false。

（3）直接使用 obj.属性名作为判断的条件，如下所示。

```
if (obj.demo === undefined)
```

若不包含，条件值为 true；若包含，条件值为 false。

15. 面试官：this 通常指向谁？

求职者：在运行时，this 关键字指向正在调用该方法的对象。

16. 面试官：如何判断属性是自有属性还是原型属性？

求职者：方法如下。

（1）要判断自有属性，使用 obj.hasOwnProperty（"属性名"）。

（2）要判断原型属性，使用 "属性名" in obj && !obj.hasOwnProperty（"属性名"）的形式。

17. 面试官：实现对象的继承有哪几种方式？

求职者：有以下几种方式。

（1）修改对象的_proto_，如下所示。

```
Object.setPrototypeOf（子对象，父对象）
```

（2）修改构造函数的原型对象，如下所示。

```
构造函数.prototype = 对象
```

（3）使用原子继承方法 Object.create（父对象[,{属性列表}]），如下所示。

```
var demo = Object.create(obj)
```

HR 有话说

随着前端项目越来越大，如何使开发的代码更易拓展、更易维护、可读性更强等成为首要问题，因此越来越多的企业采用面向对象的开发技术。但 ECMAScript 6 之前的 JavaScript 版本中，并没有实现类、继承等技术，因此需要手动模拟实现，这给我们带来了更多的灵活性。针对不同的需求，有不同的实现。应试者在掌握这些技术实现的同时，要更多地了解其适用于哪些需求。

第 11 章　Ajax 与 JSON

1. ：简述 JSONP 的实现原理。

：在 HTML 中，动态插入 script 标签，通过 script 标签引入一个 JavaScript 文件，这个 JavaScript 文载入成功后会执行在 url 参数中指定的函数，并且会把需要的 JSON 数据作为参数传入。

由于同源策略的限制，XMLHttpRequest 只允许请求当前源（域名、协议、端口）的资源。为了实现跨域请求，可以用 script 标签，然后在服务器端输出 JSON 数据并执行回调函数，这样就解决了跨域的数据请求。优点是兼容性好，简单易用，支持浏览器与服务器双向通信；缺点是只支持 GET 请求。

JSONP 即 json+padding（内填充），顾名思义，就是把 JSON 填充到一个盒子里。

在客户端，实现代码如下。

```
function jsonp(url, data) {
    var str = '';
    var script = document.createElement('script');
    script.type = 'text/javascript';
    data = data || {};
    data.callback = data.callback || 'callback';
    document.getElementsByTagName('head')[0].appendChild(script);
    for (var i in data) {
        str += '&' + i + '=' + data[i]
    }
    script.src = url + '?' + str.slice(1);
}
// 定义请求执行方法
function ickt(data) {
    console.log(data)
}
// 发送 JSONP 请求
jsonp('http://example.com/jsonp.php', {
    callback: 'ickt',
    data: '爱创课堂'
})
```

在服务器端，以 PHP 为例，实现代码如下。

```
<?php
// 接收前端传递的数据
```

```
$callback = $_GET['callback'];
$data = $_GET['data'];
// 组装返回的数据
echo $callback."([".$data.", 'from server'])";
```

2. ：除了通过 JSONP 实现跨域之外，你还知道哪些实现跨域的方法？

：除了 JSONP 技术之外，还可以通过如下方式实现跨域。

（1）如果服务器端支持 CORS，可以通过设置 Access-Control-Allow-Origin 来实现跨域。如果浏览器检测到相应的设置，就会允许 Ajax 进行跨域访问。

（2）如果主域相同，可以通过修改 document.domain 实现跨域。将子域和主域的 document. domain 设为同一个主域。前提条件是这两个域名必须属于同一个基础域名，而且协议、端口都要一致，否则无法利用 document.domain 实现跨域。

（3）通过修改 window.name 实现跨域。window 对象有一个 name 属性，该属性有个特征：在一个窗口（window）的生命周期内，窗口中载入的所有页面都是共享一个 window.name 的，每个页面对 window.name 都有读写的权限。载入过的所有页面的 window 对象，将持久地存储 name 属性。

（4）使用 HTML5 中新引进的 window.postMessage 方法来跨域传送数据。

（5）通过 Flash 可以实现跨域。

（6）在服务器端设置代理模块可以实现跨域。

3. ：XML 和 JSON 的区别是什么？

：区别如下。

（1）在数据体量方面，相对于 XML 来讲，JSON 数据的体量小，传递的速度更快。

（2）在数据交互方面，JSON 与 JavaScript 的交互更加方便，数据更容易解析，数据交互方式更灵活。

（3）在数据描述方面，JSON 对数据的描述性比 XML 差。

（4）在传输速度方面，JSON 传输的速度要远快于 XML。

4. ：说出创建 Ajax 的大致过程。

：（1）创建 XMLHttpRequest 对象，也就是创建一个异步调用对象。

（2）设置响应 HTTP 请求状态变化的函数。

（3）打开一个新的 HTTP 请求，并指定该 HTTP 请求的方法、URL 及验证信息。

（4）发送 HTTP 请求。

（5）在响应回调函数中，根据改变状态和请求状态码，获取异步请求返回的数据。

（6）渲染返回的数据。

5. ：请实现一个 Ajax 请求。

：代码如下所示。

```
/**
 * 请求数据方法
 * @url      请求地址
 * @fn       请求回调函数
 ***/
function ajax(url, fn) {
    // 定义小黄人
    var xhr = new XMLHttpRequest();
    // 监听状态事件
    xhr.onreadystatechange = function() {
        // 监听状态
        if (xhr.readyState === 4) {
            // 监听状态码
            if (xhr.status === 200) {
                // 执行回调函数
                fn && fn(JSON.parse(xhr.responseText))
            }
        }
    }
    // 打开
    xhr.open( 'GET', url, true);
    // 发送数据
    xhr.send(null)
}
```

6. ：谈谈你对异步加载和延迟加载的理解。

：异步加载的方案如下。

（1）在 HTML 页面中，动态插入 script 标签。

（2）通过 Ajax 获取 JavaScript 代码，然后通过 eval 执行。

（3）在 script 标签上添加 defer 或者 async 属性。

（4）创建 script 标签并插入 iframe，让它异步执行 JavaScript。

延迟加载的方案如下。

在页面初始化的时候，有些 JavaScript 代码并不需要立刻执行，而是在某些情况下才需要执行，此时可以延迟执行这部分代码。延迟加载有很多种执行方式，例如惰性单例模式。

7. ：Flash、Ajax 各自的优缺点是什么？它们有什么相似点？

：Flash 适合处理多媒体、矢量图形、访问机器；缺点是不适合处理 CSS、文本，不容易被搜索。

Ajax 对 CSS、文本支持很好，支持搜索；缺点是不适合处理多媒体、矢量图形、机器访问。

共同点：它们都支持服务器的无刷新传递消息、用户离线和在线状态、操作 DOM 等。

8. ：说出 Ajax 在 IE 下的问题。

：IE 缓存问题如下。

在 IE 浏览器下，如果请求的方法是 GET，并且请求的 URL 不变，那么这个请求的结果就会缓存。解决这个问题的办法是实时改变请求的 URL，只要 URL 改变，就不会缓存。方法是在 URL 末尾添加随机的时间戳参数（'t'= + new Date().getTime()）。

或者使用以下代码。

```
open('GET','demo.php?random=' + Math.random(),true);
```

对于 Ajax 请求的页面历史记录状态问题，可以通过锚点来记录状态，即 location.hash，让浏览器记录 Ajax 请求时页面状态的变化。此外，还可以通过 HTML5 的 history.pushState，来实现浏览器地址栏的无刷新改变。

9. ：你了解 Ajax 吗？谈谈你对 Ajax 的认识。

：Ajax 的全称是 Asynchronous JavaScript and XML（异步的 JavaScript 和 XML）。

Ajax 不是新的编程语言，而是一种使用现有标准的新方法。Ajax 是一种用于创建动态网页的技术。通过与服务器进行少量数据交换，Ajax 可以使网页实现异步更新。这意味着可以在不重新加载整个网页的情况下，对网页的某部分进行更新。而传统的网页（不使用 Ajax）如果需要更新内容，必须重新加载整个网页。

支持 Ajax 的浏览器目前包括：Mozilla、Firefox、Internet Explorer、Opera、Konqueror 及 Safari。但是 Opera 不支持 XSL 格式的对象，也不支持 XSLT。

Ajax 可以提高系统性能，优化用户界面。很多框架以及代码库已将 Ajax 作为其必不可少的一个重要模块。

10. ：谈谈异步与同步。

：在 JavaScript 中，一个线程执行的时候，不要求其他线程处理完毕，这称为异步。相反，一个线程必须等待另一个线程处理完毕才能执行，这称为同步。

打个比方，每天你都要吃早饭并走到学校去上学。

（1）同步就是你必须把饭吃完，才能走路去上学。

（2）异步就是你一边走路去上学，一边吃着早饭。

在 JavaScript 中同步/异步与阻塞/非阻塞其实没有本质的区别，因为 JavaScript 是单线程的。

但是 JavaScript 的执行环境是多线程的，想要达到阻塞效果，可以通过同步执行或者执行 alert()中断线程。

11. ：解决跨域问题有哪些技术？

：解决跨域问题的常用技术有：JSONP、iframe、window.name、window.postMessage、代理模板、Flash 等。

12. ：异步加载的方式有哪些？

：有以下方式。

（1）设置 defer 属性，延迟脚本执行，只支持 IE。

（2）设置 async 属性，异步加载脚本。

（3）创建 script 标签，并插入 DOM 中，页面渲染完成后，执行回调函数。

13. ：谈谈你对 JSON 的了解。

：JSON（JavaScript Object Notation）是一种轻量级的数据交换格式。它是 JavaScript 的一个子集。数据格式简单，易于读写，占用更少的带宽。如：'{"name": "Mr Zhang", "school":"爱创课堂"}'。

通过以下代码把 JSON 字符串转换为 JSON 对象。

```
var obj1 = eval('(' + str + ')');
var obj3 = JSON.parse(str);
var obj3 = new Function('return (' + str + ')')()
```

通过以下代码把 JSON 对象转换为 JSON 字符串。

```
var str2 = JSON.stringify(obj1);
```

14. ：Ajax 的优点是什么？

：优点如下。

（1）最大的优点是页面无刷新更新，用户的体验非常好。

（2）使用异步方式与服务器通信，具有更迅速的响应能力。

（3）可以将一些服务器工作转移到客户端，利用客户端资源来处理，减轻服务器和带宽的压力，节约空间和带宽租用成本。Ajax 的原则是"按需获取数据"，可以最大限度地减少冗余请求及响应对服务器造成的负担。

（4）技术标准化，并被浏览器广泛支持，不需要下载插件或者小程序。

（5）Ajax 可使因特网应用程序更小、更快、更友好。

15. ：Ajax 的缺点是什么？

：缺点如下。

（1）Ajax 不支持浏览器 back 按钮。

（2）有安全问题，Ajax 暴露了与服务器交互的细节。

（3）对搜索引擎不友好。

（4）破坏了程序的异常机制。

（5）不容易调试。

16. ：jQuery 中，Ajax 常见的请求方式有哪几种？

：有以下几种。

- $.get(url,[data],[callback])
- $.getJSON(url,[data],[callback])
- $.post(url,[data],[callback],[type])
- $.ajax(opiton)
- $.getScript(url, [callback])
- jquery 对象.load(url, [data], [callback])

17. ：IE 各版本和 Chrome 可以并行下载多少个资源?

：IE6 中为两个，iE7 升级之后为 6 个，之后版本也是 6 个。Chrome 中也是 6 个。

18. ：GET 和 POST 的区别是什么？何时使用 POST?

：GET 一般用于信息获取。使用 URL 传递参数，对所发送信息的数量也有限制，一般在 2000 个字符以内。

POST 一般用于修改服务器上的资源，对所发送的信息没有限制。

GET 方式需要使用 Request.QueryString 来取得变量的值，而 POST 方式可通过 Request.Form 来获取变量的值。也就是说，GET 通过地址栏来传值，而 POST 通过提交表单来传值（注意，模拟表单的 POST 请求，在 jQuery 中很常见）。

小铭提醒

如今在 POST 请求中，Request.JSON 方式用得越来越多。

在以下情况中，请使用 POST 请求。

（1）无法使用缓存文件（更新服务器上的文件或数据库）。

（2）向服务器发送大量数据（POST 没有数据量限制）。

（3）当发送包含未知字符的内容时，POST 比 GET 更稳定、更可靠。

19. ：表单向服务器提交数据的方式有哪几种？这些方式有什么区别?

：将表单数据发送给服务器的常用方式有两种，即 GET 和 POST。

浏览器发送给服务器的 HTTP 请求分为请求头（header）和请求主体（body）两部分。其中必须包含请求头部分，它用于指定发送请求的方式、目的以及其他关键信息；而主体是可选的。在头数据和主体数据之间用一个空白行隔开。

比如，需要发送请求到页面 getstockprice.php，而且需要附带数据 Symbol=MSFT。如果使用 GET 方式发送数据，简化后的请求数据内容如下所示。

```
GET/Trading/GetStockPrice.aspx?Symbol=MSFT HTTP/1.1
Host:localhost
```

如果使用 POST 方式发送数据，则简化后的请求数据内容如下所示。

```
GET/Trading/GetStockPrice.aspx HTTP/1.1
```

```
Host:localhost
Content=Type:application/x-www-form-urlencoded  //表示请求的 MIME 类型
Content-Length:11  //表示请求数据的长度（大小）
Symbol=MSFT
```

由此可见，两种方式的区别主要在于发送数据的方式不同。

另外，当使用 GET 方式向服务器发送表单数据时，表单数据附加在 URL 属性的末端；当使用 POST 方法发送数据时，数据都会放在主体中。

20. ：请解释一下 JavaScript 的同源策略。

：同源策略是客户端脚本（尤其是 JavaScript）中重要的安全度量标准。它最早出自 Netscape Navigator 2.0，目的是防止某个文档或脚本从多个不同源装载。

这里的同源指的是协议、域名、端口相同。同源策略是一种安全协议，指一段脚本只能读取同一来源的窗口和文档的属性。

21. ：为什么要有同源限制?

：这里举例说明。比如一个黑客，他利用 Iframe 把真正的银行登录页面嵌到他的页面上，当你使用真实的用户名、密码登录时，他的页面就可以通过 JavaScript 读取到你的表单内 input 中的内容，这样用户名、密码就被盗取了。

22. ：Web 应用从服务器主动推送 Data 到客户端有哪些方式?

：有以下几种方式。

（1）Ajax 轮询，即定期发送请求，获取数据。

（2）Commet，即基于 HTTP 长连接的服务器推送技术。

（3）XHR 长轮询，即服务器端定期返回数据，客户端接收数据，并再次发送请求。

（4）WebSocket，即基于 Socket 协议实现数据的推送。

（5）SSE（Server-Send Event），即允许网页获取来自服务器端的更新。

HR 有话说

Ajax 部分的面试题主要考察应试者对 Ajax 模式的理解，应试者要会实现异步请求。当然，随着技术的发展，跨域请求的需求量越来越多，掌握更多的跨域请求技术一定会为你的面试加分。

第 12 章　HTTP 服务与 HTTPS

1. ：HTTP 与 HTTPS 有什么联系？它们的端口号是多少？

：HTTP 通常承载于 TCP 之上，在 HTTP 和 TCP 之间添加一个安全协议层（SSL 或 TSL），这个时候，就成了我们常说的 HTTPS。HTTP 默认的端口号为 80，HTTPS 默认的端口号为 443。

2. ：为什么 HTTPS 更安全？

：在网络请求中，需要有很多服务器、路由器的转发。其中的节点都可能篡改信息，而如果使用 HTTPS，密钥在终点站才有。HTTPS 之所以比 HTTP 安全，是因为它利用 ssl/tls 协议传输。它包含证书、卸载、流量转发、负载均衡、页面适配、浏览器适配、refer 传递等技术，保障了传输过程的安全性。

3. ：关于 HTTP/2 你知道多少？

：HTTP/2 引入了“服务器端推送”（server push）的概念，它允许服务器端在客户端需要数据之前主动将数据发送到客户端缓存中，从而提高性能。

HTTP/2 提供更多的加密支持。

HTTP/2 使用多路技术，允许多个消息在一个连接上同时交差。

它增加了头压缩（header compression），因此请求非常小，请求和响应的 header 都只会占用很小的带宽比例。

4. ：说出你知道的 HTTP 常见状态码。

：（1）100 Continue 表示继续，一般在发送 post 请求时，已发送了 HTTP header 之后，服务器端将返回此信息，表示确认，之后发送具体参数信息。

（2）200 OK 表示正常返回信息。

（3）201 Created 表示请求成功并且服务器创建了新的资源。

（4）202 Accepted 表示服务器已接受请求，但尚未处理。

（5）301 Moved Permanently 表示请求的网页已永久移动到新位置。

（6）302 Found 表示临时性重定向。

（7）303 See Other 表示临时性重定向，且总是使用 GET 请求新的 URI。

（8）304 Not Modified 表示自从上次请求后，请求的网页未修改过。

（9）400 Bad Request 表示服务器无法理解请求的格式，客户端不应当尝试再次使用相同的内容发起请求。

（10）401 Unauthorized 表示请求未授权。

（11）403 Forbidden 表示禁止访问。

（12）404 Not Found 表示找不到如何与 URI 相匹配的资源。

（13）500 Internal Server Error 表示最常见的服务器端错误。

（14）503 Service Unavailable 表示服务器端暂时无法处理请求（可能是过载或维护）。

5. ：完整的HTTP事务流程是怎样的?

：基本流程如下。

（1）域名解析。

（2）发起 TCP 的 3 次握手。

（3）建立 TCP 连接后发起 HTTP 请求。

（4）服务器端响应 HTTP 请求，浏览器得到 HTML 代码。

（5）浏览器解析 HTML 代码，并请求 HTML 代码中的资源。

（6）浏览器对页面进行渲染并呈现给用户。

6. ：实现一个简单的HTTP服务器。

：在 Node.js 中加载 HTTP 模块，并创建服务器，监听端口。

代码如下所示。

```
var http = require('http'); // 加载 HTTP 模块

http.createServer(function(req, res) {
    res.writeHead(200, {'Content-Type': 'text/html'}); // 200 代表状态成功，文档类型是
                                                     //给浏览器识别用的
    res.write('<meta charset="UTF-8"> <h1>爱创课堂</h1>'); // 返回给客户端的 HTML 数据
    res.end(); // 结束输出流
}).listen(3000); // 绑定 3000
```

7. ：什么是HTTP?

：HTTP 是客户端和服务器端之间数据传输的格式规范，表示“超文本传输协议”。

8. ：什么是HTTP无状态协议？如何克服HTTP无状态协议的缺陷?

：（1）无状态协议对于事务处理没有记忆能力。缺少状态意味着如果后续需要处理，需要前面提供的信息。

（2）克服无状态协议缺陷的办法是通过 cookie 和会话保存信息。

9. ：HTTP的请求报文和响应报文包含哪些部分?

：请求报文包含 3 部分。

（1）请求行，包含请求方法、URI、HTTP 版本信息。

（2）请求首部字段。

（3）请求内容实体。

响应报文包含3部分。

（1）状态行，包含HTTP版本、状态码、状态码的原因短语。

（2）响应首部字段。

（3）响应内容实体。

10. ：HTTP中有哪些请求方式？

：（1）GET：请求访问已经被URI（统一资源标识符）识别的资源，可以通过URL，给服务器传递参数数据。

（2）POST：传输信息给服务器，主要功能与GET方法类似，但传递的数据量通常不受限制。

（3）PUT：传输文件，报文主体中包含文件内容，保存到对应URI位置。

（4）HEAD：获得报文首部，与GET方法类似，只是不返回报文主体，一般用于验证URI是否有效。

（5）DELETE：删除文件，与PUT方法相反，删除对应URI位置的文件。

（6）OPTIONS：查询相应URI支持的HTTP方法。

11. ：HTTP协议中1.0版本规范与1.1版本规范的区别是什么？

：在HTTP 1.0中，当建立连接后，客户端发送一个请求，服务器端返回一个信息后就关闭连接，当浏览器下次请求的时候又要建立连接。显然，这种不断建立连接的方式会造成很多问题。

在HTTP 1.1中，引入了持续连接的概念。通过这种连接，浏览器可以在建立一个连接之后，发送请求并得到返回信息，然后继续发送请求再次等到返回信息。也就是说，客户端可以连续发送多个请求，而不用等待每一个响应的到来。

12. ：HTTP的首部字段包括哪些类型？

：（1）通用首部字段（请求报文与响应报文都会使用的首部字段）。它包括以下几部分。

- Date：创建报文的时间。
- Connection：连接的管理。
- Cache-Control：缓存的控制。
- Transfer-Encoding：报文主体的传输编码方式。

（2）请求首部字段（请求报文会使用的首部字段）。它包括以下几部分。

- Host：请求资源所在服务器。
- Accept：可处理的媒体类型。
- Accept-Charset：可接受的字符集。

- Accept-Encoding：可接受的内容编码。
- Accept-Language：可接受的自然语言。

（3）响应首部字段（响应报文会使用的首部字段）。它包括以下几部分。

- Accept-Ranges：可接受的字节范围。
- Location：令客户端重新定向到的URI。
- Server：HTTP服务器的安装信息。

（4）实体首部字段（请求报文与响应报文的实体部分使用的首部字段）。它包括以下几部分。

- Allow：资源可支持的HTTP方法。
- Content-Type：实体主体的类型。
- Content-Encoding：实体主体使用的编码方式。
- Content-Language：实体主体的自然语言。
- Content-Length：实体主体的字节数。
- Content-Range：实体主体的位置范围，一般用于发出部分请求时使用。

13. ：与HTTPS相比，HTTP有什么缺点？

：HTTP的缺点如下。

（1）通信使用明文，不加密，内容可能被窃听，也就是被抓包分析。

（2）不验证通信方身份，可能遭到伪装。

（3）无法验证报文完整性，可能被篡改。

HTTPS就是HTTP+加密处理（一般是SSL安全通信线路）+认证+完整性保护。

14. ：如何优化HTTP请求？

：利用负载均衡优化和加速HTTP应用请求；利用HTTP缓存来优化网站请求。

15. ：HTTP协议有哪些特征？

：支持客户端/服务器模式，简单快速，灵活，无连接，无状态。

16. ：HTTP 1.1版本的新特性有哪些？

：新特性如下所示。

（1）默认持久连接，节省通信量，只要客户端/服务端中任意一端没有明确指出断开TCP连接，就一直保持连接，可以多次发送HTTP请求。

（2）管线化，客户端可以同时发出多个HTTP请求，而不用一个个等待响应。

（3）断点续传原理。

17. ：说说TCP传输的三次握手、四次挥手策略。

：为了准确无误地把数据送达目标处，TCP采用了三次握手策略。用TCP把数据包发送出去后，TCP不会对传送后的数据置之不理，它一定会向对方确认是否成功送达。

握手过程中使用了TCP的标志，即SYN和ACK。

发送端首先给接收端发送一个带SYN标志的数据包。接收端收到后，回传一个带有SYN/ACK标志的数据包以表示正确传达，并确认信息。最后，发送端再回传一个带ACK标志的数据包，代表“握手”结束。若在握手过程中的某个阶段莫名中断，TCP会再次以相同的顺序发送相同的数据包。

断开一个TCP连接则需要“四次握手”。

- 第一次握手：主动关闭方发送一个FIN，用来关闭主动关闭方到被动关闭方的数据传送，也就是主动关闭方告诉被动关闭方，主动关闭方已经不会再给被动关闭方发送数据了（当然，在FIN包之前发送出去的数据，如果没有收到对应的ACK确认报文，主动关闭方依然会重发这些数据），但是，此时主动关闭方还可以接收数据。
- 第二次握手：被动关闭方收到FIN包后，给对方发送一个ACK，确认序号为收到序号+1（与SYN相同，一个FIN占用一个序号）。
- 第三次握手：被动关闭方发送一个FIN，用来关闭被动关闭方到主动关闭方的数据传送，也就是告诉主动关闭方，被动关闭方的数据也发送完了，不会再给主动关闭方发送数据了。
- 第四次握手：主动关闭方收到FIN后，给被动关闭方发送一个ACK，确认序号为收到序号+1，至此，完成四次握手。

18. ：说说TCP和UDP的区别。

：TCP（Transmission Control Protocol，传输控制协议）是基于连接的协议，也就是说，在正式收发数据前，必须和对方建立可靠的连接。一个TCP连接必须要经过3次“对话”才能建立起来。

UDP（User Datagram Protocol，用户数据报协议）是与TCP相对应的协议。它是面向非连接的协议，它不与对方建立连接，而是直接就把数据包发送过去。UDP适用于一次只传送少量数据、对可靠性要求不高的应用环境。

19. ：一个页面从输入URL到页面加载显示完成，这个过程中都发生了什么？

：整个过程可分为4个步骤。

（1）当发送一个URL请求时，不管这个URL是Web页面的URL还是Web页面上每个资源的URL，浏览器都会开启一个线程来处理这个请求，同时在远程DNS服务器上启动一个DNS查询。这能使浏览器获得请求对应的IP地址。

（2）浏览器与远程Web服务器通过TCP三次握手协商来建立一个TCP/IP连接。该握手包括一个同步报文、一个同步-应答报文和一个应答报文，这3个报文在浏览器和服务器之间传递。该握手首先由客户端尝试建立起通信，然后服务器应答并接受客户端的请求，最后由客户端发出已经接受该请求的报文。

（3）一旦TCP/IP连接建立，浏览器会通过该连接向远程服务器发送HTTP的GET请求。远程服务器找到资源并使用HTTP响应返回该资源，值为200的HTTP响应状态码表示一个正确的响应。

（4）此时Web服务器提供资源服务，客户端开始下载资源。请求返回后，便进入了浏览器端模块。浏览器会解析HTML生成DOM Tree，其次会根据CSS生成CSS规则树，而JavaScript又可以根据DOM API操作DOM。

20. ：网络分层模型有哪七层？

：七层分别是应用（Application）层、表示（Presentation）层、会话（Session）层、传输（Transport）层、网络（Network）层、数据链路（Link）层和物理（Physical）层。

每一层的作用如下。

- 应用层：允许访问OSI环境的手段。
- 表示层：对数据进行翻译、加密和压缩。
- 会话层：建立、管理和终止会话。
- 传输层：提供端到端的可靠报文传递和错误恢复。
- 网络层：负责数据包从源到宿的传递和网际互联。
- 数据链路层：将比特组装成帧并实现点到点的传递。
- 物理层：通过媒介传输比特，确定机械及电气规范。

21. ：网络七层模型中，你所熟知的协议有哪些？

：有以下几种协议。

- ICMP，即因特网控制报文协议。它是TCP/IP协议族的一个子协议，用于在IP主机、路由器之间传递控制消息。
- TFTP，即TCP/IP协议族中一个用来在客户机与服务器之间进行简单文件传输的协议，提供不复杂、开销不大的文件传输服务。
- HTTP，即超文本传输协议，是一个属于应用层的面向对象的协议，由于其简捷、快速的方式，适用于分布式超媒体信息系统。
- DHCP，即动态主机配置协议，是一种让系统得以连接到网络并获取所需要配置参数的手段。

22. ：讲讲304缓存的原理。

：服务器首先为请求生成ETag，服务器可在稍后的请求中，使用它来判断页面是否已经修改。本质上，客户端通过将该记号传回服务器要求服务器验证其（客户端）是否缓存。

304是HTTP状态码，服务器用它来标识这个文件没有修改，不返回内容，浏览器在接收到个状态码后，会使用浏览器已缓存的文件。

客户端请求页面A。服务器返回页面A，并给A加上一个ETag。客户端展现该页面，并将页面连同 ETag 一起缓存。客户端再次请求页面 A，并将上次请求时服务器返回的 ETag 一起传递给服务器。服务器检查该 ETag，并判断出该页面自上次客户端请求之后还未被修改，直接返回响应 304（未修改——Not Modified）和一个空的响应体。

23. ：什么是 Etag？

：当发送一个服务器请求时，浏览器首先会进行缓存过期判断。浏览器根据缓存过期时间判断缓存文件是否过期。

若没有过期，则不向服务器发送请求，直接使用缓存中的结果。此时，我们在浏览器控制台中可以看到 200 OK（from cache），这种情况就是完全使用缓存，浏览器和服务器没有任何交互。

若已过期，则向服务器发送请求。此时，请求中会带上文件修改时间和 Etag，然后，进行资源更新判断。

服务器根据浏览器传过来的文件修改时间，判断自浏览器上一次请求之后，文件是否被修改过。根据 Etag，判断文件内容自上一次请求之后，有没有发生变化。

若两种判断的结论都是文件没有被修改过，服务器就不给浏览器发送新的内容，而是直接告诉浏览器，文件没有被修改过，可以继续使用缓存——304 Not Modified。此时，浏览器就会从本地缓存中获取请求资源的内容，这种情况叫协议缓存，浏览器和服务器之间有一次请求交互。

若修改时间或文件内容判断中有任意一个没有通过，则服务器会受理此次请求，并返回新的数据。

注意，只有 get 请求会被缓存，post 请求不会。

24. ：说说 ETag 的应用。

：Etag 由服务器端生成，客户端通过 If-Match 或者 If-None-Match 这个条件判断请求来验证资源是否修改。常见的是使用 If-None-Match。请求一个文件的流程如下。

第一次请求时，客户端发起 HTTP GET 请求，以获取一个文件，服务器处理请求，返回文件内容和请求头（包括 Etag），并返回状态码 200。

第二次请求时，客户端发起 HTTP GET 请求，以获取一个文件。注意，这个时候客户端同时发送一个 If-None-Match 头，这个头的内容就是第一次请求时服务器返回的 Etag。服务器判断发送过来的 Etag 和计算出来的 Etag 是否匹配。如果 If-None-Match 为 False，不返回 200，返回 304，客户端继续使用本地缓存。如果服务器设置了 Cache-Control:max-age 和 Expires，服务器端在完全匹配 If-Modified-Since 和 If-None-Match 后，即检查完修改时间和 Etag 之后，才能返回 304。

25. ：Expires 和 Cache-Control 的作用是什么？

：Expires 要求客户端和服务器端的时间严格同步。HTTP 1.1 引入 Cache-Control

来克服 Expires 头的限制。如果 max-age 和 Expires 同时出现，则 max-age 有更高的优先级。

具体代码如下所示。

```
Cache-Control: no-cache, private, max-age=0
ETag: "8b4c-55f16e2e30000"
Expires: Thu, 02 Dec 2027 11:37:56 GMT
Last-Modified: Wed, 29 Nov 2017 03:39:44 GMT
```

26. ：什么是反向代理?

：反向代理（Reverse Proxy）是指通过代理服务器来接收互联网上的连接请求，然后将请求转发给内部网络上的服务器，并把从服务器上得到的结果返回给互联网上请求连接的客户端，此时代理服务器对外就表现为一个反向代理服务器。

HR 有话说

Web 前端就是当用户在浏览器地址栏中输入一行字母看到的页面结果。然而，从输入字母到看到页面中都发生了什么，数据是怎么得到的？这些都离不开 HTTP/HTTPS。然而，这部分内容通常被读者忽略，所以应试者需要收集与之相关的知识，这也是读者应该掌握的。

第 13 章　Node.js

1. 🧑：你了解 Node.js 吗？

🧑：Node.js 是一个基于 Chrome V8 引擎的服务器端 JavaScript 运行环境；Node.js 是一个事件驱动、非阻塞式 I/O 的模型，轻量而又高效；Node.js 的包管理器 npm 是全球最大的开源库生态系统。

2. 🧑：Node.js 的使用场景是什么？

🧑：高并发、实时聊天、实时消息推送、客户端逻辑强大的 SPA（单页面应用程序）。

3. 🧑：为什么要用 Node.js？

🧑：原因如下。

（1）简单，Node.js 用 JavaScript、JSON 进行编码，简单好学。

（2）功能强大，非阻塞式 I/O，在较慢的网络环境中，可以分块传输数据，事件驱动，擅长高并发访问。

（3）轻量级，Node.js 本身既是代码又是服务器，前后端使用同一语言。

（4）可扩展，可以轻松应对多实例、多服务器架构，同时有海量的第三方应用组件。

4. 🧑：Node.js 有哪些全局对象？

🧑：global、process、console、module 和 exports。

5. 🧑：process 有哪些常用方法？

🧑：process.stdin、process.stdout、process.stderr、process.on、process.env、process.argv、process.arch、process.platform、process.exit。

6. 🧑：console 有哪些常用方法？

🧑：console.log/console.info、console.error/console.warning、console.time/console.timeEnd、console.trace、console.table。

7. 🧑：Node.js 有哪些定时功能？

🧑：setTimeout/clearTimeout、setInterval/clearInterval、setImmediate/clearImmediate、process.nextTick。

8. 🧑：Node.js 中的事件循环是什么样的？

🧑：事件循环其实就是一个事件队列，先加入先执行，执行完一次队列，再次循环遍历看有没有新事件加入队列。执行中的事件叫 IO 事件，setImmediate 在当前队列中立即执行，

setTimout/setInterval 把执行定时到下一个队列，process.nextTick 在当前队列执行完，下次遍历前执行。所以总体顺序是: IO 事件→setImmediate→setTimeout/setInterval→process.nextTick。

9. ：如何应用 Node.js 中的 Buffer?

：Buffer 是用来处理二进制数据的，比如图片、MP3、数据库文件等。Buffer 支持各种编码解码、二进制字符串互转。

10. ：Node.js 中的异步和同步如何理解?

：Node.js 是单线程的，异步是通过一次次的循环事件队列来实现的。同步则是阻塞式的 IO，这在高并发环境中会是一个很大的性能问题，所以同步一般只在基础框架启动时使用，用来加载配置文件、初始化程序等。

11. ：通过哪些方法可以进行异步流程的控制?

：通过以下方法可以进行异步流程的控制。

（1）多层嵌套回调。

（2）为每一个回调写单独的函数，函数里边再回调。

（3）用第三方框架，如 async、q、promise 等。

12. ：通过哪些常用方法可以防止程序崩溃?

：通过以下方法可以防止程序崩溃。

（1）try-catch-finally。

（2）EventEmitter/Stream error 事件处理。

（3）domain 统一控制。

（4）jshint 静态检查。

（5）jasmine/mocha 单元测试。

13. ：怎样调试 Node.js 程序?

：用 node--debug app.js 和 node-inspector。

14. ：Node.js 的网络模块都有哪些?

：Node.js 全面支持各种网络服务器和客户端，包括 TCP、HTTP/HTTPS、TCP、UDP、DNS、tls/ssl 等。

15. ：Node.js 是怎样支持 HTTPS、tls 的?

：主要通过以下几个步骤支持。

（1）使用 openssl 生成公钥、私钥。

（2）服务器或客户端使用 HTTPS 替代 HTTP。

（3）服务器或客户端加载公钥、私钥证书。

16. ：什么是 Node.js?

：Node.js 是一个 JavaScript 的运行环境，是一个服务器端的“JavaScript 解释器”，用于方便高效地搭建一些响应速度快、易于扩展的网络应用。它采用事件驱动、异步编程方式，为网络服务而设计。

17. ：Node.js 的优缺点是什么？

：优点如下。

（1）Node.js 是基于事件驱动和无阻塞的，非常适合处理并发请求，因此构建在 Node.js 上的代理服务器相比其他技术实现的服务器要好一点。

（2）与 Node.js 代理服务器交互的客户端代码由 JavaScript 语言编写，客户端与服务端都采用一种语言编写。

缺点如下。

（1）Node.js 是一个相对新的开源项目，不太稳定，变化速度快。

（2）不适合 CPU 密集型应用，如果有长时间运行的计算（比如大循环），将会导致 CPU 时间片不能释放，使得后续 I/O 无法发起。

18. ：npm 是什么？

：npm 是 Node.js 中管理和分发包的工具，可用于安装、卸载、发布、查看包等。

19. ：npm 的好处是什么？

：通过 npm，可以安装和管理项目的依赖，还可以指明依赖项的具体版本号。

20. ：Node.js 中导入模块和导入 JavaScript 文件在写法上有什么区别？

：在 Node.js 中要导入模块，直接使用名字导入即可，如下所示。

```
var express = require("express");
```

要导入 JavaScript 文件，需要使用文件的路径，如下所示。

```
var demo = require("./demo.js");
```

21. ：npm 的作用是什么？

：npm 是同 Node.js 一起安装的包管理工具，能解决 Node.js 代码部署上的很多问题。常见的使用场景有以下几种。

（1）允许用户从 npm 服务器下载别人编写的第三方包到本地。

（2）允许用户从 npm 服务器下载并安装别人编写的命令行程序到本地。

（3）允许用户将自己编写的包或命令行程序上传到 npm 服务器供别人使用。

22. ：什么是 EventEmitter？

：EventEmitter 是 Node.js 中一个实现观察者模式的类，主要功能是订阅和发布消息，用于解决多模块交互而产生的模块之间的耦合问题。

23. ：如何实现一个 EventEmitter？

：可通过 3 步实现 EventEmitter。定义一个子类，通过寄生组合式继承，继承 EventEmitter

父类，代码如下。

```
var Util = require('util');
var EventEmitter = require('events').EventEmitter;
function IcktEmitter() {
    EventEmitter.apply(this, arguments)
}
Util.inherits(IcktEmitter, EventEmitter);

var ie = new IcktEmitter();
    ie.on('icketang', function(data) {
console.log('接收到消息', data)
})
ie.emit('icketang', '来自爱创课堂的消息');
```

24. ：EventEmitter 有哪些典型应用?

：有以下应用。

（1）在模块间传递消息。

（2）在回调函数内外传递消息。

（3）处理流数据，因为流是在 EventEmitter 的基础上实现的。

（4）运用观察者模式收发消息的相关应用。

25. ：如何捕获 EventEmitter 的错误事件?

：当发布 error 消息的时候，如果没有注册该事件，应用程序会抛出错误并中断执行。所以要监听 error 事件，代码如下。

```
var ie = new IcktEmitter();
ie.on('error', function(err) {
    console.log('接收到错误的信息', err)
})
ie.emit('error', '来自 ie1 的错误消息');
```

26. ：Node.js 中的流是什么?

：流（Stream）是基于 EventEmitter 的数据管理模式，由各种不同的抽象接口组成，主要包括可写、可读、可读写、可转换等类型。

27. ：使用流有什么好处?

：流是非阻塞式数据处理模式，可以提升效率，节省内存，有助于处理管道且可扩展等。

28. ：流有哪些典型应用?

：流在文件读写、网络请求、数据转换、音频、视频等方面有很广泛的应用。

29. ：如何捕获流的错误事件?

：监听 error 事件，方法与订阅 EventEmitter 的 error 事件相似。

30. ：有哪些常用 Stream 流？分别什么时候使用？

：Readable 流为可读流，在作为输入数据源时使用；Writable 流为可写流，在作为输出源时使用；Duplex 流为可读写流，它作为输出源被写入，同时又作为输入源被后面的流读出。Transform 流和 Duplex 流一样，都是双向流，区别是 Transfrom 流只需要实现一个函数_transfrom(chunk, encoding, callback)；而 Duplex 流需要分别实现_read(size)函数和_write(chunk, encoding, callback)函数。

31. ：如何实现一个 Writable 流？

：实现 Writable 流分成 3 步。

（1）引入 Writable 模块。

（2）继承 Writable 模块。

（3）实现_write(chunk, encoding, callback)写入函数。

代码如下。

```
// 引入 Writable 模块
var Writable = require('stream').Writable;
var Util = require('util');
// 继承 Writable 模块
function IcktWritable() {
    Writable.apply(this, arguments);
}
Util.inherits(IcktWritable, Writable);
// 实现_write 函数
IcktWritable.prototype._write = function(data, encoding, callback) {
    console.log('被写入的数据是：', data.toString())
    callback()
}
var iw = new IcktWritable();
for (var i = 0; i < 5; i++) {
    iw.write('爱创课堂' + i, 'utf8')
}
iw.end('专业前端技术培训学校');
```

32. ：内置的 fs 模块架构由哪几部分组成？

：fs 模块主要由下面几部分组成。

（1）POSIX 文件 Wrapper，对应操作系统的原生文件操作。

（2）文件流，fs.createReadStream 和 fs.createWriteStream。

（3）同步文件读写，fs.readFileSync 和 fs.writeFileSync。

（4）异步文件读写，fs.readFile 和 fs.writeFile。

33. ：读写一个文件有多少种方法？

：总体来说，有 4 种方法。

（1）POSIX 式底层读写。

（2）流式读写。

（3）同步文件读写。

（4）异步文件读写。

34. ：如何读取 JSON 配置文件？

：主要有两种方式。第一种是利用 Node.js 内置的 require('data.json')机制，直接得到 JavaScript 对象；第二种是读入文件内容，然后用 JSON.parse(content)转换成 JavaScript 对象。二者的区别是，对于第一种方式，如果多个模块都加载了同一个 JSON 文件，那么其中一个改变了 JavaScript 对象，其他也跟着改变，这是由 Node.js 模块的缓存机制造成的，缓存中只有一个 JavaScript 模块对象；第二种方式则可以随意改变加载后的 JavaScript 变量，而且各模块互不影响，因为它们都是独立的，存储的是多个 JavaScript 对象。

35. ：fs.watch 和 fs.watchFile 有什么区别？

：二者主要用来监听文件变动，fs.watch 利用操作系统原生机制来监听，可能不适用网络文件系统；fs.watchFile 则定期检查文件状态变更，适用于网络文件系统，但是与 fs.watch 相比有些慢，因为它不采用实时机制。

36. ：为什么需要子进程？

：Node.js 是异步非阻塞的，这对高并发非常有效。可是我们还有其他一些常用的需求，比如和操作系统 shell 命令交互，调用可执行文件，创建子进程，进行阻塞式访问或高 CPU 计算等，子进程就是为满足这些需求而产生的。顾名思义，子进程就是把 Node.js 阻塞的工作交给子进程去做。

37. ：exec、execFile、spawn 和 fork 都是做什么用的？

：它们的作用分别如下。

- exec 可以用操作系统原生的方式执行各种命令，如管道 cat ab.txt | grep hello。
- execFile 用于执行一个文件。
- spawn 负责在流式和操作系统之间进行交互。
- fork 负责在两个 Node.js 程序（JavaScript）之间进行交互。

38. ：如何实现一个简单的命令行交互程序？

：实现代码如下。

```
var cp = require('child_process');
// 执行指令
var child = cp.spawn('echo', ['hello', 'icketang']);
// child.stdout 是输入流，process.stdout 是输出流
// 子进程的输出流作为当前程序的输入流，然后重定向到当前程序的控制器输出
child.stdout.pipe(process.stdout)
```

39. ：两个 Node.js 程序之间如何交互？

：通过 fork 实现父子程序之间的交互。子程序用 process.on、process.send 访问父程序，父程序用 child.on、child.send 访问子程序。

关于 parent.js 的示例代码如下。

```
var cp = require('child_process');
var child = cp.fork('./child.js');
child.on('message', function(msg) {
    console.log('子程序发送的数据：', msg)
})
child.send('来自父程序发送的数据')
```

关于 child.js 的示例代码如下。

```
process.on('message', function(msg) {
    console.log('父程序发送的数据：', msg)
    process.send('来自子程序发送的数据')
})
```

40. ：如何让一个 JavaScript 文件变得像 Linux 命令一样可执行？

：具体步骤如下。

（1）在文件头部加入#!/bin/sh。

```
如 icketang40.js
#!/bin/sh
echo '爱创课堂——专业前端培训学校';
```

（2）用 chmod 命令把名为 icketang40 的 JavaScript 文件改为可执行文件。

```
chmod +x icketang40.js
```

（3）进入文件目录，在命令行输入 icketang40.js 就相当于执行 node icketang40.js。

```
$ ./icketang40.js
```

执行结果如下所示。

```
$ ./icketang40.js
爱创课堂-专业前端培训学校
```

41. ：子进程和进程的 stdin、stdout、stderror 是一样的吗？

：概念都是一样的。stdin、stdout、stderror 分别是输入、输出、错误。三者都是流。区别是在父进程里，子进程的 stdout 是输入流，stdin 是输出流。

42. ：async 都有哪些常用方法？分别怎么用？

：async 是一个 JavaScript 类库，它的目的是解决 JavaScript 中异常流程难以控制的问题。async 不仅在 Node.js 里适用，还可以用在浏览器中。其常用方法和用法如下。

具体代码如下所示。

```
var async = require('async');
var date = Date.now();
```

（1）async.parallel：并行执行完多个函数后，调用结束函数。不用等到前一个函数。执行完再执行下一个函数。

```
async.parallel([
    function(callback) {
        setTimeout(function() {
            console.log('process one', Date.now() - date)
            callback(null, 'msg one')
        }, 2000)
    },
    function(callback) {
        setTimeout(function() {
            console.log('process tow', Date.now() - date)
            callback(null, 'msg tow')
        }, 1000)
    }
], function(err, result) {
    console.log(err, result, 'done')
})
```

（2）async.series：串行执行完多个函数后，调用结束函数。前面一个函数执行完之后，就会立即执行下一个函数。

```
async.series([
    function(callback) {
        setTimeout(function() {
            console.log('process one', Date.now() - date)
            callback(null, 'msg one')
        }, 2000)
    },
    function(callback) {
        setTimeout(function() {
            console.log('process tow', Date.now() - date)
            callback(null, 'msg tow')
        }, 1000)
    }
], function(err, result) {
    console.log(err, result, 'done')
})
```

（3）async.waterfall：依次执行多个函数，前一个函数的执行结果作为后一个函数执行时的参数。

```
async.waterfall([
    function(callback) {
        setTimeout(function() {
```

```
            console.log('process one', Date.now() - date)
            callback(null, 'msg one')
        }, 2000)
    },
    function(arg1, callback) {
        setTimeout(function() {
            console.log('process tow', Date.now() - date, arg1)
            callback(null, 'msg tow')
        }, 1000)
    }
], function(err, result) {
    console.log(err, result, 'done')
})
```

43. ：express 项目的目录大致是什么结构的？

：首先，执行安装 express 的指令：npm install express-generator-g。

然后，通过 express 指令创建项目：express icketang。

创建的项目目录结构如下。

```
./app.js            应用核心配置文件（入口文件）
./bin               存放启动项目的脚本文件
./package.json      存储项目的信息及模块依赖
./public            静态文件（css、js、img 等）
./routes            路由文件（MVC 中的 controller）
./views             页面文件（jade 模板）
```

44. ：express 常用函数有哪些？

：常用函数有以下几个。

- express.Router——路由组件。
- app.get——路由定向。
- app.configure——配置。
- app.set——设定参数。
- app.use——使用中间件。

45. ：express 中如何获取路由的参数？

：执行的命令如下。

```
/users/:name
```

使用 req.params.name 来获取；使用 req.body.username 来获得表单传入参数 username；express 的路由支持常用通配符有？、+、*、()。

46. ：express response 有哪些常用方法？

：常用方法有以下几个。

- res.download()，弹出文件下载。

- res.end()，结束响应。
- res.json()，返回 json。
- res.jsonp()，返回 jsonp。
- res.redirect()，重定向请求。
- res.render()，渲染模板。
- res.send()，返回多种形式数据。
- res.sendFile，返回文件。
- res.sendStatus()，返回状态。

47. ：mongodb 有哪些常用优化措施？

：常用优化措施如下。

（1）优化预读。

（2）禁用 NUMA。

（3）不要记录访问时间等。

48. ：Redis 的主要特点是什么？

：主要特点如下。

（1）Redis 支持数据的持久化，可以将内存中的数据保存在磁盘中，重启的时候可以再次加载和使用。

（2）Redis 不仅支持简单的键-值类型的数据，同时还提供 list、set、zset、hash 等数据结构的存储。

（3）Redis 支持数据的备份，即主-从模式的数据备份。

49. ：Nginx 和 Apache 有什么区别？

：Nginx 是轻量级的，同样的 Web 服务在 Nginx 中会占用更少的内存和资源。Nginx 抗并发，处理请求的方式是异步非阻塞的，负载能力比 Apache 高很多，而 Apache 则是阻塞型的。在高并发下 Nginx 能保持低资源、低消耗、高性能，并且处理静态文件比 Apache 好。Nginx 的设计高度模块化，编写模块相对简单，配置简洁。作为负载均衡服务器，支持 7 层负载均衡，是一个反向代理服务器。社区活跃，各种高性能模块出品迅速。

Apache 的 rewrite 比 Nginx 强大，模块丰富。Apache 发展得更为成熟，Bug 很少，更加稳定。Apache 对 PHP 的支持比较简单，Nginx 需要配合其他后端使用。Apache 处理动态请求有优势，拥有丰富的特性、成熟的技术和开发社区。

50. ：说说线程与进程的区别。

：（1）一个程序至少有一个进程，一个进程至少有一个线程。

（2）线程的划分尺度小于进程，使得多线程程序的并发性高。

（3）进程在执行过程中拥有独立的内存单元，而多个线程共享内存，极大地提高了程序的运行效率。

（4）线程在执行过程中与进程有区别。每个独立的线程都有程序运行的入口、顺序执行序列和程序的出口。但是线程不能够独立执行，必须依存在应用程序中，由应用程序提供多个线程执行控制。

（5）从逻辑角度来看，多线程的意义在于一个应用程序中，有多个执行部分可以同时执行。但操作系统并没有将多个线程看作多个独立的应用来实现进程的调度、管理和资源分配。这是进程和线程的主要区别。

51. ：你知道哪些 Node.js 核心模块？

：EventEmitter、Stream、FS、Net 和全局对象等。

52. ：说说 MySQL 和 MongoDB 的区别。

：（1）MySQL 是传统的关系型数据库，MongoDB 则是非关系型数据库。

（2）MongoDB 以 BSON 结构进行存储，在存储海量数据方面有着很明显的优势。

（3）与传统关系型数据库相比，NoSQL 有着非常显著的性能和扩展性优势。

（4）与传统的关系型数据库（如与 MySQL）相比，MongoDB 的优点如下。

① 弱一致性（最终一致），更能保证用户的访问速度。

② 使用文档结构的存储方式，能够更便捷地获取数据。

53. ：谈谈栈和堆的区别。

：区别如下。

（1）栈（stack）区由编译器自动分配和释放，存放函数的参数值、局部变量的值等。堆（heap）区一般由程序员分配和释放，若程序员不释放，程序结束时可能由 OS 回收。

（2）堆（数据结构）可以被看成一棵树，如堆排序。栈（数据结构）是一种先进后出的数据结构。

HR 有话说

说到前端就不得不提到后端，我们给用户展示页面所需的数据正是从后端获取的，所以了解后端的运行原理和技术的实现很有必要。Node.js 是一个不错的选择，它是基于 JavaScript 语法的一套服务器端（后端）语言。想要在企业中做得更好，读者需要更多地了解它，并掌握它的有关用法。

第 14 章　EMAScript 5

1. ：说说严格模式的限制。

：严格模式主要有以下限制。

- 变量必须声明后再使用。
- 函数的参数不能有同名参数，否则报错。
- 不能使用 with 语句。
- 不能对只读属性赋值，否则报错。
- 不能使用八进制数，否则报错。
- 不能使用特殊字符，如\012，否则报错。
- 不能使用 delete 删除变量、方法等，只能用 delete 删除对象的属性。
- eval 不会在它的外层作用域引入变量。
- eval 和 arguments 不能被重新赋值。
- arguments 不会自动反映函数参数的变化。

小铭提醒

function demo(key) {"use strict";arguments[0] = 100; console.log(key)}; demo(200)//输出 200。

- 不能使用 arguments.callee。
- 不能使用 arguments.caller。
- 禁止 this 指向全局对象。
- 不能使用 fn.caller 和 fn.arguments 获取函数调用的栈。
- 增加了保留字（如 protected、static 和 interface）。

2. ：为什么要设置严格模式?

：设立“严格模式”的目的，主要有以下几个。

- 消除 JavaScript 语法的一些不合理、不严谨之处，减少一些怪异行为。
- 消除代码运行的一些不安全之处，保证代码运行的安全。
- 提高编译器效率，增加运行速度。
- 为未来新版本的 JavaScript 做好铺垫。

IE 从版本 10 开始支持严格模式。

3. 问：在 JavaScript 源文件的开头包含“use strict”有什么意义和好处?

答：use strict 是一种在 JavaScript 代码运行时自动实行更严格解析和错误处理的方法。那些被忽略的代码错误，会产生错误并抛出异常。通常而言，这是一个很好的做法。

严格模式的主要优点如下。

- 使调试更加容易。那些被忽略的代码错误，会产生错误或抛出异常，因此尽早解决代码中的问题，才能使代码更安全可靠。
- 防止意外的全局变量。如果没有严格模式，将值分配给一个未声明的变量会自动创建该名称的全局变量，这是 JavaScript 中最常见的错误之一。在严格模式下，这样做会抛出错误。
- 消除 this 的无效引用。如果没有严格模式，在全局方法执行时，this 会执行全局对象（window），通过 this 添加的数据变量，会自动添加到全局变量中，这可能会产生许多 Bug。在严格模式下，在全局方法执行时，引用 this 赋值会抛出错误。
- 不允许重复的属性名称或参数值。当检测到对象（如 var object = {foo: "bar", foo: "baz"};）中重复命名的属性或检测到函数中（如 function foo(val1, val2, val1){}）重复命名的参数时，严格模式会抛出错误（目前绝大部分浏览器对重复属性未做处理），因此可以捕捉代码中可以明确的 Bug，避免浪费大量的跟踪时间。
- 使 eval()更安全。在严格模式和非严格模式下，eval()的行为方式有所不同。显而易见的是，在严格模式下，变量和声明在 eval()语句内部的函数不会在包含的范围内创建（它们会在非严格模式下包含的范围中创建，这也是一个常见的问题）。
- 在 delete 使用无效时抛出错误 delete 操作符（用于从对象中删除属性），不能用在对象不可配置的属性上。当试图删除一个不可配置的属性时，非严格代码将出错，而严格模式代码将在这样的情况下抛出异常。

HR 有话说

EMAScript 5 部分的面试题主要包括 EMAScript 5 对 JavaScript 原有语法的拓展，其中最重要的就是严格模式，读者需要熟悉并掌握相关内容。当然，还有很多好的技术，例如特性、函数绑定、对象冻结与封闭、数组拓展等。

第 15 章 EMAScript 6

1. ：你对 EMAScript 6 了解多少?

：主要了解以下方面。

- 新增了模板字符串 ‘${}’（为 JavaScript 提供了简单的字符串插值功能）。
- 箭头函数（操作符左边为参数集合，右边是函数体 Inputs=>outputs）。
- for-of（用来遍历实现迭代器接口的数据）。
- 获取剩余参数（arg...）语法代替 arguments 对象。
- 定义默认参数语法（key = value）。
- EMAScript 6 将 Promise 对象纳入规范，提供了原生的 Promise 对象。
- 增加了 let 关键字以定义块作用域的变量。
- 增加了 const 以定义常量。
- EMAScript 6 规定，var 关键字和 function 关键字声明的全局变量，属于全局对象的属性。let 关键字、const 关键字、class 关键字声明的全局变量，不属于全局对象的属性。
- 增加了 Symbol 数据类型。
- 引入 module 模块的概念等。

小铭提醒

ES Module 规范，在 EMAScript 6 规范定稿前临时移除，已纳入后面的版本中。

2. ：举例说明 EMAScript 6 中新增的特性。

：新增的特性包括以下几个。

- EMAScript 6 用 let 关键字声明的变量，用法和 var 差不多，但是 let 为 JavaScript 新增了块级作用域，EMAScript 5 中并没有块级作用域，并且 let 不能重复定义变量，定义的变量也不能声明前置。
- EMAScript 6 支持解构语法，比如数组解构（var [a,b,c] = [0,1,2]）。
- EMAScript 6 中不再像 EMAScript 5 那样使用原型链实现继承，而是用 Class 关键字定义类，用 extends 实现继承。
- EMAScript 6 中的函数定义也不再使用关键字 function，而是使用箭头函数（()=>{}）来定义函数。
- EMAScript 6 中可以为形参设置默认参数，如 function A（x,y=9）{}。

3. ：Promise 有哪些特点？

：EMAScript 6 原生提供了 Promise 对象，它是用来处理异步操作的。它代表了某个未来才会知道结果的事件（通常是一个异步操作），并且这个事件提供统一的 API，可供进一步处理。

Promise 对象有以下两个特点。

（1）对象的状态不受外界影响。Promise 对象代表一个异步操作，有 3 种状态，即 Pending（进行中）、Resolved（已完成，之前版本称为 Fulfilled）和 Rejected（已失败）。只有异步操作的结果，可以决定当前是哪一种状态，任何其他操作都无法改变这个状态。这也是 Promise 这个名字的由来，它的英文解释是承诺、允诺，表示其他手段无法改变。

（2）一旦状态改变，就不会再改变，任何时候都可以得到这个结果。Promise 对象的状态改变，只有两种可能，从 Pending 变为 Resolved 和从 Pending 变为 Rejected。只要这两种情况发生，状态就凝固了，会一直保持这个结果，不会再变了。即使对 Promise 对象添加回调函数，也会立即得到这个结果。这与事件（Event）完全不同，事件的特点是，如果你错过了它，再去监听，也无法得到结果。

有了 Promise 对象，就可以将异步操作以同步操作的流程表达出来，避免了层层嵌套的回调函数。此外，Promise 对象提供统一的接口，使得控制异步操作更加容易。

Promise 也有一些缺点。首先，无法取消 Promise，一旦新建，它就会立即执行，无法中途取消。其次，如果不设置回调函数，Promise 内部抛出的错误不会反映到外部。最后，当处于 Pending 状态时，无法得知目前进展到哪一个阶段（刚刚开始还是即将完成）。

4. ：说说你对 Promise 的理解。

：Promise 有 3 种状态。

- Pending 是指初始状态，非 Fulfilled 或 Rejected 状态。
- Resolved 是指成功的操作。
- Rejected 是指失败的操作。

另外，Resolved 与 Rejected 状态合称 Settled 状态。

Promise 对象用来进行延迟（deferred）和异步（asynchronous）操作。

Promise 构造函数最基本的用法如下。

```
let p  = new Promise((resolve, reject) => {
    // 符合成功的条件
    if (condition) {
        // 成功完成
        resolve(result)
    } else {
        // 失败完成
        reject(result)
```

```
    }
});
```

Promise 实例拥有 then 方法（具有 then 方法的对象，通常称为 thenable）。它的使用方法如下。

```
promise.then(onResolved, onRejected)
```

它以两个函数作为参数，一个在解析的时候调用，一个在拒绝的时候调用。接受的参数就是 future（状态改变时传递的数据），onResolved 对应 resolve，onRejected 对应 reject。

5. ：你用过 typescript 吗?

：用过，它是微软出品的一种全新的强类型，面向对象的 JavaScript 语法规范，有很多后端语言的特性。

6. ：在 EMAScript 2016（EMAScript 7）中，新增了哪些特性?

：新增特性如下。

- Array.prototype.includes：如果参数 value 在当前数组中，返回 true；否则，返回 false。

下面结合一个简单的例子来使用 includes 方法。

```
var array=[1, 2, 3];
var result=array.includes(1);
```

此时 result 的值为 true。

注意，includes()能够在数组中寻找 NaN。

- 取幂运算符："**" 表示的是取幂运算。

比如，x**y 等价于 Math.pow(x，y)。var num = 3 ** 2 的运算结果为 9。

7. ：如何用 EMAScript 6 语法实现数组去重?

：实现代码如下。

```
// 在 EMAScript 5 规范中
var arr = [1, 2, 2, 3, 3, 3, 2, 2, 12, 3, 4, 4, 5, 5, 5, 4];
function removeDuplicate(arr) {
    var obj = {};
    arr.forEach(function(item, index) {
        obj[item] = true;
    })
    return Object.keys(obj);
}
console.log(removeDuplicate(arr))   // ["1", "2", "3", "4", "5", "12"]
// 在 EMAScript 6 规范中
let removeDuplicate = arr => [...(new Set([...arr]))];
console.log(removeDuplicate(arr))   // [1, 2, 3, 12, 4, 5]
```

对比两种方式，我们发现在 EMAScript 6 规范中，对数组去重，保留了原成员的数据类型。

8. 👤：如何用 EMAScript 6 语法进行两个数的交换？

👤：具体代码如下。

```
let a = 1, b = 2;
[a, b] = [b, a];
console.log(a); //2
console.log(b); //1
```

9. 👤：为什么要引入 EMAScript 6？

👤：由于浏览器不支持 EMAScript 6，EMAScript 在使用上也和 CoffeeScript 和 TypeScript 一样，都需要编译成 EMAScript 5 规范。

理由一：符合未来趋势，Angular 2 开始使用 TypeScript 实现；React Native 也可以直接使用 EMAScript 6 的语法。

理由二：提高开发效率。

理由三：减少代码量、提高可读性等。

10. 👤：如何让开发环境下的浏览器支持 EMAScript 6 语法？

👤：使用 babel 编译。

11. 👤：EMAScript 6 中 let 关键字支持块级作用域吗？

👤：支持。下面结合以下代码进一步说明。

```
var arr = [];
for (var i = 0; i < 5; i++) {
    arr[i] = function() {
        console.log(i)
    }
}
arr[3]();    // 5
let arr = [];
for (let i = 0; i < 5; i++) {
    arr[i] = function() {
        console.log(i)
    }
}
arr[3]();    // 5
```

let 为 JavaScript 新增了块级作用域，用它声明的变量只在 let 关键字所在的代码块内有效。

12. 👤：说出以下程序的输出结果。

```
var obj = {
    // EMAScript 5 语法
    fn1: function() {
        console.log('fn1', this)
```

```
    },
    // 箭头函数
    fn2: () => {
        console.log('fn3', this)
    }
}
obj.fn1();
obj.fn2();
```

：输出结果如下。

```
obj.fn1();    // obj
obj.fn2();    // window
```

在没有使用箭头函数的情况下，this 指向了 obj。而在使用箭头函数的情况下，this 指向了 window。

13. ：在下面的代码中，如果模板字符串作为标签模板传递给标签函数，当函数接受的参数 arr 在原模板字符串开头或者末尾有变量时，会在对应的起始或末尾位置出现一个空元素‘’，这是为什么?

在原始模板开头有变量时，代码如下。

```
let a = 5;
let b = 10;
tag'${b-a}Hello ${ a + b } world';
function tag(arr,...values){
    console.log(arr); //["", "Hello ", " world", raw: Array[3]]
}
```

在原始模板末尾有变量时，代码如下。

```
let a = 5;
let b = 10;
tag'Hello ${ a + b } world ${ a * b }';
function tag(arr,...values){
    console.log(arr); //["Hello ", " world ", "", raw: Array[3]]
}
```

：这和用 split()拆分字符串是一样的，这里使用${}作为分隔符。分隔符的两边的内容都会产生一个元素。

如果一个字符串中有两个分隔符，就必然会把它拆分成 3 个元素。

- "a|b|c".split("|") 会拆分成 "a""b""c"。
- "|b|c".split("|") 会拆分成 """b""c"。
- "a||c".split("|") 会拆分成 "a""""c"。
- "||".split("|") 会拆分成 """"""。
- "${b-a}Hello ${ a + b } world".split(/\$\{.*?\}/) 会拆分成 """Hello "" world"。

14. ：super 是什么？

：它只是一个关键字。用法为 super(…)或者 super.xxx(…)。

因为 super 的语法定义和 this 不同。this 的定义是 this 这个关键字会被替换成一个引用，而 super 则是 super(…)会被替换成一个调用。除了可以在 constructor 里被直接调用 super 外，还可以使用 super.xxx(…)来调用父类上的某个原型方法，这同样是一种限定语法。

15. ：简述 EMAScript 6 中 Promise 的状态。

：Promise 对象有 3 个状态：Pending、Resolved（Fulfilled）、Rejected，它们分别表示异步操作“未完成”（Pending），异步操作“已完成”（Resolved，又称 Fulfilled），异步操作“失败”（Rejected）。

这 3 种状态的变化途径只有两种：异步操作从“未完成”到“已完成”；异步操作从“未完成”到“失败”。

这种变化只能发生一次，一旦当前状态变为“已完成”或“失败”，就意味着不会再有新的状态变化了。因此，Promise 对象的最终结果只有两种：异步操作成功，Promise 对象传回一个值，状态变为 Resolved；异步操作失败，Promise 对象抛出一个错误，状态变为 Rejected。

16. ：说出下面程序的运行结果。

```
(function(x, f = () => x) {
  var x;
  var y = x;
  x = 2;
  return [x, y, f()];
})(1)
```

：结果为[2, 1, 1]。

在本题中，先定义 x，然后指定函数参数 x=1，接着指定 $y = x$ =1，再接指定 $x = 2$，最后执行 f 函数。如果箭头函数只是表达式，那么它等价于 return 表达式，由于箭头函数的作用域等于定义时的作用域，因此函数定义时 x=1，最后的 return x 等价于 return 1。

17. ：说出以下程序的运行结果。

```
(function() {
        console.log([
            (() => this.x).bind({ x: 'inner' })(),
            (() => this.x)()
        ])
}).call({ x: 'outer' });
```

：结果为['outer', 'outer']。

箭头函数的作用域等于定义时的作用域，所以通过 bind 设置的 this 是无效的。

18. ：说出以下程序的运行结果。

```
let x, { x: y = 1 } = { x }; y;
```

：结果为 1。首先定义 x，然后在赋值的时候会执行一次 $y=1$，最后返回 y。

19. ：说出以下程序的运行结果。

```
(function() {
    let a = this ? class b {} : class c {};
    console.log(typeof a, typeof b, typeof c)
})()
```

：结果为 function undefined undefined。

在定义函数变量时，函数名称只能在函数体中生效。

20. ：说出以下程序的运行结果。

```
(typeof (new (class { class () {} })))
```

：结果为"object"。

题目可以做如下分解。

```
// 定义包含 class 原型方法的类
var Test = class{
  class(){}
};
var test = new Test(); //定义类的实例
typeof test; //输出结果
```

21. ：说出以下程序的运行结果。

```
typeof (new (class F extends (String, Array) { })).substring
```

：结果为"undefined"。

题目可以做如下分解。

```
//由于 JavaScript 的类没有多继承的概念，因此括号被视为表达式
(String, Array) //Array,返回最后一个值
(class F extends Array); //class F 继承 Array
(new (class F extends Array)); //创建 F 的一个实例
(new (class F extends (String, Array) { })).substring;
//由于没有继承 String, Array 没有 substring 方法，因此返回值为 undefined
```

22. ：说出以下程序的运行结果。

```
[...[...'...']].length
```

：结果为 3。

扩展运算符...将后面的对象转换为数组，具体用法是：[...<数据>]。例如，[...'abc'] 等价于["a", "b", "c"]。

23. ：说出以下程序的运行结果。

```
typeof (function* f() { yield f })().next().next()
```

：结果为 error。

题目可以做如下分解。

```
function* f() { yield f }; //定义一个生成器
var g = f();               //执行生成器
var temp = g.next();       //返回第一次时 yield 的值
console.log(temp);         //测试，查看 temp，其实它是一个 object
temp.next();               //对对象调用 next 方法无效
```

24. ：说出以下程序的运行结果。

```
typeof (new class f(){ [f](){ }, f:{ }})['${f}']
```

：结果为 error。

实际上题中的动态属性和模板字符串都是“烟雾弹”，在执行 new class f()的时候，就已经有语法错误了。

25. ：说出以下程序的运行结果。

```
typeof '${{Object}}'.prototype
```

：结果为"undefined"。

题目可以做如下分解。

```
var o = {Object},
  str = '${o}';
typeof str.prototype;
```

26. ：说出以下程序的运行结果。

```
((...x, xs) => console.log(x))(1, 2, 3)
```

：结果为 error。

在 EMAScript 6 中，Rest 参数只能放在末尾，所以题中的用法是错误的。

27. ：说出以下程序的运行结果。

```
let arr = [];
for (let { x = 2, y } of [{ x: 1 }, 2, { y }]) {
    arr.push(x, y)
}
console.log(arr)
```

：结果为 error。

本题考察 let 的用法。let 之后是一个参数名称，所以出现语法错误。

28. 面试官：说出以下程序的运行结果。

```
(function() {
  if (false) {
    let f = { g() => 1 };
  }
  return typeof f;
})()
```

应聘者：结果为 error。

本题考察箭头函数的语法。

29. 面试官：什么是 DOM 模板？

应聘者：DOM 模板是原先就写在页面上的并且能被浏览器识别的 HTML 结构，在加载的时候，就会被浏览器渲染。所以要遵循 HTML 结构和标签命名，不然无法被浏览器解析，也就无法获取内容了，然后用 JavaScript 获取 DOM 节点的内容，就形成了 DOM 模板。

30. 面试官：什么是字符串模板？

应聘者：字符串模板可能原先放在服务器上的 script 标签里，作为 JavaScript 字符串，并且不参与页面渲染，所以它可以不在乎 HTML 结构和标签命名，只要最后根据模板生成对应的结构并且命名符合 HTML 规范即可。

31. 面试官：DOM 模板与字符串模板有什么关系？

应聘者：两者的区别就在于第一次获取到的方式不同，DOM 模板参与浏览器解析，而字符串模板不参与，所以写 DOM 要用规范，而字符串模板不用规范。

32. 面试官：“表达式是惰性求值，只有在用到的时候才会求值”，这句话是什么意思？

应聘者：“表达式是惰性求值”的意思是，在数组解构赋值表达式中，对于等号左边的一个变量，如果等号右边的数组在对应的位置没有值或者值为 undefined，该变量才会使用默认值（如果这个变量的默认值是一个表达式，那么在给这个变量使用默认值的时候才会计算这个表达式）。

33. 面试官：在 `let [a, b = 3] = [1]`和 `let [a, b = func()] = [1, 2]` 中，a 与 b 的值分别是多少？

应聘者：分别为 3 和 2。

变量 b 在表达式右边没有对应的值，所以会使用默认值，这时会执行赋值表达式。

34. 面试官：如何实现对象 o3 对 o2 的复制，但是只复制 o2 自身的属性，不复制它的原型对象 o1 的属性？

```
let o1 = { a: 1 };
let o2 = { b: 2 };
o2.__proto__ = o1;
```

：`let o3 = { ...o2 }`。

35. ：请说出扩展运算符与剩余操作符之间的区别。

：简单地说，在某种程度上，剩余操作符和扩展运算符相反。扩展运算符会使数组“展开”成多个元素，剩余操作符会收集多个元素并“压缩”成一个单一的元素。

36. ：在 EMAScript 6 中，通过 var、let、const 声明变量的区别是什么？

：区别如下。

var 声明的变量不支持块作用域，支持声明前置，可以重复定义，并且值可以改动。let 声明的变量支持块作用域，不支持声明前置，不能重复定义，并且值可以修改。const 定义常量，声明的常量支持块作用域，不支持声明前置，不能重复定义，并且值无法修改，值通常是值类型的，不能用来定义循环变量。

37. ：解构有哪几类？

：有以下几类。

- 对象解构。
- 数组解构。
- 混合解构。
- 参数解构。

38. ：EMAScript 6 的 extends 支持多重继承吗？

：EMAScript 6 不支持多重继承，但是可以通过混合等技术来模拟。一旦使用多重继承，则按声明先后顺序覆盖同名属性方法。

39. ：react.js 代码中经常出现 class 和 super，这里的 super(props)起什么作用？

```
class Demo extends Component{
    constructor(props){
        super(props)
    }
}
```

：constructor 内定义的方法和属性是实例对象自己的，而 constructor 外定义的方法和属性则所有实例对象可以共享。

class 之间可以用 extends 关键字实现继承，这比 EMAScript 5 通过修改原型链实现继承要清晰和方便。上面定义了一个 Demo 类，该类通过 extends 关键字，继承了 Component 类的所有属性和方法。

super 关键字使子类继承父类的构造函数，从而复用父类构造函数中的属性方法。

在 React 中，在子类的构造函数内调用 super(props)即可实现对父类构造函数的复用，传递的 props 是为了将组件的属性存储在子类实例化对象中。

40. ：剩余参数和 arguments 对象的区别是什么？

：区别如下。

（1）剩余参数只包含那些没有对应形参的实参（可以是参数的一部分），而 arguments 对象包含了传给函数的所有实参（是参数的全部）。

（2）arguments 对象不是一个真实的数组，而剩余参数是真实的 Array 实例。也就是说，能够在它上面直接使用所有的数组方法，比如 sort、map、forEach、pop。

（3）arguments 对象还有一些附加的属性（如 callee 属性）。

（4）如果想在 arguments 对象上使用数组方法，首先要将它转换为真实的数组，比如使用[].slice.call(arguments)。

41. ：使用 EMAScript 6 Module 能否使模块按需加载（lazyload）？

：EMAScript 6 module（import/export 语句）是静态的，所以无法用于按需加载；import 是静态执行的，不能使用表达式或者变量。另外，import 命令有提升效果，提升到头部首先执行。如果在 if 语句里加入 import 语句就会报错。可以使用 import()方法，返回一个 Promise 对象。

42. ：async 相对于 Generator 的优点是什么？

：优点如下。

（1）Generator 函数需要调用 next 指令来运行异步的语句，async 不需要调用 next，像运行正常的函数那样直接运行就可以。

（2）相较于 Generator 的*和 yield，async 和 await 的语义化更明确。

（3）await 后面可以跟 promise 或者任意类型的值，yield 命令后面只能跟 Thunk 函数或者 Promise 对象。

（4）async 返回一个 Promise 对象，可以调用 then 和 cache。

43. ：async 函数有几种声明形式？

：有以下几种形式。

（1）通过函数声明。

```
async function foo() {}
```

（2）通过表达式声明。

```
var bar = async function () {}
```

（3）通过对象声明。

```
var obj = {
    async bazfunction(){
    }
}
```

（4）通过箭头函数声明。

```
var fot = async() => { }
```

44. 在 async 函数中，如何处理错误语句?

: 如果 await 后面的异步操作出错，那么等同于 async 函数返回的 Promise 对象被拒绝。

所以通常的处理方法有两种。

（1）用 try...catch 包住可能会出错的部分。

```
async function demo() {
    try {
        await doSomeThing();
    } catch (err) {
        console.log(err)
    }
}
```

（2）另一种写法是对可能要出错的异步操作添加 catch 回调函数。

```
async function demo() {
    await doSomeThing().cache(err => console.log(err))
}
```

45. 在 EMAScript 6 中，generator 函数的 throw 方法如何使用?

: 使用方法如下。

（1）throw()会恢复 generator 的执行，且在执行点上抛出异常。

（2）throw()跟 next()一样会返回{value,done}，只有抛出的异常得到处理了，generator 函数体才会真正执行 throw()。

46. 说说遍历器对象的 next 方法的运行逻辑。

: 运行逻辑如下。

（1）如果遇到 yield 表达式，就暂停执行后面的操作，并将紧跟在 yield 后面的那个表达式的值作为返回对象的 value 属性值。

（2）下一次调用 next 方法时，再继续往下执行，直到遇到下一个 yield 表达式。

（3）如果没有再遇到新的 yield 表达式，就一直运行到函数结束，直到遇到 return 语句为止，并将 return 语句后面的表达式的值作为返回对象的 value 属性值。

（4）如果该函数没有 return 语句，则返回的对象的 value 属性值为 undefined。需要注意的是，yield 表达式后面的表达式，只有在调用 next 方法、内部指针指向该语句时才会执行，因此等于为 JavaScript 提供了手动的“惰性求值”（Lazy Evaluation）的语法功能。

47. 面试官：说说 Reflect 对象的常见方法。

应聘者：常见方法如下。

- Reflect.apply(target, thisArg, args)
- Reflect.construct(target, args)
- Reflect.get(target, name, receiver)
- Reflect.set(target, name, value, receiver)
- Reflect.defineProperty(target, name, desc)
- Reflect.deleteProperty(target, name)
- Reflect.has(target, name)
- Reflect.ownKeys(target)
- Reflect.isExtensible(target)
- Reflect.preventExtensions(target)
- Reflect.getOwnPropertyDescriptor(target, name)
- Reflect.getPrototypeOf(target)
- Reflect.setPrototypeOf(target, prototype)

48. 面试官：Iterator 的作用是什么？

应聘者：作用如下。

（1）为各种数据结构提供一个统一的、简便的访问接口。

（2）使得数据结构的成员能够按某种次序排列。

（3）EMAScript 6 创造了一种新的遍历命令 for...of 循环，Iterator 接口主要供 for...of 使用。

49. 面试官：Iterator 的遍历过程是什么？

应聘者：遍历过程如下。

（1）创建一个指针对象，指向当前数据结构的起始位置，也就是说，遍历器对象本质上就是一个指针对象。

（2）第一次调用指针对象的 next 方法，可以将指针指向数据结构的第一个成员。

（3）第二次调用指针对象的 next 方法，指针就指向数据结构的第二个成员。

（4）不断调用指针对象的 next 方法，直到它指向数据结构的结束位置。每一次调用 next 方法，都会返回数据结构中当前成员的信息。具体来说，就是返回一个包含 value 和 done 两个属性的对象。其中，value 属性是当前成员的值，done 属性是一个布尔值，表示遍历是否结束。

50. 面试官：Iterator 接口的目的是什么？

应聘者：为所有数据结构提供了一种统一的访问机制，即 for...of 循环。

当使用 for...of 循环遍历某种数据结构时，该循环会自动寻找 Iterator 接口。

51. ：for...in 循环的缺点是什么？

：缺点如下。

（1）数组的键名是数字，但是 for...in 循环以字符串作为键名。

（2）for...in 循环不仅遍历数字键名，还会遍历手动添加的其他键，甚至包括原型链上的键。

（3）某些情况下，for...in 循环会以任意顺序遍历键名。

总之，for...in 循环主要是为遍历对象而设计的，不适用于遍历数组。

52. ：for...of 的优点是什么？

：优点如下。

（1）有着同 for...in 一样的简洁语法，但是没有 for...in 的缺点。

（2）不同于 forEach 方法，它可以与 break、continue 和 return 配合使用。

（3）提供了遍历所有数据结构的统一操作接口。

53. ：为什么修饰器不能用于函数？

：修饰器只能用于类和类的方法，不能用于函数，因为存在函数提升。

54. ：使用外部的模块脚本需要注意哪几点？

：要注意以下几点。

（1）代码在模块作用域中运行，而不是在全局作用域中运行，模块内部的顶层变量，在外部不可见。

（2）无论有没有声明 use strict，模块脚本都自动采用严格模式。

（3）在模块中，可以使用 import 命令加载其他模块（.js 后缀不可省略，需要提供绝对 URL 或相对 URL），也可以使用 export 命令输出对外接口。

（4）在模块中，顶层的 this 关键字返回 undefined，而不是指向 window，也就是说，在模块顶层使用 this 关键字是无意义的。

（5）同一个模块如果加载多次，将只执行一次。

HR 有话说

EMAScript 6 部分的面试题主要考察应试者对 EMAScript 6 规范的了解。EMAScript 6 面向企业，拓展了大量的语法、解构、块作用域、箭头函数、Promise 对象、状态函数、迭代器、面向对象编程等，是应试者需要掌握的内容。

第 16 章　设计模式

1. 面试官：什么是设计模式？

求职者：设计模式是一套反复使用的并且经过分类编目的代码设计经验总结。

2. 面试官：设计模式有哪些？

求职者：GOF 提出的 23 种设计模式，分为三大类。

- 创建型模式，共 5 种，分别是工厂方法模式、抽象工厂模式、单例模式、建造者模式、原型模式。
- 结构型模式，共 7 种，分别是适配器模式、装饰器模式、代理模式、外观模式、桥接模式、组合模式、享元模式。
- 行为型模式，共 11 种，分别是策略模式、模板方法模式、观察者模式、迭代子模式、责任链模式、命令模式、备忘录模式、状态模式、访问者模式、中介者模式、解释器模式。

在前端开发中，有些特定的模式不太适用。当然，有些适用于前端的模式并未包含在这 23 种设计模式中，如委托模式、节流模式等。

3. 面试官：你用过哪些设计模式？

求职者：工厂模式。

它的优点是可以使用工厂方法而不是 new 关键字消除对象间的耦合。同时，将所有实例化的代码封装在一起，实现代码重复。工厂模式解决了重复创建对象的问题。

```
function factory(name, age) {
    var user = new Object();
    user.name = name;
    user.age = age;
    user.getIntro = function() {
        return this.name + '\'s age is ' + this.age;
    }
    return user;
}
var xm = factory('xiao ming', 20);
console.log(xm.getIntro())    // xiao ming's age is 20
```

4. 面试官：工厂模式的概念是什么？

求职者：其概念如下。

工厂模式需要3个基本步骤，原料投入、加工过程以及成品出厂，例如以下代码。

```
function playerFactory(username) {
    var user = new Object();
    user .username = username;
    return user ;
}
var xm = playerFactory('xiao ming')
```

playerFactory 函数中传递的参数就是“基本原料的投入”。从 var user = new Object() 一直到 return 之前，都属于“加工过程”。最后的 return 就如同“成品出厂”。

5. ：工厂模式的缺陷是什么？

：缺陷如下。

（1）没有使用 new 关键字，在创建对象的过程中，看不到构造函数实例化的过程。

（2）每个实例化的对象都创建相应的变量和函数，因此需要更多的空间进行属性和方法的存储，从而降低了性能，造成资源的浪费。

6. ：说说你对 MVC 架构和 MVVM 架构的理解。

：在经典的 MVC 架构中，包含3个部分，即模型（Model）、视图（View）和控制器（Controller）。控制器可以访问视图，让其更新。控制器可以访问模型，更新数据。视图可以访问模型，获取数据渲染页面。

在 MVVM 架构中，包含3个部分，即模型（Model）、视图（View）和视图模型（ViewModel）。视图模型负责视图与模型之间的信息转换，通过数据双向绑定使视图与模型之间的数据得以传递。

例如代表性的框架 Angular，它通过数据绑定，将模型中的数据映射到视图中，通过事件监听器（event listener），将视图改变的数据存储在模型内。

7. ：什么是事件代理？

：事件代理（Event Delegation）又称为事件委托，是 JavaScript 中常用的绑定事件的方式。顾名思义，“事件代理”就是把原本需要绑定到子元素的事件委托给父元素，让父元素承担事件监听的工作。事件代理的原理是 DOM 元素的事件冒泡。使用事件代理的好处有很多，如减少事件数量，预测未来元素，避免内存外泄等，有利于提高性能。

8. ：请说说工厂模式的优缺点。

：优点如下。

（1）一个调用者想创建一个对象，只要知道它的名称即可。

（2）扩展性高，如果想增加一个产品，只要扩展一个工厂类即可。

（3）屏蔽产品的具体实现，调用者只需关心产品的接口。

缺点如下。

每次增加一个产品时，都需要增加一个具体类和对象实现工厂，使得系统中类的个数成倍增加，在一定程度上增加了系统的复杂度，同时也增加了系统具体类的依赖。

9. ：单例模式的优缺点是什么？

：优点如下。

（1）提供了对唯一实例的受控访问。

（2）由于在系统内存中只存在一个对象，因此可以节约系统资源，对于一些需要频繁创建和销毁的对象，单例模式无疑能够提高系统的性能。

（3）可以根据实际情况的需要，在单例模式的基础上扩展为双例模式和多例模式。

缺点如下。

（1）单例类的职责过重，里面的代码可能会过于复杂，在一定程度上违背了“单一职责原则”。

（2）如果实例化的对象长时间不利用，系统会认为它是垃圾而进行回收，这将导致对象状态的丢失。

10. ：使用工厂模式最主要的好处是什么？

：好处如下。

（1）把对象的创建集中在一个地方（工厂），在增加新的对象类型的时候，只需要改变工厂方法。当不使用工厂模式的时候，改变创建方式则需要四处修改，增加维护成本。

（2）新的对象类型可以很容易地添加进来。

（3）只需要关心工厂方法返回的对象，不必关心具体创建的细节。

11. ：什么是代理模式？

：代理（proxy）模式，即为目标对象指定代理对象，并由代理对象代替目标对象控制客户端对目标对象的访问。

12. ：原型模式和单例模式的区别是什么？

：单例模式就是保证一个类只存在一个实例，只初始化一次，第一次完成初始化以后，在重复使用的时候，返回的都是这个实例，而不是新建一个实例。如果实例化的对象里面的属性值已经改变，就不能用单例了，只能通过原型模式重新实例化，原型模式允许多次创建实例对象。

13. ：组合模式的适用性指的是什么？

：组合模式是表示对象的“部分-整体”层次结构的一种设计模式；组合模式将对象组合成树状结构以表示“部分-整体”的层次结构，组合模式使得用户对单个对象和组合对象的使用具有一致性。

14. ：什么时候要使用组合模式？

：在以下情况下使用组合模式。

（1）当想表示对象的“部分-整体”层次结构（树状结构）时可以使用组合模式。

（2）在希望用户忽略组合对象与单个对象的不同并且统一地使用组合结构中的所有对象时使用组合模式。

15. ：设计模式都有哪些问题？

：设计模式可以让你用前人总结的经典场景来分析实现某些功能时需要什么角色、如何合理地设置接口、提高系统各个层次的独立性、降低耦合度等。然而，这也不是绝对的。不论是设计模式、还是开发框架，都是为了有效开发而出现的，但常常出现“杀鸡用牛刀”的情况，所以学的时候最好要多对比，从不同角度理解与测试，不能照搬书中的内容，这不是设计模式的精髓。

16. ：你在开发中都用到了哪些设计模式？它们的作用分别是什么？

：每个模式都描述了一个在开发环境中不断出现的问题，然后描述了该问题的解决方案。用这种方式，可以无限次地使用那些已有的解决方案，无须再做重复、相同的工作。

开发中常用到的模式如下。

- singleton：单例模式，用来减少重复创建对象。
- factory：工厂模式，用来解耦。
- iterator：迭代器模式，用来遍历对象。
- observer：观察者模式，用来收发消息。
- templete：模板模式，用来避免执行相同的操作。
- strategy：策略模式，用来定义算法等。

HR 有话说

设计模式不是针对某个框架的，而是针对某类问题或某类需求提出的，因此有广泛的适用性。读者学习设计模式不仅要学习理论，还要学习如何解决实际工作中的问题，所以在面试中，设计模式通常是结合某类需求考察的。

第 17 章　Vue.js

1. ：什么是 MVVM 框架？它适用于哪些场景？

：MVVM 框架是一个 Model-View-ViewModel 框架，其中 ViewModel 连接模型（Model）和视图（View）。

在数据操作比较多的场景中，MVVM 框架更合适，有助于通过操作数据渲染页面。

2. ：active-class 是哪个组件的属性？

：它是 vue-router 模块的 router-link 组件的属性。

3. ：如何定义 vue-router 的动态路由？

：在静态路由名称前面添加冒号，例如，设置 id 动态路由参数，为路由对象的 path 属性设置/:id。

4. ：如何获取传过来的动态参数？

：在组件中，使用$router 对象的 params.id，即$route.params.id。

5. ：vue-router 有哪几种导航钩子？

：有 3 种。

第一种是全局导航钩子：router.beforeEach(to,from,next)。作用是跳转前进行判断拦截。

第二种是组件内的钩子。

第三种是单独路由独享组件。

6. ：mint-ui 是什么？如何使用？

：它是基于 Vue.js 的前端组件库。用 npm 安装，然后通过 import 导入样式和 JavaScript 代码。`vue.use(mintUi)`用于实现全局引入，`import {Toast} from'mint-ui'`用于在单个组件局部引入。

7. ：v-model 是什么？有什么作用？

：v-model 是 Vue.js 中的一条指令，可以实现数据的双向绑定。

8. ：Vue.js 中标签如何绑定事件？

：绑定事件有两种方式。

第一种，通过 v-on 指令，<input v-on:click=doLog() />。

第二种，通过@语法糖，<input @click=doLog() />。

9. ：vuex是什么？如何使用？在哪种功能场景中使用它？

：vuex是针对Vue.js框架实现的状态管理系统。

为了使用vuex，要引入store，并注入Vue.js组件中，在组件内部即可通过$store访问store对象。

使用场景包括：在单页应用中，用于组件之间的通信，例如音乐播放、登录状态管理、加入购物车等。

10. ：如何实现自定义指令？它有哪些钩子函数？还有哪些钩子函数参数？

：自定义指令包括以下两种。

- 全局自定义指令：Vue.js对象提供了directive方法，可以用来自定义指令。directive方法接受两个参数，一个是指令名称，另一个是函数。
- 局部自定义指令：通过组件的directives属性定义。

它有如下钩子函数。

- bind：在指令第一次绑定到元素时调用。
- inserted：在被绑定元素插入父节点时调用（Vue 2.0新增的）。
- update：在所在组件的VNode更新时调用。
- componentUpdated：在指令所在组件的VNode及其子VNode全部更新后调用（Vue 2.0新增的）。
- unbind：只调用一次，在指令与元素解除绑定时调用。

钩子函数的参数如下。

- el：指令所绑定的元素。
- binding：指令对象。
- vnode：虚拟节点。
- oldVnode：上一个虚拟节点。

11. ：至少说出Vue.js中的4种指令和它们的用法。

：相关指令及其用法如下。

- v-if：判断对象是否隐藏。
- v-for：循环渲染。
- v-bind：绑定一个属性。
- v-model：实现数据双向绑定。

12. ：vue-router是什么？它有哪些组件？

：它是Vue.js的路由插件。组件包括router-link和router-view。

13. ：导航钩子有哪些？它们有哪些参数？

：导航钩子又称导航守卫，又分为全局钩子、单个路由独享钩子和组件级钩子。

全局钩子有 beforeEach、beforeResolve（Vue 2.5.0 新增的）、afterEach。

单个路由独享钩子有 beforeEnter。

组件级钩子有 beforeRouteEnter、beforeRouteUpdate（Vue 2.2 新增的）、beforeRouteLeave。

它们有以下参数。

- to：即将要进入的目标路由对象。
- from：当前导航正要离开的路由。
- next：一定要用这个函数才能到达下一个路由，如果不用就会遭到拦截。

14. ：Vue.js 的双向数据绑定原理是什么？

：Vue.js 采用 ES5 提供的属性特性功能，结合发布者-订阅者模式，通过 Object.defineProperty()为各个属性定义 get、set 特性方法，在数据发生改变时给订阅者发布消息，触发相应的监听回调。

具体步骤如下。

（1）对需要观察的数据对象进行递归遍历，包括子属性对象的属性，设置 set 和 get 特性方法。当给这个对象的某个值赋值时，会触发绑定的 set 特性方法，于是就能监听到数据变化。

（2）用 compile 解析模板指令，将模板中的变量替换成数据。然后初始化渲染页面视图，并将每个指令对应的节点绑定更新函数，添加监听数据的订阅者。一旦数据有变动，就会收到通知，并更新视图。

（3）Watcher 订阅者是 Observer 和 Compile 之间通信的桥梁，主要功能如下。

- 在自身实例化时向属性订阅器（dep）里面添加自己。
- 自身必须有一个 update()方法。
- 在 dep.notice()发布通知时，能调用自身的 update()方法，并触发 Compile 中绑定的回调函数。

（4）MVVM 是数据绑定的入口，整合了 Observer、Compile 和 Watcher 三者，通过 Observer 来监听自己的 model 数据变化，通过 Compile 来解析编译模板指令，最终利用 Watcher 搭起 Observer 和 Compile 之间的通信桥梁，达到数据变化通知视图更新的效果。利用视图交互，变化更新数据 model 变更的双向绑定效果。

15. ：请详细说明你对 Vue.js 生命周期的理解。

：总共分为 8 个阶段，分别为 beforeCreate、created、beforeMount、mounted、beforeUpdate、updated、beforeDestroyed、destroyed。

- beforeCreate：在实例初始化之后，数据观测者（data observer）和 event/watcher 事件配置之前调用。
- created：在实例创建完成后立即调用。在这一步，实例已完成以下的配置：数据观测者，属性和方法的运算，watch/event 事件回调。然而，挂载阶段还没开始，$el 属性目前不可见。

- beforeMount：在挂载开始之前调用，相关的 render 函数首次调用。
- mounted：el 被新创建的 vm.$el 替换，并且在挂载到实例上之后再调用该钩子。如果 root 实例挂载了一个文档内元素，当调用 mounted 时 vm.$el 也在文档内。
- beforeUpdate：在数据更新时调用，发生在虚拟 DOM 重新渲染和打补丁之前。
- updated：由于数据更改导致的虚拟 DOM 重新渲染和打补丁，在这之后会调用该钩子。
- beforeDestroy：在实例销毁之前调用。在这一步，实例仍然完全可用。
- destroyed：在 Vue.js 实例销毁后调用。调用后，Vue.js 实例指示的所有东西都会解除绑定，所有的事件监听器会被移除，所有的子实例也会被销毁。

当使用组件的 keep-alive 功能时，增加以下两个周期。

- activated 在 keep-alive 组件激活时调用；
- deactivated 在 keep-alive 组件停用时调用。

Vue 2.5.0 版本新增了一个周期钩子：ErrorCaptured，当捕获一个来自子孙组件的错误时调用。

16. ：请描述封装 Vue 组件的作用过程。

：组件可以提升整个项目的开发效率，能够把页面抽象成多个相对独立的模块，解决了传统项目开发中效率低、难维护、复用性等问题。

使用 Vue.extend 方法创建一个组件，使用 Vue.component 方法注册组件。子组件需要数据，可以在 props 中接收数据。而子组件修改好数据后，若想把数据传递给父组件，可以采用 emit 方法。

17. ：你是怎样认识 vuex 的？

：vuex 可以理解为一种开发模式或框架。它是对 Vue.js 框架数据层面的扩展。通过状态（数据源）集中管理驱动组件的变化。应用的状态集中放在 store 中。改变状态的方式是提交 mutations，这是个同步的事务。异步逻辑应该封装在 action 中。

18. ：vue-loader 是什么？它的用途有哪些？

：它是解析.vue 文件的一个加载器，可以将 template/js/style 转换成 JavaScript 模块。

用途是通过 vue-loader，JavaScript 可以写 EMAScript 6 语法，style 样式可以应用 scss 或 less，template 可以添加 jade 语法等。

19. ：请说出 vue.cli 项目的 src 目录中每个文件夹和文件的用法。

：assets 文件夹存放静态资源；components 存放组件；router 定义路由相关的配置；

view 是视图；app.vue 是一个应用主组件；main.js 是入口文件。

20. ：在 vue.cli 中怎样使用自定义组件？在使用过程中你遇到过哪些问题？

：具体步骤如下。

（1）在 components 目录中新建组件文件，脚本一定要导出暴露的接口。

（2）导入需要用到的页面（组件）。

（3）将导入的组件注入 Vue.js 的子组件的 components 属性中。

（4）在 template 的视图中使用自定义组件。

21. ：谈谈你对 Vue.js 的 template 编译的理解。

：简而言之，就是首先转化成 AST（Abstract Syntax Tree，抽象语法树），即将源代码语法结构抽象成树状表现形式，然后通过 render 函数进行渲染，并返回 VNode（Vue.js 的虚拟 DOM 节点）。

详细步骤如下。

（1）通过 compile 编译器把 template 编译成 AST，compile 是 createCompiler 的返回值，createCompiler 用来创建编译器。另外，compile 还负责合并 option。

（2）AST 会经过 generate（将 AST 转化成 render funtion 字符串的过程）得到 render 函数，render 的返回值是 VNode，VNode 是 Vue.js 的虚拟 DOM 节点，里面有标签名、子节点、文本等。

22. ：说一下 Vue.js 中的 MVVM 模式。

：MVVM 模式即 Model-View-ViewModel 模式。

Vue.js 是通过数据驱动的，Vue.js 实例化对象将 DOM 和数据进行绑定。一旦绑定，DOM 和数据将保持同步，每当数据发生变化，DOM 也会随着变化。

ViewModel 是 Vue.js 的核心，它是 Vue.js 的一个实例。Vue.js 会针对某个 HTML 元素进行实例化，这个 HTML 元素可以是 body，也可以是某个 CSS 选择器所指代的元素。DOM Listeners 和 Data Bindings 是实现双向绑定的关键。DOM Listeners 监听页面所有 View 层中的 DOM 元素，当发生变化时，Model 层的数据随之变化。Data Bindings 会监听 Model 层的数据，当数据发生变化时，View 层的 DOM 元素也随之变化。

23. ：v-show 指令和 v-if 指令的区别是什么？

：v-show 与 v-if 都是条件渲染指令。不同的是，无论 v-show 的值为 true 或 false，元素都会存在于 HTML 页面中；而只有当 v-if 的值为 true 时，元素才会存在于 HTML 页面中。v-show 指令是通过修改元素的 style 属性值实现的。

24. ：如何让 CSS 只在当前组件中起作用？

：在每一个 Vue.js 组件中都可以定义各自的 CSS、JavaScript 代码。如果希望组件内写的 CSS 只对当前组件起作用，只需要在 style 标签中添加 scoped 属性，即<style scoped>

</style>。

25. ：如何创建 Vue.js 组件？

：在 Vue.js 中，组件要先注册，然后才能使用。具体代码如下。

```
<!-- 应用程序 -->
<div id="app">
    <ickt></ickt>
</div>
<!-- 模板 -->
<template id="demo">
    <!-- 模板元素要有同一个根元素 -->
    <div>
        <h1>{{msg}}</h1>
    </div>
</template>
<script type="text/javascript">
// 定义组件类
var Ickt = Vue.extend({
    template: '#demo',
    data: function() {
        return {
            msg: '爱创课堂'
        }
    }
})
// 注册组件
Vue.component('ickt', Ickt)
// 定义 Vue 实例化对象
var app = new Vue({
    el: '#app',
    data: {}
})
</script>
```

26. ：如何实现路由嵌套？如何进行页面跳转？

：路由嵌套会将其他组件渲染到该组件内，而不是使整个页面跳转到 router-view 定义组件渲染的位置。要进行页面跳转，就要将页面渲染到根组件内，可做如下配置。

```
new Vue({
    el: '#icketang',
    router: router,
    template: '<router-view></router-view>'
})
```

首先，实例化根组件，在根组件中定义组件渲染容器。然后，挂载路由，当切换路由时，将会切换整个页面。

27. ：ref 属性有什么作用？

：有时候，为了在组件内部可以直接访问组件内部的一些元素，可以定义该属性。此时可以在组件内部通过 this.$refs 属性，更快捷地访问设置 ref 属性的元素。这是一个原生的 DOM 元素，要使用原生 DOM API 操作它们，例如以下代码。

```
<div id="ickt">
    <span ref="msg">爱创课堂</span>
    <span ref="otherMsg">专业前端技术培训学校</span>
</div>
app.$refs.msg.textContent          // 爱创课堂
app.$refs.otherMsg.textContent     // 专业前端技术培训学校
```

小铭提醒

在 Vue 2.0 中，ref 属性替代了 1.0 版本中 v-el 指令的功能。

28. ：Vue.js 是什么？

：Vue.js 是一套构建用户界面的渐进式框架。与其他重量级框架不同的是，Vue.js 采用自下而上增量开发的设计。Vue.js 的核心库只关注视图层，并且容易学习，易于与其他库或已有项目整合。另外，Vue.js 完全有能力驱动采用单文件组件以及 Vue.js 生态系统支持的库开发的复杂单页应用。

Vue.js 的目标是通过尽可能简单的 API 实现响应式的数据绑定的组件开发。

29. ：描述 Vue.js 的一些特性。

：Vue.js 有以下持性。

（1）MVVM 模式。

数据模型（Model）发生改变，视图（View）监听到变化，也同步改变；视图（View）发生改变，数据模型（Model）监听到改变，也同步改变。

使用 MVVM 模式有几大好处。

- 低耦合度，视图可以独立于模型变化和修改，一个 ViewModel 可以绑定到不同的视图上，当视图变化时模型可以不变，当模型变化时视图也可以不变。
- 可重用性，可以把一些视图的逻辑放在 ViewModel 里面，让很多视图复用这段视图逻辑。
- 独立开发，开发人员可以专注于业务逻辑和数据的开发。设计人员可以专注于视图的设计。
- 可测试性，可以针对 ViewModel 来对视图进行测试。

（2）组件化开发。

（3）指令系统。

（4）Vue 2.0 开始支持虚拟 DOM。

但在 Vue 1.0 中，操作的是真实 DOM 元素而不是虚拟 DOM，虚拟 DOM 可以提升页面的渲染性能。

30. ：描述 Vue.js 的特点。

：Vue.js 有以下特点。

- 简洁：页面由 HTML 模板+JSON 数据+Vue.js 实例化对象组成。
- 数据驱动：自动计算属性和追踪依赖的模板表达式。
- 组件化：用可复用、解耦的组件来构造页面。
- 轻量：代码量小，不依赖其他库。
- 快速：精确而有效地批量实现 DOM 更新。
- 易获取：可通过 npm、bower 等多种方式安装，很容易融入。

31. ：在 Vue.js 中如何绑定事件？

：通过在 v-on 后跟事件名称="事件回调函数()"的语法绑定事件。事件回调函数的参数集合()可有可无。如果存在参数集合()，事件回调函数的参数需要主动传递，使用事件对象要传递$event。当然，此时也可以传递一些其他自定义数据。如果没有参数集合，此时事件回调函数有一个默认参数，就是事件对象。事件回调函数要定义在组件的 methods 属性中，作用域是 Vue.js 实例化对象，因此在方法中，可以通过 this 使用 Vue.js 中的数据以及方法，也可以通过@语法糖快速绑定事件，如@事件名称="事件回调函数()"。

32. ：请说明<keep-alive>组件的作用。

：当<keep-alive>包裹动态组件时，会缓存不活动的组件实例，而不是销毁它们。<keep-alive>是一个抽象组件，它自身不会渲染一个 DOM 元素，也不会出现在父组件链中。

当在<keep-alive>内切换组件时，它的 activated 和 deactivated 这两个生命周期钩子函数将会执行。

```
<keep-alive>
  <component :is="view"></component>
</keep-alive>
```

33. ：axios 是什么？如何使用它？

：axios 是在 Vue 2.0 中用来替换 vue-resource.js 插件的一个模块，是一个请求后台资源的模块。

用 npm install axios 安装 axios。基于 EMAScript 6 的 EMAScript Module 规范，通过 import 关键字将 axios 导入，并添加到 Vue.js 类的原型中。这样每个组件（包括 Vue.js 实例化对象）都将继承该方法对象。它定义了 get、post 等方法，可以发送 get 或者 post 请求。在 then 方法中注册成功后的回调函数，通过箭头函数的作用域特征，可以直接访问组件实例化对象，存储返回的数据。

```
import Vue from 'vue';
import axios from 'axios';
Vue.prototype.$http = axios;
new Vue({
    el: 'ickt',
    data: {
        msg: ''
    },
    template: '<h1>{{msg}}</h1>',
    created: function() {
        this.$http.get('data.json')
            .then(res => {
                this.msg = res.data.data
            })
    }
})
```

34. ：在 axios 中，当调用 axios.post('api/user')时进行的是什么操作？

：当调用 post 方法表示在发送 post 异步请求。

35. ：sass 是什么？如何在 Vue 中安装和使用？

：sass 是一种 CSS 预编译语言。

安装和使用步骤如下。

（1）用 npm 安装加载程序（sass-loader、css-loader 等加载程序）。

（2）在 webpack.config.js 中配置 sass 加载程序。

```
// 模块
module: {
    // 加载程序
    loaders: [
        // 加载 scss
        {
            test: /\.scss$/,
            loader: 'vue-style-loader!css-loader!sass-loader'
        }

    ]
}
```

（3）在组件的 style 标签中加上 lang 属性，例如 lang="scss"。

```
<style type="text/css" lang="scss">
    $color: red;
    h1 {
        color: $color;
```

```
    }
</style>
```

36. 面试官：如何在 Vue.js 中循环插入图片？

应聘者：对“src”属性插值将导致 404 请求错误。应使用 v-bind:src 格式代替。

代码如下。

```
<ul class="list">
    <li v-for="item in list">
        <img :src="'img/' + item.url" alt="">
    </li>
</ul>
```

小铭提醒

Vue 1.0 中支持属性插值，在 2.0 版本中，只允许通过 v-bind 指令或者冒号语法糖“:”实现属性动态绑定。

37. 面试官：如何为选框元素自定义绑定的数据值？

应聘者：对于单选框，value 通常是静态字符串，如果 v-model 绑定的数据与某个 value 值相等，则那个单选框被选中。

```
<label>选择你喜欢的运动</label>
<!-- 数据双向绑定 -->
<label>篮球<input type="radio" v-model="sports" value="basketball"></label>
<label>足球<input type="radio" v-model="sports" value="football"></label>
<label>网球<input type="radio" v-model="sports" value="netball"></label>
```

对于多选框，v-model 绑定变量的值，通常是布尔值，true 表示选中，false 表示未选中。如果要自定义绑定数据的值，需要用 v-bind 指令设置 true-value（选中时的值）以及 false-value（未选中时的值）。

```
<label>选择你的兴趣爱好</label>
<label>足球<input type="checkbox" v-model="intrest.football"></label>
<label>篮球<input type="checkbox" v-model="intrest.basketball" v-bind:true-value=
"trueValue" v-bind:false-value="falseValue"></label>
```

38. 面试官：什么情况下会产生片段实例？

应聘者：在以下情况下会产生片段实例。

模板包含多个顶级元素；模板只包含普通文本；模板只包含其他组件（其他组件可能是一个片段实例）；模板只包含一个元素指令，如 vue-router 的<router-view>；模板根节点有一个流程控制指令，如 v-if 或 v-for。

这些情况让实例有未知数量的顶级元素，模板将把它的 DOM 内容当作片段。片段实例仍然会正确地渲染内容。不过，模板没有一个根节点，它的$el 指向一个锚节点，即一个空的文本节点（在开发模式下是一个注释节点）。

小铭提醒

在 Vue 2.0 中，组件的模板只允许有且只有一个根节点。

39. ：实现多个根据不同条件显示不同文字的方法。

：通过“v-if,v-else”指令可以实现条件选择。但是，如果是多个连续的条件选择，则需要用到计算属性 computed。例如在输入框中未输入内容时，显示字符串‘请输入内容’，否则显示输入框中的内容，代码如下。

```
<div id="app">
    <input type="text" v-model="inputValue">
    <h1>{{showValue}}</h1>
</div>
var app = new Vue({
    el: '#app',
    data: {
        inputValue: ''
    },
    computed: {
        showValue: function() {
            return this.inputValue || '请输入内容'
        }
    }
})
```

40. ：什么是数据的丢失？

：如果在初始化时没有定义数据，之后更新的数据是无法触发页面渲染更新的，这部分数据是丢失的数据（因为没有设置特性），这种现象称为数据的丢失。

41. ：如何检测数据变化？

：由于 JavaScript 特性的限制，Vue.js 不能检测到下面数组的变化，即以下数组中改变的数据“丢失”了。

通过直接索引设置元素，如 app.arr[0] = ...。

修改数据的长度，如 app.arr.length。

为了解决该问题，Vue.js 扩展了观察数组，为它添加了一个$set()方法，用该方法修改的数组，能触发视图更新，检测数据变化。

```
app.$set(app.arr, 5, 500);
```

42. ：如何检测对象变化？

：由于 JavaScript 特性的限制，Vue.js 不能检测到对象属性的添加或删除。因为 Vue.js 在初始化时将属性转化为 getter/setter，所以属性必须在 data 对象中定义，才能在初始化时让 Vue.js 转换它并让它响应，例如以下代码。

```
var data = {
    obj: {
        a: 1
    }
}
var app = new Vue({
    el: '#app',
    data: data
})
app.obj.a = 10     // 'app.obj.a' 和 'data.obj.a' 现在是响应的
app.obj.b = 2      // 'app.obj.b' 不是响应的
data.obj.b = 2     // 'data.obj.b' 不是响应的
```

如果需要在实例创建之后添加属性并且让它能够响应，可以使用$set 实例方法。

```
app.$set(app.obj, 'b', 500)// 'app.obj.b' 和 'data.obj.b' 现在是响应的
```

对于普通数据对象，可以使用全局方法 Vue.set(object, key, value)。

```
Vue.set(data.obj, 'b', 500)// 'app.obj.b' 和 'data.obj.b' 现在是响应的
```

43. ：说一下 Vue.js 页面闪烁{{message}}。

：Vue.js 提供了一个 v-cloak 指令，该指令一直保持在元素上，直到关联实例结束编译。当和 CSS 一起使用时，这个指令可以隐藏未编译的标签，直到实例编译结束。用法如下。

```
[v-cloak] {
    display: none;
}
<div v-cloak>{{title}}</div>
```

这样<div>不会显示，直到编译结束。

44. ：如何在 v-for 循环中实现 v-model 数据的双向绑定？

：有时候需要循环创建 input，并用 v-model 实现数据的双向绑定。此时可以为 v-model 绑定数组的一个成员 selected[$index]，这样就可以给不同的 input 绑定不同的 v-model，从而分别操作它们。

```
<div v-for="(item, index) in arr">
    <input type="text" v-model="arr[index]">
    <h1>{{arr[index]}}</h1>
</div>
```

45. ：如何解决数据层级结构太深的问题？

：在开发业务时，经常会出现异步获取数据的情况，有时数据层次比较深，如以下代码。

```
<span'v-text="a.b.c.d"></span>
```

可以使用 vm.$set 手动定义一层数据。

```
vm.$set("demo" ,a.b.c.d)
```

46. ：Vue.js 文件中的样式覆盖不生效的问题如何解决?

：按照 Vue.js 官方给出的说法，style 加上 scoped 可以让样式“私有化”（即只针对当前 Vue.js 文件（组件）中的代码有效，不会对别的文件（组件）中的代码造成影响）。很多时候，我们引入了第三方 UI，在 Vue.js 文件中进行样式覆盖不生效，多半问题是 style 上的 scoped 导致的。

解决方案是将需要覆盖样式的这部分代码放到单独的 CSS 文件中，最后在 main.js 文件中导入即可。

47. ：在 Vue.js 开发环境下调用接口，如何避免跨域?

：在工程目录 config/index.js 内对 proxyTable 项进行如下配置。

```
proxyTable: {
    '/api': {
        target: 'http://xxxxxx.com',
        changeOrigin: true,
        pathRewrite: {
            '^/api': ''
        }
    }
}
```

配置完成后，当调用接口时，如'http://xxxxxx.com/login'可以简写成'/api/login'，本地会虚拟化一个服务器并帮你把这个请求转发给后台，从而避免跨域问题。

HR 有话说

作为一个轻量级框架，Vue.js 提供了如此强大的功能，引起了大量开发者的关注。如今，更多的企业开始基于 Vue.js 框架开发项目，Vue.js 利用 EMAScript 5 提供的特性实现数据绑定，提供了组件开发，有助于加快项目的开发。同 Angular 与 React 一样，Vue.js 中的数据丢失、数据双向绑定、虚拟 DOM 的实现、组件开发、生命周期、组件通信等，这些基础技术是读者应该掌握的内容。

第 18 章　Angular

1. ：ng-if 与 ng-show/hide 的区别有哪些？

：区别有以下几方面。

第一个区别是，ng-if 在后面表达式为 true 时才创建 DOM 节点，ng-show 则在初始时就创建了，可以通过切换 ng-hide 类控制元素的显示或隐藏。

第二个区别是，ng-if 会（隐式地）产生新作用域。这样在 ng-if 中通过 ng-model 绑定的数据改变时，不会影响外面元素中插入的数据。下列代码说明 ng-if 指令内外的 name 属性变量已经是两个变量了。

```
<p>{{name}}</p>
<div ng-if="true">
    <input type="text" ng-model="name">
</div>
```

ng-show 不存在此问题。而避免这类问题出现的办法是，始终为页面中的元素绑定对象的属性（data.msg），而不是直接绑定到基本变量（msg）上。

```
<p>{{data.msg}}</p>
<div ng-if="true">
    <input type="text" ng-model="data.msg">
</div>
```

2. ：当使用 ng-repeat 指令迭代数组时，如果数组中有相同值，会有什么问题？如何解决？

：会提示 Duplicates in a repeater are not allowed，通过加 track by $index 表达式可解决。当然，也可以通过 track by 跟踪任何一个普通的值，只要能唯一地标识数组中的每一项即可（建立 DOM 和数据之间的关联）。

```
<div ng-repeat="item in arr track by $index">{{item}}</div>
```

3. ：ng-click 中写的表达式，能使用 JavaScript 原生对象上的方法吗？

：不只是 ng-click 中的表达式，只要是在页面中，都不能直接调用原生的 JavaScript 方法，因为这些并不存在于与页面对应的 Controller 的$scope 中。

举个例子，执行以下代码会发现，什么也没有显示。

```
<div>{{parseInt(100.5)}}</div>
```

但如果在$scope中定义了以下parseInt函数，就没有问题了。

```
$scope.parseInt = function(num) {
    return parseInt(num)
}
```

对于这种需求，使用一个filter是不错的选择。

```
<div>{{12.34 | icktParseInt}}</div>
.filter('icktParseInt', function() {
    return function(value) {
        return parseInt(value)
    }
})
```

4. ：filter的含义是什么?

：filter表示格式化数据，接受一个输入，按某规则处理，返回处理结果。内置filter有以下9种。

- date（日期）。
- currency（货币）。
- limitTo（限制数组或字符串长度）。
- orderBy（排序）。
- lowercase（小写）。
- uppercase（大写）。
- number（格式化数字，加上千位分隔符，并接受参数以限定小数点位数）。
- filter（处理一个数组，过滤出含有某个子串的元素）。
- json（格式化json对象）。

5. ：请说出filter的两种使用方法。

：两种使用方法如下。

- 在模板中使用。

```
<div>{{time | date : 'yyyy-MM-dd'}}</div>
```

- 在JavaScript中使用。

```
.controller('main', function($scope, $filter) {
    console.log($filter('date')(Date.now(), 'HH:mm:ss'))
})
```

6. ：factory、service和provider是什么关系?

：它们都是用来实现自定义服务的方法。但是定义服务的方式不同，factory通过return暴露服务的接口对象。

```
.factory('ickt', function() {
    return {
        color: 'red'
    }
})
service 通过 this 暴露服务的接口对象
.service('ickt', function() {
    this.color = 'green'
})
```

provider 创建一个可通过 config 配置的服务，通过$get 方法的返回值暴露接口。

```
.provider('ickt', function() {
    this.$get = function() {
        return {
            color: 'blue'
        }
    }
})
```

从底层实现上来看，service 调用了 factory，返回其实例；factory 调用了 provider，返回其$get 中定义的内容。factory 和 service 的功能类似，只不过 factory 是普通 function，可以返回任何数据。service 是构造器，不需要返回；provider 是加强版 factory，返回一个可配置的 factory。

7. ：Angular 的数据绑定采用什么机制？请详述其原理。

：脏检测机制。

双向数据绑定是 Angular 的核心机制之一。当视图中有任何数据变化时，会更新到模型，当模型中数据有变化时，视图也会同步更新。显然，这需要一个监控。

数据绑定实现原理是 Angular 在 scope 模型上设置了一个监听队列，用来监听数据变化并更新视图。每次绑定一个东西到视图上时 Angular 就会往$watch 队列里插入一条$watch，用来检测它监视的模型里是否有变化的内容。当浏览器接收到可以被 Angular context 处理的事件时，$digest 循环就会触发，遍历所有的$watch，最后更新 DOM。

例如，在以下代码中，click 事件会产生一次更新操作（至少触发两次$digest 循环）。

```
<button ng-click="val=val+1">demo</button>
```

按下上式定义的按钮，浏览器接收到一个事件，进入 Angular context。$digest 循环开始执行，查询每个$watch 是否变化。由于监视$scope.val 的$watch 发现了变化，因此强制再执行一次$digest 循环。发现数据发生了变化，浏览器更新 DOM 显示$scope.val 的新值。$digest 循环的上限是 10 次（超过 10 次后抛出一个异常，防止无限循环）。

8. 👤：对于两个平级界面模块 a 和 b，如果 a 中触发一个事件，有哪些方式能让 b 知道？详述原理。

👤：这个问题换一种说法就是，如何在平级界面模块间进行通信。有两种方法：一种是共用服务，一种是基于事件。

- 共用服务。

在 Angular 中，通过 factory 可以生成一个单例对象，在需要通信的模块 a 和 b 中注入这个对象即可。

- 基于事件。

这个又分两种方式。

第一种是借助父控制器。在子 controller 中向父控制器发射（$emit）一个事件，然后在父控制器中监听（$on）事件，再广播（$broadcast）给其他子控制器，这样通过事件携带的参数，实现了数据经过父控制器，向同级控制器传播。

第二种是借助$rootScope。每个 Angular 应用默认有一个根作用域$rootScope，根作用域位于最顶层，从它向下挂着各级作用域。所以，如果子控制器直接使用$rootScope 广播和接收事件，那么就可实现平级之间的通信。

9. 👤：一个 Angular 应用应当如何进行目录结构的划分？

👤：对于小型项目，可以按照文件类型划分，比如以下形式。

```
css
js
    controllers
    models
    services
    filters
    templates
```

但是，对于规模较大的项目，最好按业务模块划分，比如以下形式。

```
css
modules
    user
        controllers
        models
        services
        filters
        templates
    activity
        controllers
        models
        services
        filters
        templates
```

modules 下最好再有一个 common 目录来存放公共数据。

10. ：Angular 应用通常使用哪些路由库？各自的区别是什么？

：Angular 应用通常使用 ngRoute 和 ui.router。

无论是 ngRoute 还是 ui.router，作为框架额外的附加功能，都必须以模块依赖的形式引入。

区别如下。

（1）ngRoute 模块是 Angular 自带的路由模块，而 ui.router 模块是基于 ngRoute 模块开发的第三方模块，属于 UI 指令规范。

（2）ui.router 是基于状态（state）的，ngRoute 是基于 URL 的，ui.router 模块具有更强大的功能，主要体现在视图的嵌套方面。

（3）使用 ui.router 能够定义有明确父子关系的路由，并通过 ui-view 指令将子路由模板插入父路由模板的<div ui-view></div>中，从而实现视图嵌套。而在 ngRoute 中不能这样定义，如果同时在父子视图中使用了<div ng-view></div>会陷入死循环。

示例如下。

```
ngRoute
angular.module('ickt', ['ngRoute'])
// 在 config 中定义路由
.config(function($routeProvider) {
    // console.log('config', this, arguments)
    $routeProvider
        // 首页
        .when('/home', {
            template: '<h1>home {{color}}</h1>',
            // 控制器
            controller: function($scope) {
                $scope.color = 'red'
            }
        })
        // 配置默认路由
        .otherwise({
            redirectTo: '/home'
        })
})
ui.router
angular.module('ickt', ['ui.router'])
// 配置路由
.config(function($stateProvider) {
    // console.log($stateProvider)
    // 配置首页
    $stateProvider
        .state('home', {
            /*定义规则*/
```

```
            url: '/home/:id?a&b',
            template: '<h1>home page {{color}}</h1>',
            // 定义控制器
            controller: function($scope) {
                $scope.color = 'red'
            }
        })
})
```

11. ：对于不同团队开发的 Angular 应用，如果要做整合，可能会遇到哪些问题？如何解决？

：可能会遇到不同模块之间的冲突。

比如一个团队的开发在 moduleA 下进行，另一团队的开发在 moduleB 下进行。

```
angular.module('myApp.moduleA', [])
    .factory('serviceA', function(){
        ...
    })
angular.module('myApp.moduleB', [])
    .factory('serviceA', function(){
        ...
    })
angular.module('myApp', ['myApp.moduleA', 'myApp.moduleB'])
```

这会导致两个 module 下面的 serviceA 发生覆盖。

在 Angular 1.x 中并没有很好的解决办法，所以最好在前期进行统一规划，做好约定，严格按照约定开发，每个开发人员只写特定的区块代码。

12. ：Angular 的缺点有哪些？如何克服这些缺点？

：强约束，导致学习成本较高，对前端不友好。当遵守 Angular 的约定时，效率会提高。但不利于 SEO，因为所有内容都是动态获取并渲染生成的，搜索引擎无法爬取。一种解决办法是，对于正常用户的访问，服务器响应 Angular 应用的内容；对于搜索引擎的访问，则响应专门针对 SEO 的 HTML 页面。作为 MVVM 框架，因为实现了数据的双向绑定，对于大数组、复杂对象会存在性能问题。

13. ：如何优化 Angular 应用的性能？

：优化方式如下。

（1）减少监控项（比如对不会变化的数据采用单向绑定）。

（2）主动设置索引（指定 track by，简单类型默认用自身当索引，对象默认使用$$hashKey，比如改为 track by item.id）。

（3）降低渲染数据量（比如分页，或者每次取一小部分数据，根据需要再取）。

（4）数据扁平化（比如对于树状结构，使用扁平化结构，构建 map 和树状数据。当

操作树时，由于跟扁平数据是同一个引用，因此树状数据变更会同步到原始的扁平数据）。

14. ：如何看待 Angular 1.2 中引入的 controller As 语法？

：在 Angular 1.2 以前，在 view 上的任何绑定都是直接绑定在$scope 上的。

```
function myCtrl($scope){
    $scope.a = 'aaa';
    $scope.foo = function(){
        ...
    }
}
```

使用 controllerAs，不需要再注入$scope 服务了，controller 变成了一个很简单的 JavaScript 对象，一个更纯粹的 ViewModel。

```
function myCtrl(){
    // 使用 vm 捕获 this 可避免内部的函数在使用 this 时导致上下文改变
    var vm = this;
    vm.a = 'aaa';
}
```

从源码实现上来看，controllerAs 语法只是把 controller 这个对象的实例用 controllerAs 别名表示，并在$scope 上创建了一个属性。

```
if (directive.controllerAs) {
    locals.$scope[directive.controllerAs] = controllerInstance;
}
```

15. ：如何看待 Angular 2？

：与 Angular1.x 相比，Angular 2 的改动很大，几乎是一个全新的框架。

Angular 2 基于 TypeScript 语法实现，在大型项目团队协作时，使用强语言类型更有利。

优点是组件化，提升开发和维护的效率。其他优点还有 module 支持动态加载，以及 new router、promise 的原生支持等。它迎合未来标准，吸纳其他框架的优点，值得期待。

16. ：表达式{{data}}是如何工作的？

：它依赖于$interpolation 服务，在初始化页面 HTML 后，它会找到这些表达式，并进行标记，于是每遇见一个{{}}，就会设置一个$watch。而$interpolation 会返回一个带有上下文参数的函数，最后执行该函数，渲染数据。

17. ：Angular 中的 digest 周期是如何触发的？

：在每个 digest 周期中，Angular 总会对比 scope 上 model 的值，一般 digest 周期都是自动触发的，也可以使用$apply 进行手动触发。

18. ：如何取消$timeout？

：要停止$timeout，可以用 cancel 方法。示例如下。

```
var timebar = $timeout(function() {
    $scope.msg = '爱创课堂'
}, 1000)
$timeout.cancel(timebar)
```

19. ：如何注销一个$watch()?

：要注销一个$watch，方法如下。

```
var watchFn = $scope.$watch('msg', function(newValue) {
    if (newValue === 'icketang') {
        // $watch() 会返回一个停止注册的函数，可以执行该函数进行注销
        watchFn()
    }
    console.log(newValue)
})
```

20. ：自定义指令中 restrict 有几种类型?

：restrict 有 4 种类型。

- A：匹配属性。
- E：匹配标签。
- C：匹配 class。
- M：匹配注释。

当然，可以设置多个值，比如 AEC，进行多个匹配。

21. ：自定义指令中，scope 配置中的@、=和&修饰符有什么区别?

：在 scope 中，@、=和&在进行值绑定时分别表示如下含义。

- @ 表示单向绑定，数据只能由父作用域流入子作用域。
- = 表示双向绑定，数据可以在父子作用域中双向传递。
- & 表示父作用域传递的属性或方法等数据，在子作用域中作为方法获取。

22. ：请列出至少 3 种实现不同模块之间通信的方式。

：不同模块之间的通信方式如下。

- 通过自定义服务实现作用域之间的通信。
- 通过$on 注册事件，在其他作用域之间通过使用$emit 或$broadcast 发布消息实现通信。
- 借助$rootScope 实现作用域间的通信。
- 通过$scope 的$parent 等属性，访问父子或者兄弟作用域，实现通信。
- 通过自定义指令实现通信。

23. ：有哪些措施可以改善 Angular 的性能?

：改善措施有以下几个。

（1）关闭 debug，方法是使用$compileProvider。

```
myApp.config(function ($compileProvider) {
  $compileProvider.debugInfoEnabled(false);
});
```

（2）使用一次绑定表达式，即{{::msg}}。

（3）减少 watcher 数量。

（4）在无限滚动加载中避免使用 ng-repeat。

（5）使用性能测试小工具挖掘 Angular 的性能问题。

24. ：你认为在 Angular 中使用 jQuery 好吗?

：普遍认为在 Angular 中使用 jQuery 并不是一个很好的尝试。其实当我们学习 Angular 的时候，应该做到从零去接受 Angular 的思想，例如，数据绑定、使用 Angular 自带的一些 API、合理地组织路由、写相关指令和服务等。Angular 自带的很多 API 完全可以替代 jQuery 中常用的 API，可以使用 angular.element、$http、$timeout、ng-init 等。

或许引入 jQuery 可以在解决问题（比如使用插件）时有更多的选择。当然，这通过影响代码组织来提高工作效率。随着对 Angular 的理解深入，在重构时会逐渐摒弃当初引入 jQuery 时的一些代码。

所以我们还是应该尽力遵循 Angular 的设计理念。

25. ：Angular 的数据双向绑定是如何实现的?

：实现方法如下。

（1）每个双向绑定的元素都有一个 watcher。

（2）在某些事件发生的时候，调用 digest 对脏数据进行检测。

这些事件有表单元素内容变化、Ajax 请求响应、单击按钮执行回调函数等。

（3）脏数据检测，会检测 rootscope 下所有被 watcher 监控的元素。

$digest 函数就是脏数据检测函数。

26. ：Angular 中的$http 服务有什么作用?

：$http 是 Angular 中的一个核心服务，用于读取远程服务器的数据。

可以使用内置的$http 服务直接与服务器端进行通信。$http 服务只是简单地封装了浏览器原生的 XMLHttpRequest 对象。

27. ：在写 controlloer 逻辑时，需要注意什么?

：要注意以下几点。

（1）简化代码。

（2）坚决不能操作 DOM 节点。

DOM 操作只能出现在指令（directive）中。不应该出现在服务（service）中。Angular

倡导以测试驱动开发，在服务或者控制器中出现了 DOM 操作，也就意味着无法通过测试。

当然，这只是一方面。重要的是，使用 Angular 中的数据双向绑定技术，就能专注于处理业务逻辑，无须关心各种 DOM 操作。如果在 Angular 的代码中还有各种 DOM 操作，还不如直接使用 jQuery 去开发。

28. ：列举常见的自定义指令参数。

：常见的自定义指令参数如下。

- restrict：定义指令在 DOM 中的声明形式，如 E（元素）、A（属性）、C（类名）、M（注释）。
- template：定义字符串模板。
- templateUrl：定义模板文件路径。
- compile：可以返回一个对象或函数。如果设置了 compile 函数，说明我们希望在指令将数据绑定到 DOM 之前，进行 DOM 操作，在这个函数中进行诸如添加和删除节点等 DOM 操作是安全的。
- link：链接函数，可以实现指令的一些功能。

29. ：Angular 和 jQuery 的区别是什么？

：Angular 基于数据驱动，所以 Angular 适合做数据操作比较繁杂的项目。

jQuery 基于 DOM 驱动，jQuery 适合做 DOM 操作多的项目。

30. ：什么是作用域数据丢失？如何解决作用域数据丢失问题？

：当在作用域中修改数据的时候，更新的数据没有渲染到页面中，或者没有触发相应的业务逻辑执行，我们就说这部分数据丢失了。解决数据丢失问题有 4 种方式。

- 使用相应的服务，如 setTimeout 方法可以用$timeout 服务完美代替。
- 使用$digest 方法进行检测，但只能检测该方法执行前修改的数据，后面修改的数据无法检测。
- 使用$apply 方法进行检测，但只能检测该方法执行前修改的数据，后面修改的数据无法检测，本质上，$apply 在内部调用$digest 方法实现检测。
- 在$apply 方法的回调函数中修改数据，$apply 方法可以屏蔽错误中断应用程序的执行，但只能检测前面以及回调函数内部修改的数据，在该方法后面修改的数据无法检测。

31. ：Angular 2 应用程序的生命周期 hooks 是什么？

：Angular 2 组件/指令具有生命周期事件，是由@angular/core 管理的。@angular/core 会创建组件，渲染它，创建并呈现它的后代。当@angular/core 的数据绑定属性更改时，处理就会更改，在从 DOM 中删除其模板之前，就会销毁它。Angular 提供了一组生命周期 hooks（特殊事件）函数，并在需要时执行操作。构造函数会在所有生命周期事件之前执行。每个接口都有一个前缀为 ng 的 hook 方法。

组件特定 hooks 的意义如下。

- ngAfterContentInit：组件内容初始化完成之后。
- ngAfterContentChecked：在 Angular 检查投影到其视图中绑定的数据之后。
- ngAfterViewInitAngular：创建组件的视图后。
- ngAfterViewChecked：在 Angular 检查组件视图的绑定之后。

32. ：和使用 Angular 1 相比，使用 Angular 2 有什么优势？

：Angular 2 是一个平台，它不仅是一种语言，还具有更快的速度、更好的性能和更简单的依赖注入。它支持模块化开发，跨平台，具备了 EMAScript 6 和 Typescript 的优点，如路由灵活，具备延迟加载功能等。

33. ：Angular 2 中路由的工作原理是什么？

：路由是能够让用户在视图/组件之间导航的机制。Angular 2 简化了路由，并提供了在模块级的（延迟加载）配置，定义更灵活。Angular 应用程序具有路由器服务的单个实例，并且每当 URL 改变时，相应的路由就与路由配置数组进行匹配。在成功匹配时，它会应用重定向。此时，路由器会构建 ActivatedRoute 对象的树，同时包含路由器的当前状态。在重定向之前，路由器将通过运行保护（CanActivate）来检查是否允许新的状态。Route Guard 只是用来检查路由授权的接口方法。保护运行后，它将解析路由数据并通过将所需的组件实例化到<router-outlet> </ router-outlet>中来激活路由器状态。

34. ：什么是事件发射器？它是如何在 Angular 2 中工作的？

：Angular 2 不具有双向检测系统，这与 Angular 1 不同。在 Angular 2 中，组件中发生的任何改变总是从当前组件传播到其所有的子组件中。如果一个子组件的更改需要反映到其父组件的层次结构中，就可以使用事件发射器 API（吞吐器）来发出事件。

简而言之，EventEmitter 是在@ angular/core 模块中定义的类，由组件和指令使用，用来发出自定义事件。

使用 emit（value）方法发出事件。通过模块的任何一个组件，可以使用订阅方法来实现事件发射的订阅，例如以下代码。

```
@Directive({
    selector: '[appDemo]',
    // 定义发送的数据
    outputs: ['sendMessage']
})
export class DemoDirective {
    sendMessage = new EventEmitter();
    constructor() {
```

```
        setInterval(() => {
            // 发布消息
            this.sendMessage.emit('hello')
        }, 2000)
    }

}
// 父组件
<h1 (sendMessage)="receiveMessage()" appDemo>demo</h1>
export class AppComponent {
    // 定义接收数据的方法
    receiveMessage() {
        console.log('success')
    }
}
```

35. ：什么是延迟加载？

：大多数企业应用程序包含各种用于特定业务案例的模块。捆绑整个应用程序代码并完成加载，会在初始调用时，产生巨大的性能开销。延迟加载使我们只加载用户正在交互的模块，而其余的模块会在运行时按需加载。

延迟加载通过将代码拆分成多个包并以按需加载的方式，来加速应用程序初始加载过程。

36. ：在 Angular 2 应用中，应该注意哪些安全威胁？

：就像任何其他客户端或 Web 应用程序一样，Angular 2 应用程序也应该遵循一些基本准则来减轻安全风险，例如以下基本准则。

- 避免为组件使用/注入动态 HTML 内容。
- 如果使用外部 HTML，也就是来自数据库或应用程序之外的 HTML，就需要清理它。
- 不要将外部网址放在应用程序中，除非它是受信任的。
- 避免网址重定向，除非它是可信的。
- 考虑使用 AOT 编译（运行前编译）或离线编译。
- 通过限制 API，选择使用已知或安全环境/浏览器的 App 来防止 XSRF 攻击。

37. ：如何优化 Angular 2 应用程序来获得更好的性能？

：优化取决于应用程序的类型和大小以及许多其他因素。但一般来说，在优化 Angular 2 应用程序时，应考虑以下几点。

- 考虑 AOT 编译（运行前编译）。
- 确保应用程序已经进行了捆绑。
- 确保应用程序不存在不必要的 import 语句。

- 确保应用中已经移除了不使用的第三方库。
- 所有 dependencies 和 dev-dependencies 都是明确分离的。
- 如果应用程序较大，建议考虑延迟加载而不是完全捆绑的应用程序。

38. ：什么是 Shadow DOM？它是如何帮助 Angular 2 更好地执行的？

：Shadow DOM 是 HTML 规范的一部分，它允许开发人员封装自己的 HTML 标记、CSS 和 JavaScript 代码。Shadow DOM 以及其他一些技术，使开发人员能够像<audio>标签一样构建自己的一级标签、Web 组件和 API。总的来说，这些新的标签和 API 称为 Web 组件。Shadow DOM 提供了更好的关注分离，通过其他的 HTML DOM 元素实现了更少的样式与脚本的冲突。

因为 Shadow DOM 本质上是静态的，同时也是开发人员无法访问的，所以它是一个很好的候选对象。它缓存的 DOM 将在浏览器中呈现得更快，并提供更好的性能。此外，还可以较好地管理 Shadow DOM，同时检测 Angular 2 应用的改变，并且可以有效地管理视图的重新绘制。

39. ：什么是 AOT 编译？它有什么优缺点？

：AOT 编译，即 Ahead Of Time 编译（运行前编译）。在构建时，Angular 编译器会将 Angular 组件和模板编译为原生 JavaScript 和 HTML。编译好的 HTML 和 JavaScript 将会部署到 Web 服务器中，以便浏览器节省编译和渲染时间。

优点如下。

- 更快的下载速度。因为应用程序已经编译，许多 Angular 编译器相关库就不再需要捆绑，应用程序包变得更小，所以该应用程序可以更快地下载。
- 更少的 HTTP 请求数。如果没有捆绑应用程序来支持延迟加载，对于每个关联的 HTML 和 CSS，都会有一个单独的服务器请求。但是预编译的应用程序会将所有模板和样式与组件对齐，因此到达服务器的 HTTP 请求数量会更少。
- 更快的渲染速度。如果应用程序不使用 AOT 编译，那么应用程序完全加载时，编译过程会发生在浏览器中。这需要等待下载所有必需的组件，然后等待编译器花费大量时间来编译应用程序。使用 AOT 编译，就能实现优化。
- 在构建时检测错误。由于预先编译可以检测到许多编译时错误，因此能够为应用程序提供更好的稳定性。

缺点如下。

- 仅适用于 HTML 和 CSS，其他文件类型需要前面的构建步骤。
- 没有 watch 模式，必须手动执行并编译所有文件。
- 需要维护 AOT 版本的 bootstrap 文件。
- 在编译之前，需要清理步骤。

40. ：如何评价 Backbone 和 Angular?

：Backbone 具有依赖性，依赖于 underscore.js。Backbone + Underscore + jQuery（或 Zepto）比一个 Angular 应用多出了两次 HTTP 请求。

Backbone 的模型没有与 UI 视图数据绑定，而是需要在视图中自行操作 DOM 来更新或读取 UI 数据。Angular 与此相反，模型直接与 UI 视图绑定。模型与 UI 视图的关系，通过指令封装。Angular 内置的通用指令就能实现大部分操作了。也就是说，基本不必关心视图与 UI 视图的关系，直接操作视图即可，UI 视图自动更新。

在你输入特定数据时，Angular 的指令就能渲染相应的 UI 视图。它是一个比较完善的前端 MVW 框架，包含模板、数据双向绑定、路由、模块化、服务、依赖注入等功能。模板的功能强大，并且是声明式的，自带丰富的 Angular 指令。

41. ：谈谈 ionic 和 Angular 的区别。

：ionic 是一个用来开发混合手机应用的、开源的、免费的代码库。可以优化 HTML、CSS 和 JavaScript 的性能，构建高效的应用程序。

Angular 通过新的属性和表达式扩展了 HTML。Angular 可以构建一个单一页面应用程序（Single Page Application，SPA）。

ionic 是一个混合 App 开发工具，它以 Angular 为中间脚本工具，所以如果要使用 ionic 开发 App，就必须了解 Angular。

42. ：在用双大括号绑定元素时，如何解决内容闪烁的问题?

：在 Angular 内部，可以向元素中添加 ng-clock 属性来实现元素的隐藏效果。

```
<div ng-clock>{{message}}</div>
```

如果绑定纯文字的内容，建议使用 ng-bind 的方式，而非双大括号。

```
<div ng-bind="message"></div>
```

43. ：如何理解 ng-repeat 指令中的作用域继承关系?

：在调用 ng-repeat 指令显示数据时，在新建 DOM 元素时，ng-repeat 也为每个新建的 DOM 元素创建了独立的作用域。

尽管如此，它们的父级作用域是相同的，都是构建控制器时注入的$scope 对象，调用 angular.element(element).scope 方法可以获取某个 DOM 元素对应的作用域。通过某个 DOM 元素对应的作用域又可以访问它的父级作用域，从而修改绑定的数据源。

44. ：说说 Angular 4 的优点。

：Angular 是一个比较完善的前端 MVVM 框架，包含了模板、数据双向绑定、路由、服务、过滤器、依赖注入等功能。与其他一些只关注前端某一方面的框架相比，Angular 4 支持的功能更加全面广泛。

HR 有话说

使用 Angular 开发，可以极大地提升开发效率。然而，它的性能问题一直被诟病，使它不得不重新设计架构，从 Angular 2.0 到 Angular 4.0 再到 2017 年刚刚发布的 Angular 5.0，让开发者再一次看到了 Angular 的未来，一个着眼于未来的企业级框架。然而，回到现实中，Angular 1.0 版本却依旧有着无可替代的市场占有率，因此，关于 Angular 1.0 中的作用域、数据双向绑定的实现、数据丢失、自定义过滤器、自定义指令、自定义服务、路由等核心技术依旧是读者需要掌握的重点内容。

第 19 章　React

1. 👤：当调用 setState 的时候，发生了什么操作？

👤：当调用 setState 时，React 做的第一件事是将传递给 setState 的对象合并到组件的当前状态，这将启动一个称为和解（reconciliation）的过程。和解的最终目标是，根据这个新的状态以最有效的方式更新 DOM。为此，React 将构建一个新的 React 虚拟 DOM 树（可以将其视为页面 DOM 元素的对象表示方式）。

一旦有了这个 DOM 树，为了弄清 DOM 是如何响应新的状态而改变的，React 会将这个新树与上一个虚拟 DOM 树比较。

这样做，React 会知道发生的确切变化，并且通过了解发生的变化后，在绝对必要的情况下进行更新 DOM，即可将因操作 DOM 而占用的空间最小化。

2. 👤：在 React 中元素（element）和组件（component）有什么区别？

👤：简单地说，在 React 中元素（虚拟 DOM）描述了你在屏幕上看到的 DOM 元素。换个说法就是，在 React 中元素是页面中 DOM 元素的对象表示方式。在 React 中组件是一个函数或一个类，它可以接受输入并返回一个元素

小铭提醒

工作中，为了提高开发效率，通常使用 JSX 语法表示 React 元素（虚拟 DOM）。在编译的时候，把它转化成一个 React.createElement 调用方法。

3. 👤：什么时候使用类组件（Class Component）？什么时候使用功能组件（Functional Component）？

👤：如果组件具有状态（state）或生命周期方法，请使用类组件；否则，使用功能组件。

4. 👤：什么是 React 的 refs？为什么它们很重要？

👤：refs 允许你直接访问 DOM 元素或组件实例。为了使用它们，可以向组件添加一个 ref 属性。

如果该属性的值是一个回调函数，它将接受底层的 DOM 元素或组件的已挂载实例作为其第一个参数。可以在组件中存储它。

```
export class App extends Component {
    showResult() {
```

```
        console.log(this.input.value)
    }
    render() {
        return (
            <div>
                <input type="text" ref={input => this.input = input} />
                <button onClick={this.showResult.bind(this)}>展示结果</button>
            </div>
        );
    }
}
```

如果该属性值是一个字符串，React 将会在组件实例化对象的 refs 属性中，存储一个同名属性，该属性是对这个 DOM 元素的引用。可以通过原生的 DOM API 操作它。

```
export class App extends Component {
    showResult() {
        console.log(this.refs.username.value)
    }
    render() {
        return (
            <div>
                <input type="text" ref="username" />
                <button onClick={this.showResult.bind(this)}>展示结果</button>
            </div>
        );
    }
}
```

5. ：React 中的 key 是什么？为什么它们很重要？

：key 可以帮助 React 跟踪循环创建列表中的虚拟 DOM 元素，了解哪些元素已更改、添加或删除。

每个绑定 key 的虚拟 DOM 元素，在兄弟元素之间都是独一无二的。在 React 的和解过程中，比较新的虚拟 DOM 树与上一个虚拟 DOM 树之间的差异，并映射到页面中。key 使 React 处理列表中虚拟 DOM 时更加高效，因为 React 可以使用虚拟 DOM 上的 key 属性，快速了解元素是新的、需要删除的，还是修改过的。如果没有 key，React 就不知道列表中虚拟 DOM 元素与页面中的哪个元素相对应。所以在创建列表的时候，不要忽略 key。

6. ：如果创建了类似于下面的 Icketang 元素，那么该如何实现 Icketang 类？

```
<Icketang username="雨夜清荷">
    {user => user ? <Info user={user} /> : <Loading />}
</Icketang>
import React, { Component } from "react";
export class Icketang extends Component {
    // 请实现你的代码
}
```

：在上面的案例中，一个组件接受一个函数作为它的子组件。Icketang 组件的子组件是一个函数，而不是一个常用的组件。这意味着在实现 Icketang 组件时，需要将 props.children 作为一个函数来处理。

具体实现如下。

```
import React, { Component } from "react";
class Icketang extends Component {
    constructor(props) {
        super(props)
        this.state = {
            user: props.user
        }
    }
    componentDidMount() {
        // 模拟异步获取数据操作，更新状态
        setTimeout(() => this.setState({
            user: '爱创课堂'
        }), 2000)
    }
    render() {
        return this.props.children(this.state.user)
    }
}
class Loading extends Component {
    render() {
        return <p>Loading...</p>
    }
}
class Info extends Component {
    render() {
        return <h1>{this.props.user}</h1>
    }
}
```

调用 Icketang 组件，并传递给 user 属性数据，把 props.children 作为一个函数来处理。

这种模式的好处是，我们已经将父组件与子组件分离了，父组件管理状态。父组件的使用者可以决定父组件以何种形式渲染子组件。

为了演示这一点，在渲染 Icketang 组件时，分别传递和不传递 user 属性数据来观察渲染结果。

```
import { render } from "react-dom";
render(<Icketang>
    {user => user ? <Info user={user} /> : <Loading />}
</Icketang>, ickt)
```

上述代码没有为 Icketang 组件传递 user 属性数据，因此将首先渲染 Loading 组件，当父组件的 user 状态数据发生改变时，我们发现 Info 组件可以成功地渲染出来。

```
render(<Icketang user="雨夜清荷">
    {user => user ? <Info user={user} /> : <Loading />}
</Icketang>, ickt)
```

上述代码为 Icketang 组件传递了 user 属性数据，因此将直接渲染 Info 组件，当父组件的 user 状态数据发生改变时，我们发现 Info 组件产生了更新，在整个过程中，Loading 组件都未渲染。

7. ：约束性组件（controlled component）与非约束性组件（uncontrolled component）有什么区别?

：在 React 中，组件负责控制和管理自己的状态。

如果将 HTML 中的表单元素（input、select、textarea 等）添加到组件中，当用户与表单发生交互时，就涉及表单数据存储问题。根据表单数据的存储位置，将组件分成约束性组件和非约束性组件。

约束性组件（controlled component）就是由 React 控制的组件，也就是说，表单元素的数据存储在组件内部的状态中，表单到底呈现什么由组件决定。

如下所示，username 没有存储在 DOM 元素内，而是存储在组件的状态中。每次要更新 username 时，就要调用 setState 更新状态；每次要获取 username 的值，就要获取组件状态值。

```
class App extends Component {
    // 初始化状态
    constructor(props) {
        super(props)
        this.state = {
            username: '爱创课堂'
        }
    }
    // 查看结果
    showResult() {
        // 获取数据就是获取状态值
        console.log(this.state.username)
    }
    changeUsername(e) {
        // 原生方法获取
        var value = e.target.value
        / 更新前，可以进行脏值检测
        // 更新状态
        this.setState({
            username: value
        })
    }
```

```
        // 渲染组件
        render() {
            // 返回虚拟 DOM
            return (
                <div>
                    <p>
                        {/* 输入框绑定 value */}
                        <input type="text" onChange={this.changeUsername.bind(this)}
                        value={this.state. username}/>
                    </p>
                    <p>
                        <button onClick={this.showResult.bind(this)}>查看结果</button>
                    </p>
                </div>
            )
        }
    }
```

非约束性组件（uncontrolled component）就是指表单元素的数据交由元素自身存储并处理，而不是通过 React 组件。表单如何呈现由表单元素自身决定。

如下所示，表单的值并没有存储在组件的状态中，而是存储在表单元素中，当要修改表单数据时，直接输入表单即可。有时也可以获取元素，再手动修改它的值。当要获取表单数据时，要首先获取表单元素，然后通过表单元素获取元素的值。

小铭提醒

为了方便在组件中获取表单元素，通常为元素设置 ref 属性，在组件内部通过 refs 属性获取对应的 DOM 元素。

```
    class App extends Component {
        // 查看结果
        showResult() {
            // 获取值
            console.log(this.refs.username.value)
            // 修改值，就是修改元素自身的值
            this.refs.username.value = "专业前端培训学校"
        }
        // 渲染组件
        render() {
            // 返回虚拟 DOM
            return (
                <div>
                    <p>
                        {/*非约束性组件中，表单元素通过 defaultValue 定义*/}
                        <input type="text" ref="username" defaultValue="爱创课堂"/>
                    </p>
                    <p>
                        <button onClick={this.showResult.bind(this)}>查看结果</button>
```

```
                </p>
            </div>
        )
    }
}
```

虽然非约束性组件通常更容易实现，可以通过 refs 直接获取 DOM 元素，并获取其值，但是 React 建议使用约束性组件。主要原因是，约束性组件支持即时字段验证，允许有条件地禁用/启用按钮，强制输入格式等。

8. ：在哪个生命周期中你会发出 Ajax 请求？为什么？

：Ajax 请求应该写在组件创建期的第五个阶段，即 componentDidMount 生命周期方法中。原因如下。

在创建期的其他阶段，组件尚未渲染完成。而在存在期的 5 个阶段，又不能确保生命周期方法一定会执行（如通过 shouldComponentUpdate 方法优化更新等）。在销毁期，组件即将被销毁，请求数据变得无意义。因此在这些阶段发出 Ajax 请求显然不是最好的选择。

在组件尚未挂载之前，Ajax 请求将无法执行完毕，如果此时发出请求，将意味着在组件挂载之前更新状态（如执行 setState），这通常是不起作用的。

在 componentDidMount 方法中，执行 Ajax 即可保证组件已经挂载，并且能够正常更新组件。

9. ：shouldComponentUpdate 有什么用？为什么它很重要？

：组件状态数据或者属性数据发生更新的时候，组件会进入存在期，视图会渲染更新。在生命周期方法 shouldComponentUpdate 中，允许选择退出某些组件（和它们的子组件）的和解过程。

和解的最终目标是根据新的状态，以最有效的方式更新用户界面。如果我们知道用户界面的某一部分不会改变，那么没有理由让 React 弄清楚它是否应该更新渲染。通过在 shouldComponentUpdate 方法中返回 false，React 将让当前组件及其所有子组件保持与当前组件状态相同。

10. ：如何用 React 构建（build）生产模式？

：通常，使用 Webpack 的 DefinePlugin 方法将 NODE_ENV 设置为 production。这将剥离 propType 验证和额外的警告。除此之外，还可以减少代码，因为 React 使用 Uglify 的 dead-code 来消除开发代码和注释，这将大大减少包占用的空间。

11. ：为什么要使用 React.Children.map（props.children，( ) =>）而不是 props.children.map（( ) =>）？

：因为不能保证 props.children 将是一个数组。

以下面的代码为例。

```
<Parent>
    <h1>爱创课堂</h1>
</Parent>
```

在父组件内部，如果尝试使用 props.children.map 映射子对象，则会抛出错误，因为 props.children 是一个对象，而不是一个数组。

如果有多个子元素，React 会使 props.children 成为一个数组，如下所示。

```
<Parent>
    <h1>爱创课堂</h1>
    <h2>专业前端培训学校</h2>
</Parent>
```

不建议使用如下方式，在这个案例中会抛出错误。

```
class Parent extends Component {
    render() {
        return (
            <div>{this.props.children.map(obj => obj)}</div>
        )
    }
}
```

建议使用如下方式，避免在上一个案例中抛出错误。

```
class Parent extends Component {
    render() {
        return (
            <div>{React.Children.map(this.props.children, obj => obj)}</div>
        )
    }
}
```

12. ：描述事件在 React 中的处理方式。

：为了解决跨浏览器兼容性问题，React 中的事件处理程序将传递 SyntheticEvent 的实例，它是跨浏览器事件的包装器。这些 SyntheticEvent 与你习惯的原生事件具有相同的接口，它们在所有浏览器中都兼容。

React 实际上并没有将事件附加到子节点本身。而是通过事件委托模式，使用单个事件监听器监听顶层的所有事件。这对于性能是有好处的。这也意味着在更新 DOM 时，React 不需要担心跟踪事件监听器。

13. ：createElement 和 cloneElement 有什么区别？

：createElement 是 JSX 被转载得到的，在 React 中用来创建 React 元素（即虚拟 DOM）的内容。cloneElement 用于复制元素并传递新的 props。

14. ：setState 方法的第二个参数有什么用？使用它的目的是什么？

：它是一个回调函数，当 setState 方法执行结束并重新渲染该组件时调用它。在工作中，更好的方式是使用 React 组件生命周期之一——“存在期”的生命周期方法，而不是依赖这个回调函数。

```
export class App extends Component {
    constructor(props) {
        super(props)
        this.state = {
            username: "雨夜清荷"
        }
    }
    render() {
        return (
            <div>{this.state.username}</div>
        );
    }
    componentDidMount() {
        this.setState({
            username: '爱创课堂'
        }, () => console.log('re-rendered success.'))
    }
}
```

15. ：这段代码有什么问题？

```
class App extends Component {
    constructor(props) {
        super(props)
        this.state = {
            username: "雨夜清荷",
            msg: ''
        }
    }
    render() {
        return (
            <div>{this.state.msg}</div>
        );
    }
    componentDidMount() {
        this.setState((oldState, props) => {
            return {
                msg: oldState.username + '-' + props.intro
            }
        })
    }
}
render(<App intro="专业的前端培训学校"></App>, ickt)
```

：在页面中正常输出“雨夜清荷-专业的前端培训学校”。但是这种写法很少使用，并不是常用的写法。React 允许对 setState 方法传递一个函数，它接收到先前的状态和属性数据并返回一个需要修改的状态对象，正如我们在上面所做的那样。它不但没有问题，而且如果根据以前的状态（state）以及属性来修改当前状态，推荐使用这种写法。

16. ：请说出 React 从 EMAScript 5 编程规范到 EMAScript 6 编程规范过程中的几点改变。

：主要改变如下。

（1）创建组件的方法不同。

EMAScript 5 版本中，定义组件用 React.createClass。EMAScript 6 版本中，定义组件要定义组件类，并继承 Component 类。

（2）定义默认属性的方法不同。

EMAScript 5 版本中，用 getDefaultProps 定义默认属性。EMAScript 6 版本中，为组件定义 defaultProps 静态属性，来定义默认属性。

（3）定义初始化状态的方法不同。EMAScript 5 版本中，用 getInitialState 定义初始化状态。EMAScript 6 版本中，在构造函数中，通过 this.state 定义初始化状态。

小铭提醒

构造函数的第一个参数是属性数据，一定要用 super 继承。

（4）定义属性约束的方法不同。

EMAScript 5 版本中，用 propTypes 定义属性的约束。

EMAScript 6 版本中，为组件定义 propsTypes 静态属性，来对属性进行约束。

（5）使用混合对象、混合类的方法不同。

EMAScript 5 版本中，通过 mixins 继承混合对象的方法。

EMAScript 6 版本中，定义混合类，让混合类继承 Component 类，然后让组件类继承混合类，实现对混合类方法的继承。

（6）绑定事件的方法不同。

EMAScript 5 版本中，绑定的事件回调函数作用域是组件实例化对象。

EMAScript 6 版本中，绑定的事件回调函数作用域是 null。

（7）父组件传递方法的作用域不同。

EMAScript 5 版本中，作用域是父组件。EMAScript 6 版本中，变成了 null。

（8）组件方法作用域的修改方法不同。

EMAScript 5 版本中，无法改变作用域。

EMAScript 6 版本中，作用域是可以改变的。

17. ：React 中 Diff 算法的原理是什么？

：原理如下。

（1）节点之间的比较。

节点包括两种类型：一种是React组件，另一种是HTML的DOM。

如果节点类型不同，按以下方式比较。

如果HTML DOM不同，直接使用新的替换旧的。如果组件类型不同，也直接使用新的替换旧的。

如果HTML DOM类型相同，按以下方式比较。

在React里样式并不是一个纯粹的字符串，而是一个对象，这样在样式发生改变时，只需要改变替换变化以后的样式。修改完当前节点之后，递归处理该节点的子节点。

如果组件类型相同，按以下方式比较。

如果组件类型相同，使用React机制处理。一般使用新的props替换旧的props，并在之后调用组件的componentWillReceiveProps方法，之前组件的render方法会被调用。节点的比较机制开始递归作用于它的子节点。

（2）两个列表之间的比较。

一个节点列表中的一个节点发生改变，React无法很好地处理这个问题。循环新旧两个列表，并找出不同，这是React唯一的处理方法。

但是，有一个办法可以把这个算法的复杂度降低。那就是在生成一个节点列表时给每一个节点上添加一个key。这个key只需要在这一个节点列表中唯一，不需要全局唯一。

（3）取舍。

需要注意的是，上面的启发式算法基于两点假设。

- 类型相近的节点总是生成同样的树，而类型不同的节点也总是生成不同的树。
- 可以为多次render都表现稳定的节点设置key。

上面的节点之间的比较算法基本上就是基于这两个假设而实现的。要提高React应用的效率，需要按照这两点假设来开发。

18. ：概述一下React中的事件处理逻辑。

：为了解决跨浏览器兼容性问题，React会将浏览器原生事件（Browser Native Event）封装为合成事件（Synthetic Event）并传入设置的事件处理程序中。这里的合成事件提供了与原生事件相同的接口，不过它们屏蔽了底层浏览器的细节差异，保证了行为的一致性。另外，React并没有直接将事件附着到子元素上，而是以单一事件监听器的方式将所有的事件发送到顶层进行处理（基于事件委托原理）。这样React在更新DOM时就不需要考虑如何处理附着在DOM上的事件监听器，最终达到优化性能的目的。

19. ：传入setState函数的第二个参数的作用是什么？

：第二个参数是一个函数，该函数会在setState函数调用完成并且组件开始重渲染时调用，可以用该函数来监听渲染是否完成。

```
this.setState({
    username: '爱创课堂'
}, () => console.log('re-rendered success.'))
```

20. 👤：React和Vue.js的相似性和差异性是什么?

👤：相似性如下。

（1）都是用于创建UI的JavaScript库。

（2）都是快速和轻量级的代码库（这里指React核心库）。

（3）都有基于组件的架构。

（4）都使用虚拟DOM。

（5）都可以放在单独的HTML文件中，或者放在Webpack设置的一个更复杂的模块中。

（6）都有独立但常用的路由器和状态管理库。

它们最大的区别在于Vue.js通常使用HTML模板文件，而React完全使用JavaScript创建虚拟DOM。Vue.js还具有对于“可变状态”的“reactivity”的重新渲染的自动化检测系统。

21. 👤：生命周期调用方法的顺序是什么?

👤：React生命周期分为三大周期，11个阶段，生命周期方法调用顺序分别如下。

（1）在创建期的五大阶段，调用方法的顺序如下。

- getDetaultProps：定义默认属性数据。
- getInitialState：初始化默认状态数据。
- componentWillMount：组件即将被构建。
- render：渲染组件。
- componentDidMount：组件构建完成。

（2）在存在期的五大阶段，调用方法的顺序如下。

- componentWillReceiveProps：组件即将接收新的属性数据。
- shouldComponentUpdate：判断组件是否应该更新。
- componnentWillUpdate：组件即将更新。
- render：渲染组件。
- componentDidUpdate：组件更新完成。

（3）在销毁期的一个阶段，调用方法componentWillUnmount，表示组件即将被销毁。

22. 👤：使用状态要注意哪些事情?

👤：要注意以下几点。

- 不要直接更新状态。

- 状态更新可能是异步的。
- 状态更新要合并。
- 数据从上向下流动。

23. ：说说 React 组件开发中关于作用域的常见问题。

：在 EMAScript 5 语法规范中，关于作用域的常见问题如下。

（1）在 map 等方法的回调函数中，要绑定作用域 this（通过 bind 方法）。

（2）父组件传递给子组件方法的作用域是父组件实例化对象，无法改变。

（3）组件事件回调函数方法的作用域是组件实例化对象（绑定父组件提供的方法就是父组件实例化对象），无法改变。

在 EMAScript 6 语法规范中，关于作用域的常见问题如下。

（1）当使用箭头函数作为 map 等方法的回调函数时，箭头函数的作用域是当前组件的实例化对象（即箭头函数的作用域是定义时的作用域），无须绑定作用域。

（2）事件回调函数要绑定组件作用域。

（3）父组件传递方法要绑定父组件作用域。

总之，在 EMAScript 6 语法规范中，组件方法的作用域是可以改变的。

24. ：在 Redux 中使用 Action 要注意哪些问题？

：在 Redux 中使用 Action 的时候，Action 文件里尽量保持 Action 文件的纯净，传入什么数据就返回什么数据，最好把请求的数据和 Action 方法分离开，以保持 Action 的纯净。

25. ：在 Reducer 文件里，对于返回的结果，要注意哪些问题？

：在 Reducer 文件里，对于返回的结果，必须要使用 Object.assign()来复制一份新的 state，否则页面不会跟着数据刷新。

```
return Object.assign({}, state, {
    type: action.type,
    shouldNotPaint: true
})
```

26. ：如何使用 4.0 版本的 React Router？

：React Router 4.0 版本中对 hashHistory 做了迁移，执行包安装命令 npm install react-router-dom 后，按照如下代码进行使用即可。

```
import { HashRouter, Route, Redirect, Switch } from "react-router-dom";
class App extends Component {
    render() {
        return (
            <div>
                <Switch>
                    <Route path="/list" component={List}></Route>
```

```
                    <Route path="/detail/:id" component={Detail}></Route>
                    <Redirect from="/" to="/list"></Redirect>
                </Switch>
            </div>
        )
    }
}
const routes = (
    <HashRouter>
        <App></App>
    </HashRouter>
)
render(routes, ickt);
```

27. ：在ReactNative中，如何解决8081端口号被占用而提示无法访问的问题？

：在运行react-native start时添加参数port 8082；在package.json中修改“scripts”中的参数，添加端口号；修改项目下的node_modules\react-native\local- cli\server\server.js文件配置中的default端口值。

28. ：在ReactNative中，如何解决adb devices找不到连接设备的问题？

：在使用Genymotion时，首先需要在SDK的platform-tools中加入环境变量，然后在Genymotion中单击Setting，选择ADB选项卡，单击Use custom Android SDK tools，浏览本地SDK的位置，单击OK按钮就可以了。启动虚拟机后，在cmd中输入adb devices可以查看设备。

29. ：React-Router有几种形式？

：有以下几种形式。

- HashRouter，通过散列实现，路由要带#。
- BrowerRouter，利用HTML5中history API实现，需要服务器端支持，兼容性不是很好。

30. ：在使用React Router时，如何获取当前页面的路由或浏览器中地址栏中的地址？

：在当前组件的props中，包含location属性对象，包含当前页面路由地址信息，在match中存储当前路由的参数等数据信息。可以直接通过this.props使用它们。

HR有话说

当今最流行的框架非React莫属。React以其出色的性能，颠覆了互联网的理念，简单的开发方式受到许多开发者的青睐。因此，在 React 中，虚拟 DOM、组件的生命周期、组件的通信、组件的约束性，配合 Reflux、Redux 等框架的使用，基于 EMAScript 6 语法开发，以及 Webpack 编译等都是读者要掌握的内容。当然，React 的三大特色（虚拟 DOM、组件开发、多端适配）的具体实现，读者也要有所了解。

第 20 章　游 戏 开 发

1. ：如何提升 canvas 游戏性能？

：具体方法有以下几种。

- 使用预渲染技术。
- 尽量少调用 canvas API。
- 尽量少改变 canvas 状态。
- 缩小重新渲染的范围。
- 在复杂场景中使用 canvas 分层技术。
- 不要使用阴影。
- 清除画布 clearRect 优于填充画布 fillRect。
- 当处理像素点数据时，尽量用整数。
- 位运算优于取整方法。
- 使用 requestAnimationFrame 控制帧频。
- 使用 workers 处理复杂的业务逻辑。
- 预加载图片。
- 绘制 canvas 代替 image。
- 把与渲染无关的计算交给 worker。

2. ：游戏场景绘制过程中，如何提升性能？

：在动画较复杂的情形下，为了提升性能，canvas 分层是非常有必要的。canvas 分层能够大大降低完全不必要的渲染性能开销。分层渲染的思想广泛用于与图形相关的领域，从古老的皮影戏、套色印刷术，到现代电影/游戏工业、虚拟现实领域等。canvas 分层的出发点是，动画中的每种元素（层），对渲染和动画的要求是不一样的。对很多游戏而言，主要角色变化的频率和幅度是很大的，而背景变化的频率或幅度则相对较小。需要频繁地更新和重绘人物，但是对于背景，也许只需要绘制一次，也许只需要间隔很长一段时间才重绘一次，没有必要每 16ms 就重绘一次。使用上，canvas 分层也很简单。我们需要做的，只是创建多个 canvas 实例，把它们重叠放置，每个 canvas 使用不同的 z-index 来定义层叠的次序。然后，在需要绘制的时候进行重绘。层叠在上方的 canvas 中的内容会覆盖下方 canvas 中的内容。

3. ：当模拟粒子效果的时候，如何提高性能？

：在模拟粒子效果时，尽量少使用圆，最好使用长方形，因为粒子太小，所以长方形看上去也与圆差不多。画一个圆需要 4 个步骤：首先用 beginPath 初始化路径，然后用 arc 画弧，再用 closePath 关闭路径，最后用 fill 进行填充，这样就能产生一个圆。但是画长方形，只需要一个 fillRect 就可以了。虽然只差了 3 个调用方法，但当粒子对象数量达到一定量时，性能差距就会显示出来。

4. ：说明 canvas 缓存如何实现。

：使用缓存也就是用离屏 canvas 进行预渲染。首先将内容绘制到一个离屏 canvas 中，然后再通过 drawImage 把离屏 canvas 画到主 canvas 中。在使用离屏 canvas 技术的过程中，把离屏 canvas 当成一个缓存区。把需要重复绘制的画面数据缓存起来，减少调用 canvas API 的消耗。调用 canvas API 会影响性能，所以当要绘制一些重复的画面数据时，妥善利用离屏 canvas 对性能提升很有帮助。

HR 有话说

游戏开发部分的面试题主要考察应试者如何通过 canvas 开发游戏，开发 HTML5 游戏、制作地图等的企业都会用到 canvas，若用不到，把 canvas 作为业余兴趣即可。当然，现在很多公司已经在页面中用 canvas 实现一些绚丽的特效了，此时如何提高渲染 canvas 的性能是读者要关注的重点。

第21章　网络安全

1. ：SQL 注入是什么？如何防护？

：SQL 注入就是把 SQL 命令插入 Web 表单、输入域名或页面请求的查询字符串中，最终达到欺骗服务器执行恶意的 SQL 命令。

总的来说，有以下几点防护措施。

（1）始终不要信任用户的输入，要对用户的输入进行校验，可以通过正则表达式或限制长度，对单引号和双"-"进行转换等。

（2）始终不要使用动态拼装 SQL，可以使用参数化的 SQL 或者直接使用存储过程进行数据查询与存取。

（3）始终不要使用管理员权限的数据库连接，为每个应用使用单独的权限和有限的权限数据库连接。

（4）不要把机密信息用明文存放，应通过加密或者散列处理密码和敏感的信息。

2. ：XSS 攻击是什么？如何防护？

：XSS（Cross Site Scripting）攻击指的是攻击者向 Web 页面里插入恶意 HTML 标签或者 JavaScript 代码。比如，攻击者在论坛中放一个看似安全的链接，骗取用户单击并窃取 cookie 中的用户私密信息；或者攻击者在论坛中加一个恶意表单，当用户提交表单的时候，却把信息传送到攻击者的服务器中，而不是用户原本以为的信任站点。

要防范 XSS 攻击，首先，在代码里对用户输入的地方和变量都需要仔细检查长度和对"<"">"";""'"等字符做过滤。其次，在把任何内容写到页面之前都必须进行编码，避免泄露 htmltag。在这一个层面做好，至少可以防止超过一半的 XSS 攻击。

3. ：如何避免 cookie 信息被盗取？

：首先，避免直接在 cookie 中泄露用户隐私，例如 E-mail、密码等。

其次，使 cookie 和系统 ip 绑定，降低 cookie 泄露后的危险。这样攻击者得到的 cookie 没有实际价值，不可能拿来重放。如果网站不需要在浏览器端对 cookie 进行操作，可以在 Set-Cookie 末尾加上 HttpOnly 防止 JavaScript 代码直接获取 cookie。

最后，尽量采用 POST 请求方式而非 GET 请求方式提交表单。

4. ：XSS 攻击与 CSRF 攻击有什么区别？

：XSS 攻击用于获取信息，不需要提前知道其他用户页面的代码和数据包。CSRF

攻击用于代替用户完成指定的动作，需要知道其他用户页面的代码和数据包。

5. ：如何防范 CSRF 攻击？

：要完成一次 CSRF 攻击，受害者必须依次完成两个步骤。

（1）登录受信任网站 A，并在本地生成 cookie。

（2）在不登出 A 的情况下，访问危险网站 B。

防范服务器端的 CSRF 攻击有很多种方法，但总的思想都是一致的，就是在客户端页面中增加伪随机数。

6. ：你所了解的 Web 攻击技术有哪些？

：（1）XSS 攻击：通过存在安全漏洞的 Web 网站，注册到用户的浏览器内，渲染非法的 HTML 标签或者运行非法的 JavaScript 进行攻击的一种行为。

（2）SQL 注入攻击：通过把 SQL 命令插入 Web 表单、输入域名或页面请求的查询字符串中，最终达到欺骗服务器执行恶意的 SQL 命令。

（3）CSRF 攻击：攻击者通过设置陷阱，强制对已完成的认证用户进行非预期的个人信息或设定信息等状态的更新。

HR 有话说

网络安全是网站能够正常运行的保证，因此越来越多的人开始关注网络安全这一部分的内容。网络安全部分的面试题主要考察应试者对网络的认知，读者需要了解常见的网络攻击方式，并在开发中避免漏洞。网络漏洞无法预知（如果能够预知新的漏洞就不会再有攻击者了），但是屏蔽掉已知的漏洞还是十分必要的。

第22章　性能优化

1. 👤：谈谈你对重构的理解。

👤：网站重构是指在不改变外部行为的前提下，简化结构、添加可读性，且在网站前端保持一致的行为。也就是说，在不改变 UI 的情况下，对网站进行优化，在扩展的同时保持一致的 UI。

对于传统的网站来说，重构通常包括以下方面。

- 把表格（table）布局改为 DIV+CSS。
- 使网站前端兼容现代浏览器。
- 对移动平台进行优化。
- 针对搜索引擎进行优化。

深层次的网站重构应该考虑以下方面。

- 减少代码间的耦合。
- 让代码保持弹性。
- 严格按规范编写代码。
- 设计可扩展的 API。
- 代替旧的框架、语言（如 VB）。
- 增强用户体验。
- 对速度进行优化。
- 压缩 JavaScript、CSS、image 等前端资源（通常由服务器来解决）。
- 优化程序的性能（如数据读写）。
- 采用 CDN 来加速资源加载。
- 优化 JavaScript DOM。
- 缓存 HTTP 服务器的文件。

2. 👤：如果一个页面上有大量的图片（大型电商网站），网页加载很慢，可以用哪些方法优化这些图片的加载，从而提升用户体验？

👤：对于图片懒加载，可以为页面添加一个滚动条事件，判断图片是否在可视区域内或者即将进入可视区域，优先加载。

如果为幻灯片、相册文件等，可以使用图片预加载技术，对于当前展示图片的前一张图片和后一张图片优先下载。

如果图片为CSS图片，可以使用CSS Sprite、SVG sprite、Icon font、Base64等技术。

如果图片过大，可以使用特殊编码的图片，加载时会先加载一张压缩得特别小的缩略图，以提高用户体验。

如果图片展示区域小于图片的真实大小，则应在服务器端根据业务需要先行进行图片压缩，图片压缩后，图片大小与展示的就一致了。

3. ：谈谈性能优化问题。

：可以在以下层面优化性能。

- 缓存利用：缓存Ajax，使用CDN、外部JavaScript和CSS文件缓存，添加Expires头，在服务器端配置Etag，减少DNS查找等。
- 请求数量：合并样式和脚本，使用CSS图片精灵，初始首屏之外的图片资源按需加载，静态资源延迟加载。
- 请求带宽：压缩文件，开启GZIP。
- CSS代码：避免使用CSS表达式、高级选择器、通配选择器。
- JavaScript代码：用散列表来优化查找，少用全局变量，用innerHTML代替DOM操作，减少DOM操作次数，优化JavaScript性能，用setTimeout避免页面失去响应，缓存DOM节点查找的结果，避免使用with（with会创建自己的作用域，增加作用域链的长度），多个变量声明合并。
- HTML代码：避免图片和iFrame等src属性为空。src属性为空，会重新加载当前页面，影响速度和效率，尽量避免在HTML标签中写Style属性。

4. ：移动端性能如何优化？

：优化方式如下。

- 尽量使用CSS3动画，开启硬件加速。
- 适当使用touch事件代替click事件。
- 避免使用CSS3渐变阴影效果。
- 可以用transform: translateZ(0)来开启硬件加速。
- 不滥用Float，Float在渲染时计算量比较大，尽量少使用。
- 不滥用Web字体，Web字体需要下载、解析、重绘当前页面，尽量少使用。
- 合理使用requestAnimationFrame动画代替setTimeout。
- 合理使用CSS中的属性（CSS3 transitions、CSS3 3D transforms、Opacity、Canvas、WebGL、Video）触发GPU渲染。过度使用会使手机耗电量增加。

5. ：如何对网站的文件进行优化？

：可以进行文件合并、文件压缩使文件最小化；可以使用CDN托管文件，让用户更快速地访问；可以使用多个域名来缓存静态文件。

6. ：请说出几种缩短页面加载时间的方法。

：具体方法如下。

（1）优化图片。

（2）选择图像存储格式（比如，GIF提供的颜色较少，可用在一些对颜色要求不高的地方）。

（3）优化CSS（压缩、合并CSS）。

（4）在网址后加斜杠。

（5）为图片标明高度和宽度（如果浏览器没有找到这两个参数，它需要一边下载图片一边计算大小。如果图片很多，浏览器需要不断地调整页面。这不但影响速度，而且影响浏览体验。当浏览器知道高度和宽度参数后，即使图片暂时无法显示，页面上也会腾出图片的空位，然后继续加载后面的内容，从而优化加载时间，提升浏览体验）。

7. ：哪些方法可以提升网站前端性能？

：精灵图合并，减少HTTP请求；压缩HTML、CSS、JavaScript文件；使用CDN托管静态文件；使用localstorage缓存和mainfest应用缓存。

8. ：你知道哪些优化性能的方法？

：具体方法如下。

（1）减少HTTP请求次数，控制CSS Sprite、JavaScript与CSS源码、图片的大小，使用网页Gzip、CDN托管、data缓存、图片服务器。

（2）通过前端模板JavaScript和数据，减少由于HTML标签导致的带宽浪费，在前端用变量保存Ajax请求结果，每次操作本地变量时，不用请求，减少请求次数。

（3）用innerHTML代替DOM操作，减少DOM操作次数，优化JavaScript性能。

（4）当需要设置的样式很多时，设置className而不是直接操作Style。

（5）少用全局变量，缓存DOM节点查找的结果，减少I/O读取操作。

（6）避免使用CSS表达式，它又称动态属性。

（7）预加载图片，将样式表放在顶部，将脚本放在底部，加上时间戳。

（8）避免在页面的主体布局中使用表，表要在其中的内容完全下载之后才会显示出来，显示的速度比DIV+CSS布局慢。

9. ：列举你知道的Web性能优化方法。

：具体优化方法如下。

（1）压缩源码和图片（JavaScript采用混淆压缩，CSS进行普通压缩，JPG图片根据具体质量压缩为50%～70%，把PNG图片从24色压缩成8色以去掉一些PNG格式信息等）。

（2）选择合适的图片格式（颜色数多用JPG格式，而很少使用PNG格式，如果能通过服务器端判断浏览器支持 WebP 就用 WebP 或 SVG 格式）。

（3）合并静态资源（减少 HTTP 请求）。

（4）把多个 CSS 合并为一个 CSS，把图片组合成雪碧图。

（5）开启服务器端的 Gzip 压缩（对文本资源非常有效）。

（6）使用 CDN（对公开库共享缓存）。

（7）延长静态资源缓存时间。

（8）把 CSS 放在页面头部把 JavaScript 代码放在页面底部（这样避免阻塞页面渲染，而使页面出现长时间的空白）。

10. ：平时你是如何对代码进行性能优化的？

：利用性能分析工具监测性能，包括静态 Analyze 工具和运行时的 Profile 工具（在 Xcode 工具栏中依次单击 Product→Profile 项可以启动）。

比如测试程序的运行时间，当单击 Time Profiler 项时，应用程序开始运行，这就能获取到运行整个应用程序所消耗时间的分布和百分比。为了保证数据分析在同一使用场景下的真实性，一定要使用真机，因为此时模拟器在 Mac 上运行，而 Mac 上的 CPU 往往比 iOS 设备要快。

11. ：针对 CSS，如何优化性能？

：具体优化方法如下。

（1）正确使用 display 属性，display 属性会影响页面的渲染，因此要注意以下几方面。

- display:inline 后不应该再使用 width、height、margin、padding 和 float。
- display:inline-block 后不应该再使用 float。
- display:block 后不应该再使用 vertical-align。
- display:table-*后不应该再使用 margin 或者 float。

（2）不滥用 float。

（3）不声明过多的 font-size。

（4）当值为 0 时不需要单位。

（5）标准化各种浏览器前缀，并注意以下几方面。

- 浏览器无前缀应放在最后。
- CSS 动画只用（-webkit-无前缀）两种即可。
- 其他前缀包括-webkit-、-moz-、-ms-、无前缀（Opera 浏览器改用 blink 内核，所以-0-被淘汰）。

（6）避免让选择符看起来像是正则表达式。高级选择器不容易读懂，执行时间也长。

（7）尽量使用 id、class 选择器设置样式（避免使用 style 属性设置行内样式）。

（8）尽量使用 CSS3 动画。

（9）减少重绘和回流。

12. ：针对HTML，如何优化性能？

：具体方法如下。

（1）对于资源加载，按需加载和异步加载。

（2）首次加载的资源不超过1024KB，即越小越好。

（3）压缩HTML、CSS、JavaScript文件。

（4）减少DOM节点。

（5）避免空src（空src在部分浏览器中会导致无效请求）。

（6）避免30*、40*、50*请求错误。

（7）添加Favicon.ico，如果没有设置图标ico，则默认的图标会导致发送一个404或者500请求。

13. ：针对JavaScript，如何优化性能？

：具体方法如下。

（1）缓存DOM的选择和计算。

（2）尽量使用事件委托模式，避免批量绑定事件。

（3）使用touchstart、touchend代替click。

（4）合理使用requestAnimationFrame动画代替setTimeOut。

（5）适当使用canvas动画。

（6）尽量避免在高频事件（如TouchMove、Scroll事件）中修改视图，这会导致多次渲染。

14. ：如何优化服务器端？

：具体方法如下。

（1）启用Gzip压缩。

（2）延长资源缓存时间，合理设置资源的过期时间，对于一些长期不更新的静态资源过期时间设置得长一些。

（3）减少cookie头信息的大小，头信息越大，资源传输速度越慢。

（4）图片或者CSS、JavaScript文件均可使用CDN来加速。

15. ：如何优化服务器端的接口？

：具体方法如下。

（1）接口合并：如果一个页面需要请求两部分以上的数据接口，则建议合并成一个，以减少HTTP请求数。

（2）减少数据量：去掉接口返回的数据中不需要的数据。

（3）缓存数据：首次加载请求后，缓存数据；对于非首次请求，优先使用上次请求的数据，这样可以提升非首次请求的响应速度。

16. ：如何优化脚本的执行？

：脚本处理不当会阻塞页面加载、渲染，因此在使用时需注意。

（1）把 CSS 写在页面头部，把 JavaScript 程序写在页面尾部或异步操作中。

（2）避免图片和 iFrame 等的空 src，空 src 会重新加载当前页面，影响速度和效率。

（3）尽量避免重设图片大小。重设图片大小是指在页面、CSS、JavaScript 文件等中多次重置图片大小，多次重设图片大小会引发图片的多次重绘，影响性能。

（4）图片尽量避免使用 DataURL。DataURL 图片没有使用图片的压缩算法，文件会变大，并且要在解码后再渲染，加载慢，耗时长。

17. ：如何优化渲染？

：具体方法如下。

（1）通过 HTML 设置 Viewport 元标签，Viewport 可以加速页面的渲染，如以下代码所示。

```
<meta name="viewport"content="width=device-width, initial-scale=1">
```

（2）减少 DOM 节点数量，DOM 节点太多会影响页面的渲染，应尽量减少 DOM 节点数量。

（3）尽量使用 CSS3 动画，合理使用 requestAnimationFrame 动画代替 setTimeout，适当使用 canvas 动画（5 个元素以内使用 CSS 动画，5 个元素以上使用 canvas 动画（iOS 8 中可使用 webGL））。

（4）对于高频事件优化 Touchmove，Scroll 事件可导致多次渲染。

使用 requestAnimationFrame 监听帧变化，以便在正确的时间进行渲染，增加响应变化的时间间隔，减少重绘次数。

使用节流模式（基于操作节流，或者基于时间节流），减少触发次数。

（5）提升 GPU 的速度，用 CSS 中的属性（CSS3 transitions、CSS3 3D transforms、Opacity、Canvas、WebGL、Video）来触发 GPU 渲染。

18. ：如何设置 DNS 缓存？

：在浏览器地址栏中输入 URL 以后，浏览器首先要查询域名（hostname）对应服务器的 IP 地址，一般需要耗费 20～120ms 的时间。DNS 查询完成之前，浏览器无法识别服务器 IP，因此不下载任何数据。基于性能考虑，ISP 运营商、局域网路由、操作系统、客户端（浏览器）均会有相应的 DNS 缓存机制。

（1）IE 缓存 30min，可以通过注册表中 DnsCacheTimeout 项设置。

（2）Firefox 混存 1min，通过 network.dnsCacheExpiration 配置。

（3）在 Chrome 中通过依次单击“设置”→“选项”→“高级选项”，并勾选“用预提取 DNS 提高网页载入速度”选项来配置缓存时间。

19. ：什么时候会出现资源访问失败?

：开发过程中，发现很多开发者没有设置图标，而服务器端根目录也没有存放默认的 Favicon.ico，从而导致请求 404 出现。通常在 App 的 webview 里打开 Favicon.ico，不会加载这个 Favicon.ico，但是很多页面能够分享。如果用户在浏览器中打开 Favicon.ico，就会调取失败，一般尽量保证该图标默认存在，文件尽可能小，并设置一个较长的缓存过期时间。另外，应及时清理缓存过期导致出现请求失败的资源。

20. ：jQuery 性能优化如何做?

：优化方法如下。

（1）使用最新版本的 jQuery 类库。

JQuery 类库每一个新的版本都会对上一个版本进行 Bug 修复和一些优化，同时也会包含一些创新，所以建议使用最新版本的 jQuery 类库提高性能。不过需要注意的是，在更换版本之后，不要忘记测试代码，毕竟有时候不是完全向后兼容的。

（2）使用合适的选择器。

jQuery 提供非常丰富的选择器，选择器是开发人员最常使用的功能，但是使用不同选择器也会带来性能问题。建议使用简单选择器，如 id 选择器、类选择器，不要将 id 选择器嵌套等。

（3）以数组方式使用 jQuery 对象。

使用 jQuery 选择器获取的结果是一个 jQuery 对象。然而，jQuery 类库会让你感觉正在使用一个定义了索引和长度的数组。在性能方面，建议使用简单的 for 或者 while 循环来处理，而不是$.each()，这样能使代码更快。

（4）每一个 JavaScript 事件（例如 click、mouseover 等）都会冒泡到父级节点。当需要给多个元素绑定相同的回调函数时，建议使用事件委托模式。

（5）使用 join()来拼接字符串。

使用 join()拼接长字符串，而不要使用“+”拼接字符串，这有助于性能优化，特别是处理长字符串的时候。

（6）合理利用 HTML5 中的 data 属性。

HTML5 中的 data 属性有助于插入数据，特别是前、后端的数据交换；jQuery 的 data()方法能够有效地利用 HTML5 的属性来自动获取数据。

21. ：哪些方法能提升移动端 CSS3 动画体验?

：（1）尽可能多地利用硬件能力，如使用 3D 变形来开启 GPU 加速，例如以下代码。

```
-webkit-transform: translate3d(0, 0, 0);
-moz-transform: translate3d(0, 0, 0);
-ms-transform: translate3d(0, 0, 0);
transform: translate3d(0, 0, 0);
```

一个元素通过 translate3d 右移 500px 的动画流畅度会明显优于使用 left 属性实现的动画移动，原因是 CSS 动画属性会触发整个页面重排、重绘、重组。paint 通常是最耗性能的，尽可能避免使用触发 paint 的 CSS 动画属性。

如果动画执行过程中有闪烁（通常发生在动画开始的时候），可以通过如下方式处理。

```
-webkit-backface-visibility: hidden;
-moz-backface-visibility: hidden;
-ms-backface-visibility: hidden;
backface-visibility: hidden;
-webkit-perspective: 1000;
-moz-perspective: 1000;
-ms-perspective: 1000;
perspective: 1000;
```

（2）尽可能少使用 box-shadows 和 gradients，它们往往严重影响页面的性能，尤其是在一个元素中同时都使用时。

（3）尽可能让动画元素脱离文档流，以减少重排，如以下代码所示。

```
position: fixed;
position: absolute;
```

HR 有话说

随着前端项目不断扩大，浏览器渲染的压力变得越来越重。配置好一点的计算机可以顺利地展现页面；配置低一些的计算机渲染页面的性能就不那么可观了。性能优化部分的面试题主要考察应试者对网站性能优化的了解。如何做好性能优化，哪些操作会引起性能优化的问题，性能优化指标是什么等，都值得应试者关注。因为性能优化变得越来越重要，所以很多企业专门建立团队去做性能优化。

第 23 章　模块化开发

1. ：说说你对前端模块化开发的认识。

：相关认识如下。

（1）异步模块定义（AMD）规范是 require.js 推广的、对模块定义的规范。

（2）通用模块定义（CMD）规范是 SeaJS 推广的、对模块定义的规范。

（3）AMD 提前执行，CMD 延迟执行。

（4）AMD 推荐的风格是通过 module transport 规范暴露接口，即通过返回一个对象暴露模块接口；CommonJS 的风格是通过对 module.exports 或 exports 的属性赋值来达到暴露模块接口的目的。

2. ：说说你对 CommonJS 和 AMD 的理解。

：CommonJS 是服务器端模块的规范，Node.js 采用了这个规范。CommonJS 规范同步加载模块，也就是说，只有加载完成，才能执行后面的操作。AMD 规范则非同步加载模块，允许指定回调函数。

AMD 推荐的风格是通过 module transport 规范暴露接口，即通过返回一个对象来暴露模块接口，CommonJS 的风格是通过对 module.exports 或 exports 的属性赋值来达到暴露模块对象的目的。

3. ：模块化开发的好处是什么？

：在 Web 开发中，通常将项目的实现划分成许多模块。模块化开发其实就是将功能相关的代码封装在一起，方便维护和重用。另外，模块之间通过 API 进行通信。

4. ：require.js 解决了什么问题？

：解决了以下问题。

（1）实现了 JavaScript 文件的异步加载。

（2）有助于管理模块之间的依赖性。

（3）便于代码的编写和维护。

5. ：前端模块化解决了哪些问题？

：解决了以下问题。

（1）各个模块的命名空间独立，A 模块的变量 x 不会覆盖 B 模块的变量 x。

（2）模块的依赖关系，通过模块管理工具（如 webpack、require.js 等）进行管理。

6. ：如何实现前端模块化开发？

：require.js、SeaJS 都是适用于 Web 浏览器端的模块加载器，使用它们可以更好地组织 JavaScript 代码。

7. ：模块化的 JavaScript 开发的优势是什么？

：优势如下。

（1）将功能分离出来。

（2）具有更好的代码组织方式。

（3）可以按需加载。

（4）避免了命名冲突。

（5）解决了依赖管理问题。

8. ：你了解 CommonJS 规范吗？

：定义模块，即一个单独的文件就是一个模块，文件中的作用域独立，文件中定义的变量是无法被其他文件引用的。如果需要使用这些变量，需要将其定义为全局变量（不建议）。

输出模块指模块只有一个接口对象，即使用 module.exports 对象可以将需要输出的内容放入到该对象中。

加载模块指通过 require 加载，例如 var module = require('./moduleFile.js')，该 module 的值对应文件内部的 module.exports 对象，然后就可以通过 module 名称引用模块中暴露的接口变量或接口函数了。

9. ：谈谈你对 CMD（Common Module Definition，通用模块定义）规范的理解。

：就近依赖，需要时再进行加载，所以执行顺序和书写顺序一致；这一点与 AMD 不同，AMD 是在使用模块之前将依赖模块全部加载完成，但由于网络等其他因素可能导致依赖模块下载的先后顺序不一致，这就造成执行顺序可能与书写顺序不一致。

10. ：你了解 EMAScript 6 模块规范吗？

：相关了解如下。

（1）类似于 CommonJS，语法更简洁。

（2）类似于 AMD，直接支持异步加载和配置模块加载。

（3）对于结构可以做静态分析、静态检测。

（4）比 CommonJS 更好地支持循环依赖。

11. ：为什么要通过模块化方式进行开发？

：原因如下。

（1）高内聚低耦合，有利于团队开发。当项目很复杂时，将项目划分为子模块并分给不同的人开发，最后再组合在一起，这样可以降低模块与模块之间的依赖关系，实现低耦合，模块中又有特定功能体现高内聚特点。

（2）可重用，方便维护。模块的特点就是有特定功能，当两个项目都需要某种功能时，定义一个特定的模块来实现该功能，这样只需要在两个项目中都引入这个模块就能够实现该功能，不需要书写重复性的代码。另外，当需要变更该功能时，直接修改该模块，这样就能够修改所有项目的功能，维护起来很方便。

12. ：AMD与CMD的区别是什么？

：区别如下。

（1）对于依赖的模块，AMD提前执行，CMD延迟执行，不过require.js从2.0版本开始，也改成可以延迟执行（根据写法不同，处理方式不同）。

（2）CMD推崇依赖就近，AMD推崇依赖前置。

13. ：为什么需要前端模块化？

：JavaScript以前只用于实现网页的特效、表单的验证等简单的功能，只需要少量的代码就可以完成这些功能。但随着技术的发展，需要使用JavaScript处理越来越多的事情，以前许多本来由后台处理的内容都转移到前端来处理，这使代码量急剧膨胀。如果还是像以前一样书写代码，那么对于后期的维护将非常困难。同时在开发中，我们难免会需要一些“轮子”，如果没有模块（Model）这个概念，我们将很难简便地使用别人制造的“轮子”。所以，我们需要前端模块化。

14. ：前端模块化是否等同于JavaScript模块化？

：前端开发相对其他语言来说比较特殊，因为我们实现一个页面功能总是需要JavaScript、CSS和HTML三者相互交织。如果一个功能只有JavaScript实现了模块化，CSS和Template还处于原始状态，那么调用这个功能的时候并不能完全通过模块化的方式，这样的模块化方案并不是完整的。所以我们真正需要的是一种可以将JavaScript、CSS和HTML同时都考虑进去的模块化方案，而非只使用JavaScript模块化方案。综上所述，前端模块化并不等同于JavaScript模块化。

15. ：JavaScript模块化是否等同于异步模块化？

：主流的JavaScript模块化方案都使用“异步模块定义”的方式，这种方式给开发带来了极大的不便，所有的同步代码都需要修改为异步方式。当在前端开发中使用“CommonJS”模块化开发规范时，开发者可以使用自然、容易理解的模块定义和调用方式，不需要关注模块是否异步，不需要改变开发者的开发行为。因此JavaScript模块化并不等同于异步模块化。

16. ：require.js与SeaJS的异同是什么？

：相同之处如下。

require.js和SeaJS都是模块加载器，倡导的是一种模块化开发理念，核心价值是让

JavaScript 的模块化开发变得更简单自然。

不同之处如下。

（1）定位有差异。require.js 想成为浏览器端的模块加载器，同时也想成为 rhino/node 等环境的模块加载器。SeaJS 则专注于 Web 浏览器端，同时通过 node 扩展的方式可以很方便地运行在 Node 服务器端。

（2）遵循的规范不同。require.js 遵循的是 AMD 规范，SeaJS 遵循的是 CMD 规范。规范的不同，导致了两者 API 的不同。SeaJS 更简洁优雅，更贴近 CommonJS Modules/1.1 和 Node Modules 规范。

（3）require.js 尝试让第三方类库修改自身来支持 require.js。SeaJS 不强推，采用自主封装的方式来“海纳百川”。

17. ：系统在设计上遵循几个原则？

：遵循以下原则。

（1）在编译时纳入所有依赖。

（2）去中心化，实现分布式。

（3）内置命名和封装。

18. ：什么是模块化规范？

：服务器端规范主要是 CommonJS，Node.js 用的就是 CommonJS 规范。

客户端规范主要有推崇依赖前置的 AMD 和推崇依赖就近的 CMD。AMD 规范的实现主要有 require.js，CMD 规范的主要实现有 SeaJS。但是 SeaJS 已经停止维护了，因为在 EMAScript 6 中提供了 EMAScript Module 模块化规范，随着 EMAScript 6 的普及，第三方的模块化规范的实现将会慢慢地被淘汰。

HR 有话说

如今的前端工作中，模块化开发成为主流，无论是前端还是后端，由于模块化开发为我们带来巨大的收益，因此开发者都在使用它。模块化开发部分的面试题主要考察应试者对几种模块化开发规范的了解，应试者要明白它们之间的异同点，以及所适用的场合。

第 24 章　CSS 预编译

1. ：scss 是什么？有哪几大特性？

：sass 是 CSS 预处理语言，scss 是 Sass 语言中一套语法的拓展名。scss 的特征是可以将 CSS 当作函数编写，可以定义变量，可以嵌套定义，可以使用语句等。

2. ：安装和使用 Sass 的步骤是什么？

：具体步骤如下。

（1）通过 npm 安装 css-loader、node-loader、sass-loader 等加载器模块。

（2）在 webpack.config.js 配置文件中定义 Sass 加载器。

3. ：Sass 和 Less 有什么区别？

：区别如下。

（1）编译环境不一样。Sass 的安装需要 Ruby 环境，是在服务器端处理的。而 Less 需要引入 less.js 来处理，然后 Less 代码输出 CSS 到浏览器中；也可以在开发环境中使用 Less，然后编译成 CSS 文件，直接放到项目中运行。

（2）变量名不一样。Less 中使用@，而 Sass 中使用$。

（3）插值语法不同，Less 中使用@{key}，Sass 中使用#{$key}。

（4）Sass 的混合相当于 Less 的方法，Sass 的继承相当于 Less 的混合。

（5）输出设置不同。Less 没有输出设置。Sass 提供 4 种输出选项：nested、compact、compressed 和 expanded。nested 选项用于嵌套缩进的 CSS 代码（默认），expanded 选项用于展开多行 CSS 代码，compact 选项显示简洁格式的 CSS 代码，compressed 选项显示压缩后的 CSS 代码。

（6）Sass 支持条件语句，如 if…else、for 循环等，而 Less 不支持。

（7）引用外部 CSS 文件的方式不同。Sass 引用外部文件时必须以“_”开头，文件名如果以下划线“_”命名，Sass 会认为该文件是一个引用文件，不会将其编译为 CSS 文件。Less 引用外部文件和 CSS 中的@import 没什么差异。

（8）Sass 和 Less 的工具库不同。Sass 有工具库 Compass。简单说，Sass 和 Compass 的关系有点像 JavaScript 和 jQuery 的关系，Compass 是 Sass 的工具库。在它的基础上，封装了一系列有用的模块和模板，补充和强化了 Sass 的功能。Less 有 UI 组件库 Bootstrap，Bootstrap 是 Web 前端开发中一个比较有名的前端 UI 组件库，Bootstrap 中样式文件的部分源码就是采用 Less 语法编写的。

总之，不管是 Sass，还是 Less，都可以将它们视为一种基于 CSS 之上的高级语言，其目的是使得 CSS 开发更灵活和更强大。Sass 的功能比 Less 强大，可以认为 Sass 是一种真正的编程语言；Less 则相对清晰明了，易于上手，对编译环境的要求比较宽松。

4. ：什么是 CSS 预处理器/后处理器？

：预处理器（例如，Less、Sass、Stylus）是用来把 Sass 或 Less 预编译成 CSS 的工具，增强了 CSS 代码的复用性。它有层级、mixin、变量、循环、函数等，具有很方便的 UI 组件模块化开发能力，能极大地提高工作效率。

后处理器（如 PostCSS）通常被视为在完成的样式表中根据 CSS 规范处理 CSS，让其更有效。目前最常做的是给 CSS 属性添加浏览器私有前缀，解决跨浏览器兼容性的问题。

HR 有话说

在大型项目中，为了提高 CSS 的可维护性，人们开始使用 CSS 预编译技术。CSS 预编译部分的面试题主要考察应试者对 CSS 预编译技术的使用。当然，CSS 预编译技术中的变量、混合、方法、继承、作用域、语句、插值等也是应试者需要了解的。目前 CSS 预编译器主要有 3 种，分别是 Less、Sass、Stylus，应试者可以选择一种，了解它的使用方式。

第 25 章　混 合 开 发

1. ：如何确保 InAppBrowser 能被完整调用?

：在调用外部资源的 HTML 文件中的标签中要加入 type="text/javascript"charset="utf-8"src="cordova.js">，以确保 InAppBrowser 插件能够被完整调用，否则会出现底部返回按钮无法出现的情况。

2. ：如何利用 InAppBrowser 插件调用外部资源?

：在 config.xml 文件中加入 href="*" />（即将任何外部资源放入白名单中），就可以利用 InAppBrowser 插件调用外部资源了。

3. ：在混合开发中，如何实现上拉刷新。下拉刷新和加载？你遇到过什么问题?

：用 iscroll 实现上拉刷新、下拉刷新和加载，效果比较差，在页面上只能上下滑动，不能左右滑动。如果把页面嵌入到客户端的 tab 底下，就会阻止客户端的左右滑动。如果要实现左右切换，就要把 iscroll 插件中的 onBeforeScrollStart:function (e) { e.preventDefault(); } 改为 onBeforeScrollStart: null。

缺点：虽然实现了上拉刷新、下拉刷新，但是效果不是很好，有时候会“弹”不回去，和原生的有一些差距。

4. ：HTML5 和 Native 的交互如何实现?

：WebView 本来就支持 JavaScript 和 Java 相互调用，只需要开启 WebView 的 JavaScript 脚本执行功能，并通过代码 mWebView.addJavascriptInterface(new JsBridge(), "bxbxbai") 向 HTML 5 页面中注入一个 Java 对象，然后就可以在 HTML5 页面中调用 Native 的功能了。

5. ：微信是用 Hybrid 开发做得最好的 App 之一，它是如何做交互的?

：在微信开发者文档中可以看到，微信 JS-SDK 封装了微信的各种功能，比如分享到朋友圈、图像接口、音频接口、支付接口、地理位置接口等。

开发者只需要调用微信 JS-SDK 中的函数，然后统一由 JS-SDK 调用微信中的功能。这样的好处就是，开发者写了一个 HTML5 的应用或网页，在 Android 和 iOS 版本的微信中都可以正常运行。

6. ：Hybrid 开发适用于哪些功能?

：Hybrid 开发就是在 Native 客户端中嵌入了 HTML App 的功能，这方面微信应该是做得最好的。由于 HTML5 的效率以及耗电问题，可能用户对 Web App 的体验不满意，

Hybrid App 也只适用于某些场景。把一些基础的功能（比如调用手机的摄像头、获取地理位置、登录注册等）做成 Native 的功能，让 HTML 5 来调用更好，这样的体验也更好。

如果把一个登录和注册功能也做成 HTML5 版本的 App，在弱网络环境下，这个体验应该会非常差，或许用户等半天还没加载出页面。

一些活动页面（比如“秒杀”、团购等）适合采用 HTML 5 开发，因为这些页面可能设计得非常炫而且复杂。HTML 5 开发非常简单，并且这些页面时效性短，更新更快，因为一个活动说不定就一周时间，下周就下线了。而如果用 Native 开发，成本是很高的。

7. ：Web App 和混合 App 的区别是什么？

：区别如下。

（1）Web App 指采用 HTML5 语言写的 App，需要安装触屏版网页应用。

优点包括：开发成本低，迭代速度快，能够跨平台终端。

缺点包括：入口临时，获取系统级别的通知和提醒效率低，用户留存率低，设计受限制，体验较差。

（2）混合 App 指半原生半 Web 的混合 App，需要安装它才能访问 Web 内容。

例如新闻类 App、视频类 App 普遍采取 Native 框架 Web 内容，混合 App 极力打造类似于原生 App 的体验，但仍受限于技术和网速等诸多因素。

8. ：什么是 Android 混合开发？如何申请权限？

：Android 混合开发使用 Java 和 H5 共同开发界面，通过 JsBridge 进行通信，一部分界面首先在本地写好，然后通过网络请求获取数据，进行展示。当然，也可以完全是 H5 界面，在 WebView 中进行展示。

权限可以在 Manifest.xml 中申请，Android 6.0 以上版本可以通过代码动态申请。

9. ：什么是混合开发？

：混合开发（HTML5 开发）相当于一种框架开发。该模式通常由“HTML5 云网站+App 应用客户端”两部分构成，App 应用客户端只须安装应用的框架部分，而在每次打开 App 的时候，从云端取数据并呈现给手机用户。

混合开发的另一种形式是套壳 App。套壳 App 就是用 H5 的网页打包成 App。虽然 App 能安装到手机上，但是每个界面都是通过 HTML5 开发的网页。这种 App 数据都保存在云端，用户每次访问都需要从云端调取全部内容，这样就容易导致反应慢，每打开一个网页或单击一个按钮，加载网页都需要等很长时间。

10. ：混合 App 开发的优势是什么？

：优势如下。

- 时间短。基本都是直接嵌套模板或打包成 App，这会节省很大一部分时间。
- 价格便宜。代码不需要重新写，界面不用重新设计，这些都是固定的，可替换的地方很少，所以价格相对便宜。

11. ：混合App开发的劣势是什么？

：劣势如下。

（1）功能、界面无法自定义。所有内容都是固定的，所以要换一个界面，或增加一个功能，都是不可以的。

（2）加载缓慢、网络要求高。混合App数据全部需要从服务器调取，每个页面都需要重新下载，所以打开速度慢，占用的网络带宽高，缓冲时间长，容易让用户反感。

（3）安全性比较低。代码都是以前的代码，不能很好地兼容最新的手机系统，且安全性较低。网络发展快，病毒多，如果不实时更新，定期检查，容易产生漏洞，造成经济损失。

12. ：开发原生App还是混合App，你是如何选择的？

：选择方法如下。

（1）根据预算选择：现在预算有多少？在应用转型上打算花多少金钱、时间、精力？如果预算在几千元到一万元之间，建议选择混合App。混合App有它存在的道理，并非一文不值，很多混合App发展好了再转型成原生App。

（2）根据需要选择：如果只是简单地卖个小商品，那么可以选择混合App；如果想做类似淘宝的大型店铺，有很多用户、很多店、很多现金流，可以选择原生App。

13. ：如何判断一个App是原生App、混合App还是Web App？

：从以下方面进行判断。

（1）看断网情况。

通过断开网络，刷新页面，观察内容缓存情况，可以有一个大致的判断，可以正常显示的就是原生App，显示404或者错误页面的就是Web App。

（2）看页面布局编辑。

如果页面布局比较简单，可能是原生App；如果页面布局很复杂，页面动画很多，可能是Web App。

（3）看复制文章的提示，需要通过对比才能得出结果。

比如，长按文章信息页面，如果出现文字选择、粘贴功能的是Web App，否则是原生App。

有些原生App开放了复制、粘贴功能或者关闭了这些功能，而Web App中HTML5中的CSS屏蔽了复制、选择功能等，需要通过对目标测试App进行对比才能分辨。

（4）看加载方式。

如果在打开新页面的导航栏下面有一条加载线，这个页面就是Web App；如果没有，就是原生的App。

（5）看 App 顶部导航栏是否会关闭按钮。

如果 App 顶部导航栏中出现了关闭按钮或者关闭图标，那么当前 App 是 Web App，原生 App 中不会出现（除非设计开发者特意设计）、美团、大众点评、微信的 App。当加载 H5 页面过多的时候，左上角会出现“关闭”两个字。

（6）看页面刷新情况。

如果页面没有明显刷新现象就是原生 App，如果有明显刷新现象（比如闪一下）就是 Web App，比如淘宝的众筹页面等。

在下拉页面的时候显示网址提供方的一定是 Web App。

（7）利用系统开发人员工具。

在手机的“设置”中，选择“开发者选项”→“显示布局边界”，选择开启后再次查看 App 整体布局边界，这样所有应用控件的布局就会一目了然。

14. ：混合应用程序的实现原理是什么？

：在本地应用程序中添加 WebView 来显示 HTML5（CSS、JavaScript）部分的内容，集中在 JavaScript 和本地代码中实现逻辑操作。通过 JavaScript 来实现本地代码和 HTML5 之间的交互操作。

15. ：谈谈 React 与 ReactNative 的区别。

：ReactNative 和 React 共用一些抽象层，但具体有很多差异，且目标平台不同。

React 用于开发 Web 页面，为了使前端的视图层组件化，并能更好地得以复用，它能够使用简单的 HTML 标签创建许多自定义组件标签。在组件内部绑定事件，只需要操作数据就会改变相应的 DOM 渲染结果。

ReactNative 目前只能开发 iOS/Android App，它是程序员能够使用前端的技术去开发运行在不同平台（如 iOS、Android 等）上的项目框架。ReactNative 在 JavaScript 中用 React 抽象 Android、iOS 原生的 UI 组件，代替 DOM 元素来渲染，比如用<View>取代<div>，用<Image>替代<img>等。

16. ：ReactNative 中，如何动态设置 TextInput 的高度，以便适配响应式页面布局？

：使用<TextInput style={[{height:Math.max(40,this.state.height)}]} />。

17. ：ReactNative 与原生 Android 常用的通信方式有几种？

：常用的通信方式如下。

（1）通过 RCTDeviceEventEmitter 事件通信。

（2）通过回调函数异步通信。

（3）通过 Promise 规范实现通信。

（4）通过原生 Android 直接向 ReactNative 传递常量数据。

18. ：从 ReactNative 中数据发生变化到把新的数据渲染到页面中，ReactNative 生命周期函数按照什么顺序执行？

：当组件数据发生改变时，会进入存在期，从而执行组件生命周期方法，属性的改变与状态的改变相差一个阶段。

如果属性改变，会依次执行 componentWillRecivePros、shouldComponentUpdate、componentWillUpdate、render、componentDidUpdate。

如果状态改变，会依次执行 shouldComponentUpdate、componentWillUpdate、render、componentDidUpdate。

HR 有话说

曾几何时“多端适配”简直要颠覆整个互联网行业。前端开发的项目，可以运行在浏览器（PC 端和移动端）、服务器、iOS 和 Android 系统中，但随着项目实战，与原生 App 相比，混合开发技术本身的不足逐渐体现出来。目前，工程师们也在逐步地攻克这些难关。因此，混合开发部分的面试题主要考察应试者对混合开发的认知。如何实现混合开发、如何搭配环境，以及混合开发中的一些常见问题都是值得应试者关注的。

第 26 章　前端工程化

1. 面试官：谈谈你对 WebPack 的认识。

求职者：WebPack 是一个模块打包工具，可以使用 WebPack 管理模块依赖，并编译输出模块所需的静态文件。它能够很好地管理与打包 Web 开发中所用到的 HTML、JavaScript、CSS 以及各种静态文件（图片、字体等），让开发过程更加高效。对于不同类型的资源，WebPack 有对应的模块加载器。WebPack 模块打包器会分析模块间的依赖关系，最后生成优化且合并后的静态资源。

WebPack 的两大特色如下。

（1）代码切割（code splitting）。

（2）loader 可以处理各种类型的静态文件，并且支持串行操作。

WebPack 以 CommonJS 规范来书写代码，但对 AMD/CMD 的支持也很全面，方便对项目进行代码迁移。

WebPack 具有 require.js 和 browserify 的功能，但也有很多自己的新特性。

（1）对 CommonJS、AMD、ES6 的语法实现了兼容。

（2）对 JavaScript、CSS、图片等资源文件都支持打包。

（3）串联式模块加载器和插件机制，让其具有更好的灵活性和扩展性，例如提供对 CoffeeScript、EMAScript 6 的支持。

（4）有独立的配置文件 webpack.config.js。

（5）可以将代码切割成不同的块，实现按需加载，缩短了初始化时间。

（6）支持 SourceUrls 和 SourceMaps，易于调试。

（7）具有强大的 Plugin 接口，大多是内部插件，使用起来比较灵活。

（8）使用异步 I/O，并具有多级缓存，这使得 WebPack 速度很快且在增量编译上更加快。

2. 面试官：在使用 WebPack 时，你都做些什么？

求职者：用来压缩合并 CSS 和 JavaScript 代码，压缩图片，对小图生成 base64 编码，对大图进行压缩，使用 Babel 把 EMAScript 6 编译成 EMAScript 5，热重载，局部刷新等。在 output 中配置出口文件，在 entry 中配置入口文件。使用各种 loader 对各种资源做处理，并解析成浏览器可运行的代码。

3. ：你用 gulp 都实现了哪些功能？

：我之前写的一个 Angular 项目就是使用 gulp 构建的。使用 task 制定各种任务，将通过 bower 安装的第三方插件复制到开发和生产目录中。复制 Less 并将它编译成 CSS，然后合并到一个文件中并压缩。将 JS 目录下所有的 JavaScript 文件合并并压缩成一个 JavaScript 文件。使用 imagemin 压缩图片，使图片变小。使用 open 让项目在自动运行时自动打开浏览器。使用 watch 监听 src 目录中代码的变化，并进行实时编译。使用 connect 创建一个项目服务器，用来做开发调试。

4. ：说说 WabPack 打包的流程。

：具体流程如下。

（1）通过 entry 配置入口文件。

（2）通过 output 指定输出的文件。

（3）使用各种 loader 处理 CSS、JavaScript、image 等资源，并将它们编译与打包成浏览器可以解析的内容等。

5. ：什么是 WebPack？

：WebPack 是一个打包工具，WebPack 可以将项目中使用的脚本开发语言 CoffeeScript TypeScript、样式开发语言 Less 或者 Sass “编译”成浏览器能识别的 JavaScript 和 CSS 文件。

6. ：WebPack 的核心原理是什么？

：核心原理如下。

（1）一切皆模块。

正如 JavaScript 文件可以是一个“模块”（module）一样，其他的（如 CSS、image 或 HTML）文件也可视作模块。因此，可以执行 require('myJSfile.js')，亦可以执行 require('myCSSfile.css')。这意味着我们可以将事务（业务）分割成更小的、易于管理的片段，从而达到重复利用的目的。

（2）按需加载。

传统的模块打包工具（module bundler）最终将所有的模块编译并生成一个庞大的 bundle.js 文件。但是，在真实的 App 里，bundle.js 文件的大小在 10MB 到 15MB 之间，这可能会导致应用一直处于加载状态。因此，WebPack 使用许多特性来分割代码，然后生成多个 bundle.js 文件，而且异步加载部分代码用于实现按需加载。

7. ：WebPack 中 loader 的作用是什么？

：具体作用如下。

（1）实现对不同格式文件的处理，比如将 Scss 转换为 CSS，或将 TypeScript 转化为 JavaScript。

（2）可以编译文件，从而使其能够添加到依赖关系中。loader 是 WebPack 最重要的部分之一。通过使用不同的 loader，我们能够调用外部的脚本或者工具，实现对不同格式文件的处理。loader 需要在 webpack.config.js 里单独用 module 进行配置。

8. 面试官：说说你工作中几个常用的 loader。

应聘者：常用的 loader 如下。

- babel-loader：将下一代的 JavaScript 语法规范转换成现代浏览器能够支持的语法规范。因为 babel 有些复杂，所以大多数开发者都会新建一个.babelrc 进行配置。
- css-loader、style-loader：这两个建议配合使用，用来解析 CSS 文件依赖。
- less-loader：解析 less 文件。
- file-loader：生成的文件名就是文件内容的 MD5 散列值，并会保留所引用资源的原始扩展名。
- url-loader：功能类似于 file-loader，但是当文件大小低于指定的限制时，可以返回一个 DataURL。

9. 面试官：plugins 和 loader 有什么区别？

应聘者：它们是两个完全不同的东西。loader 负责处理源文件，如 CSS、jsx 文件，一次处理一个文件。而 plugins 并不直接操作单个文件，它直接对整个构建过程起作用。

10. 面试官：说说 HtmlWebpackPlugin 插件的作用。

应聘者：依据一个简单的 index.html 模板，生成一个自动引用你打包后的 JavaScript 文件的、新的 index.html 文件。

11. 面试官：说说 WebPack 支持的脚本模块规范。

应聘者：不同项目在定义脚本模块时使用的规范不同。有的项目会使用 CommonJS 规范（参考 Node.js）；有的项目会使用 EMAScript 6 模块规范；有的还会使用 AMD 规范（参考 Require.js）。WebPack 支持这 3 种规范，还支持混合使用。

12. 面试官：如何为项目创建 package.json 文件？

应聘者：将命令行切换至根目录下，运行 npm init，命令行就会一步一步引导你建立 package.json 文件。手动在根目录下创建一个空文件，并命名为 package.json，在文件中填充 JSON 格式的常规内容。例如初期只需要 name 和 version 字段。

```
{
    "name": "Project",
    "version": "0.0.1"
}
```

13. 面试官：WebPack 和 gulp/grunt 相比有什么特性？

应聘者：gulp/grunt 是一种能够优化前端的流程开发工具，而 WebPack 是一种模块化的解决方案，由于 WebPack 提供的功能越来越丰富，使得 WebPack 可以代替 gulp/grunt 类的工具。

14. ：grunt 和 gulp 的工作方式是什么？

：在一个配置文件中，指明对某些文件进行何种编译、组合、压缩等任务的具体步骤，当运行这些工具的指令的时候，就可以自动完成这些任务。

15. ：WebPack 的工作方式是什么？

：把项目当作一个整体，通过一个给定的主文件（如 index.js），WebPack 将从这个文件开始找到你项目的所有依赖，并使用 loader（加载器）来处理它们，最后打包为一个浏览器可识别的 JavaScript 文件。

16. ：Babel 通过编译能达到什么目的？

：能达到以下目的。

（1）使用下一代的 JavaScript 标准（EMAScript 6、EMAScript 7）语法，当前的浏览器尚不完全支持这些标准。

（2）使用基于 JavaScript 进行拓展的语言，比如 React 的 jsx 语法。

17. ：EventSource 和 websocket 的区别是什么？

：区别如下。

（1）EventSource 本质仍然是 HTTP，仅提供服务器端到浏览器端的单向文本传输，不需要心跳链接，链接断开会持续重发链接。

小铭提醒

心跳链接是用来检测一个系统是否存活或者网络链路是否通畅的一种方式。

（2）websocket 是基于 TCP 的协议，提供双向数据传输，支持二进制，需要心跳链接，断开链接时不会重链。

（3）EventSource 更简洁轻量，websocket 支持性更好，后者功能更强大一点。

18. ：在工作中，WebPack 工具中常用到的插件有哪些？

：常用到的插件如下。

（1）HtmlWebpackPlugin：依据一个 HTML 模板，生成 HTML 文件，并将打包后的资源文件自动引入。

（2）commonsChunkPlugin：抽取公共模块，减小包占用的内存空间，例如 vue 的源码、jQuery 的源码等。

（3）css-loader：解析 CSS 文件依赖，在 JavaScript 中通过 require 方式引入 CSS 文件。

（4）style-loader：通过 style 标签引入 CSS。

（5）extract-text-webpack-plugin：将样式抽取成单独的文件。

（6）url-loader：实现图片文字等资源的打包，limit 选项定义大小限制，如果小于该限制，则打包成 base64 编码格式；如果大于该限制，就使用 file-loader 去打包成图片。

（7）postcss：实现浏览器兼容。

（8）babel：将 JavaScript 未来版本（EMAScript 6、EMAScript 2016 等）转换成当前浏览器支持的版本。

（9）hot module replacement：修改代码后，自动刷新、实时预览修改后的效果。

（10）ugliifyJsPlugin：压缩 JavaScript 代码。

19. ：WebPack 与 gulp 的区别是什么？

：区别如下。

（1）用途不同。gulp 是工具链，可以配合各种插件使用，例如对 JavaScript、CSS 文件进行压缩，对 less 进行编译等；而 WebPack 能把项目中的各种 JavaScript、CSS 文件等打包合并成一个或者多个文件，主要用于模块化开发。

（2）侧重点不同。gulp 侧重于整个过程的控制管理（像是流水线），通过配置不同的任务，构建整个前端开发流程，并且 gulp 的打包功能是通过安装 gulp-webpack 来实现的；WebPack 则侧重于模块打包。

（3）WebPack 能够按照模块的依赖关系构建文件组织结构。

20. ：window 对象中，模块间的依赖关系完全由文件的加载顺序决定，这样的模块组织方式出现的弊端是什么？

：弊端如下。

（1）全局作用域下容易造成变量冲突。

（2）文件只能按照<script>的书写顺序进行加载。

（3）开发人员需要自己解决模块/代码库的依赖关系。

（4）在大型项目中这样的加载方式会导致文件冗长而难以管理。

21. ：如何用 webpack-dev-server 监控文件编译？

：打开多个控制台，用 webpack --watch 实时监控文件变动，并随时编译。

22. ：如何修改 webpack-dev-server 的端口？

：用--port 修改端口号，如 webpack-dev-server --port 8888。

23. ：publicPath 是什么？

：在 WebPack 自动生成资源路径时，比如由于 WebPack 异步加载分包而需要独立出来的块，或者打包 CSS 时，WebPack 自动替换掉的图片、字体文件，又或者使用 html-webpack-plugin 后 WebPack 自动加载的入口文件等，这些 WebPack 生成的路径都会参考 publicPath 参数。不需要关注 CDN，需要关注的是，文件发布出来后，应该部署到哪里。如果文件是与页面放到一起的，那么可以按相对路径来设置，比如'./'之类的；而如果 JavaScript、CSS 文件用于存放 CDN，当然就要填写 CDN 的域名和路径。

24. 面试官：export、export default 和 module.export 的区别是什么？

求职者：export、export default 都属于 EMAScript 6 模块化开发规范。

export 和 export default 的区别如下。

在同一个文件里面可以有多个 export，一个文件里面只能有 1 个 export default。

使用 import 引入的方式也有点区别。

在使用 export 时，用 import 引入的相应模块名字一定要和定义的名字一样；而在使用 export default 时，用 import 引入的模块名字可以不一样。

module.export 属于 CommonJS 语法规范。

25. 面试官：当使用 Babel 直接打包的 JavaScript 文件中含有 jsx 语法的时候会报错，如何解决这个问题？

求职者：修改 package.json 并添加 react，如以下代码所示。

```
"babel": {
    "presets": [
        "es2015",
        "react",
        "stage-0"
    ],
    "plugins": [
        "add-module-exports"
    ]
}
```

26. 面试官：当使用 html-webpack-plugin 时找不到指定的 template 文件怎么办？

求职者：通过以下代码进行解决。

```
{
    test: /\.html?$/,
    loader: 'html-loader'
}
```

也就是将以前的 file-loader 修改为 html-loader 就可以了。

27. 面试官：WebPack 如何切换开发环境和生产环境？

求职者：生产环境与开发环境的区别无非就是调用的接口地址、资源存放路径、线上的资源是否需要压缩等方面。目前的做法是通过在 package.json 中设置 node 的一个全局变量，然后在 webpack.config.js 文件里面进行生产环境与开发环境的配置切换。

28. 面试官：WebPack 的特点是什么？

求职者：特点如下。

（1）具有丰富的插件，方便程序员进行开发。

（2）具有大量的加载器，包括加载各种静态资源。

（3）支持代码分割，提供按需加载的能力。

（4）它是一个理想的发布工具。

29. ：WebPack 的优势是什么？

：优势如下。

（1）WebPack 以 CommonJS 的形式书写脚本，对 AMD/CMD 的支持也很全面，方便对旧项目进行代码迁移。

（2）绝大部分前端资源都可以模块化。

（3）开发便捷，能替代 grunt/gulp 的部分工作，如程序打包、压缩混淆、图片转 base64 编码等。

（4）扩展性强，插件机制完善，特别是支持 React 热插拔功能。

30. ：图片处理常见的加载器有几种？

：有以下几种。

（1）file-loader，默认情况下会根据图片生成对应的 MD5 散列的文件格式。

（2）url-loader，它类似于 file-loader，但是 url-loader 可以根据自身文件的大小，来决定是否把转化为 base64 格式的 DataUrl 单独作为文件，也可以自定义对应的散列文件名。

（3）image-webpack-loader，提供压缩图片的功能。

31. ：WebPack 命令的--config 选项有什么作用？

：--config 用来指定一个配置文件，代替命令行中的选项，从而简化命令。如果直接执行 WebPack，WebPack 会在当前目录下查找名为 webpack.config.js 的文件。

HR 有话说

随着前端技术的发展，前端工程化变得越来越重要。前端工程化部分的面试题主要考察应试者对工程化的理解与运用，如何通过工程化来提高代码质量、编译代码、优化代码；如何提高网站性能，保障网站安全，提升用户体验；如何将开发的代码按照理想的方式发布和上线等。当然，一些新技术的实现（诸如 EMAScript 6、typescript、jsx、Less、Sass、Stylus 等）都离不开前端工程化。

第 27 章　版本管理工具

1. ：说说 SVN 和 Git 的区别。

：SVN 是集中式版本控制系统，版本库是集中放在中央服务器的，而开发的时候，用的都是自己的 PC 端。所以，首先要从中央服务器那里得到最新的版本，然后开发，一旦开发任务完成后，需要把自己开发的文件推送到中央服务器。集中式版本控制系统必须联网才能工作，如果在局域网环境下带宽够大，速度够快，还是很方便的。但如果在互联网环境下网速很慢，就会严重影响开发效率。

Git 是分布式版本控制系统，它没有中央服务器，每个人的 PC 就是一个完整的版本库，这样，工作的时候就不需要联网了，因为版本库都是在自己的 PC 上。每个人的 PC 都有一个完整的版本库，当多人协作开发的时候，只须把各自的修改文件推送给对方，就可以互相看到对方的修改了。

2. ：说说 Git 中 merge 和 rebase 的区别。

：在 Git 中，merge 和 rebase 从最终效果来看没有任何区别，都是将不同分支的代码融合在一起，但是生成的代码树稍有不同。rebase 操作不会生成新的节点，而是将两个分支融合成一个线性的提交。而 merge 操作生成的代码树会显得比较乱。

3. ：你都使用哪些工具来测试代码的性能？

：Profiler、JSPerf 等。

4. ：如何管理你的项目代码？管理项目代码的过程中，大多数情况下使用命令行还是工具？

：在项目开发阶段就使用 Git。在项目开始阶段，通常会单独拉取一个分支，在这个分支上开发新功能。做好之后让经理审核一下代码，如果代码没问题，他会把分支合并到主干上。

当没有冲突的时候用命令行比较多。首先，在每次提交之前我会使用 Git pull 拉取线上的代码，获取最新的代码。然后通过 Git add，把新的代码写入缓冲区，再用 Git commit -m "备注" 生成一个本地的版本，最后用 Git push 推到线上库。

5. ：Git fetch 和 Git pull 的区别是什么？

：区别如下。

Git pull 相当于从远程获取最新版本并合并到本地；Git fetch 相当于从远程获取最新

版本并存放到本地，而不会自动合并。

HR 有话说

在多人开发中，势必要有一个理想的工具来管理每个人开发的代码，Git、SVN 等就是这类版本控制工具的代表。版本控制工具部分的面试题主要考察应试者对版本控制工具的了解，例如，使用 Git 提交代码、解决冲突、发布到服务器端的方式，以及 Git 的架构理念、文件状态等。

第 28 章　前端测试

1. ：什么是 mock 测试?

：mock 测试就是在测试过程中，对于某些不容易构造或者不容易获取的对象，创建一个虚拟的对象来测试，以便完成测试方法。

2. ：什么是冒烟测试（smoke test）?

：冒烟测试源自硬件行业，对一个硬件或者硬件组件改动后，直接给设备加电，看看设备会不会冒烟。如果没冒烟，就表示待测组件通过了测试。

在软件开发过程中，一直有高内聚、低耦合这样的说法，各个功能模块之间的耦合还是存在的。因此，一个功能的改动还是会影响到其他功能模块。如果在开发人员修复了先前测试中发现的 Bug 后，想知道这个 Bug 的修复是否会影响到其他功能模块，就需要做冒烟测试。

3. ：平时工作中怎样进行数据交互? 如果后台没有提供数据，怎样进行开发? mock 数据与后台返回的格式不同怎么办?

：由后台编写接口文档、提供数据接口，由前台通过 Ajax 访问实现数据交互。

在没有数据的情况下，向后端索要一份静态数据，或者自己模拟一份 mock 数据。

当返回数据的格式不统一时，编写映射文件对数据进行映射。

4. ：在 iOS 模拟器中，如何进行刷新?

：选择模拟器中的 Hardware→Keyboard→Connect Hardware Keyboard 即可。

5. ：如何在 Chrome 控制台中打开 paint flashing?

：打开开发者工具，按键盘上的 Esc 键打开控制台面板，选择 rendering 标签栏，即可看到 paint flashing 选项。

6. ：Chrome 开发者工具中，常用的面板有哪几个?

：有以下几个。

- Element：主要用来调试网页中的 HTML 标签代码和 CSS 样式代码。
- Network：查看网页的 HTTP 通信情况，包括 Method、Type、Timeline（网络请求的时间响应情况）等。
- Source：查看 JavaScript 文件，调试 JavaScript 代码。
- Timeline：查看 JavaScript 的执行时间、页面元素渲染时间等。

- Profiles：查看网页的性能，比如 CPU 和内存消耗。
- Resources：查看加载的各种资源文件，如 JavaScript 文件、CSS 文件、图片等。
- Audits：分析当前网页，快速地分析出哪些资源被使用、哪些资源没有被使用，然后提出建议。
- Console：查看错误信息，打印调试信息，调试 JavaScript 代码，查看 JavaScript API。

7. ：如何调试 JavaScript 代码？

：调试方式如下。

（1）JavaScript 断点调试。

断点可以让程序在需要的地方中断，从而方便程序员分析。也可以在一次调试中设置断点，下一次只须让程序自动运行到设置断点的位置，便可在上次设置断点的位置中断，这极大地方便了调试，同时节省了时间。

JavaScript 断点调试，即是在浏览器开发者工具中为 JavaScript 代码添加断点，让 JavaScript 执行到某一特定位置停住，方便开发者对该处代码段进行分析和调试。

（2）debugger 断点调试。

通过在代码中添加“debugger”语句，当代码执行到该语句的时候就会自动插入断点。

（3）DOM 断点调试。

DOM 断点就是在 DOM 元素上添加断点，进而达到调试的目的。

8. ：如何进行响应式测试？

：响应式测试特别简单，通过改变视窗大小（也就是缩放浏览器）即可测试。当然，当在 CSS 中设置 Media Queries 判断条件时要使用 max-width 才行，如果使用 max-device-width 则会根据设备的屏幕尺寸来判断。

9. ：如何用 Chrome 模拟设备屏幕尺寸？

：如果需要测试某种明确的机型，Chrome 新版的 Emulation 就可以派上用场了。如果 Emulation 面板需要模拟地理位置、加速计等功能，打开 DevTools 界面后按下 Esc 键即可打开分裂视图。打开 DevTools 界面之后，单击“手机图标”即可进入 Chrome 手机模拟器。

10. ：如何进行 Android 虚拟机测试？

：在计算机上安装 Android 虚拟机，就可以用虚拟机打开进行测试，例如以下虚拟机。

- Genymotion

Genymotion 是一个优秀的 Android 虚拟机。因为它基于 VirtualBox 内核，所以要先安装 VirtualBox，然后注册账号 Genymotion，可以免费使用，但是功能有限制。

- Parallels

Parallels 是基于 Mac 平台的虚拟机，使用它创建虚拟机的时候，可以直接下载 Android 系统并安装。

11. ：如何进行 Android 真机调试?

：测试机安装 Chrome for Android 后才可以使用 Chrome 远程调试这项功能。

首先，用数据线将 Android 测试机连接到计算机上，打开测试机上面“开发者选项”中的“USB 调试”功能。在 Android 4.2+系统上“开发者选项”默认是隐藏的，所以需要先开启“开发者选项”。

然后，在桌面版 Chrome 中打开 chrome://inspect 即可查找你的设备，在设备上的 Chrome 中打开网页即可。接下来，就可以用桌面版 Chrome DevTools 调试移动设备上的页面了。

此外，在本地用 Node.js 或者其他语言开启一个本地服务器，通过端口转接让移动设备直接访问本机 IP 地址上的页面，再配合 LiveReload、BrowserSync 之类的工具，自动刷新。

12. ：你使用过 Weinre 调试工具吗?

：Weinre 是一个简单、好用的调试工具。它会在本地创建一个监听服务器，并提供一个 JavaScript 程序，你只用在需要测试的页面中加载这段 JavaScript 程序，就可以被 Weinre 监听到，在 Inspect 面板中调试这个页面。

13. ：你使用过 iOS Simulator 调试工具吗?

：iOS Simulator 是 Xcode 开发工具内置的 iOS 模拟器，该功能仅能在 Mac 系统下使用。

14. ：如何对 iOS 设备进行真机调试?

：首先需要在 iPhone 等设备上设置一下 Safari 浏览器，开启调试功能。然后，使用数据线连接计算机，在设备上用 Safari 浏览器打开需要调试的页面。接下来，在桌面版的 Safari 开发选项中即可看到此页面，并进行调试。

但是要调试本地网站，你可能要将手机与计算机连在一个局域网内，然后输入局域网 IP 地址进行调试。

15. ：如何使用 MIHTool 进行远程调试?

：MIHTool 是一个 App，可以直接安装到你的 iOS 设备里，然后内置一个简单的浏览器就可以打开测试页面。当它开启时，它会自动向页面中插入 Weinre 的 JavaScript 程序，并告知 Weinre 控制台 URL 等信息，让你可以访问并进行调试该页面。它还提供了一个公共的 Weinre 调试服务，生成对应的链接，打开即可调试。

16. 如何对 IE 浏览器进行网页调试?

：可以通过以下工具进行调试。

- SuperPreview，主要用于 HTML 代码、CSS 代码的调试和各个浏览器（目前只能针对 IE6 ~ IE8）的页面呈现测试。
- Internet Explorer Collection，主要用于 Internet Explorer 浏览器（IE1 ~ IE8）各个版本的页面呈现测试。
- Developer Toolbar，主要用于 HTML 代码、CSS 代码和 JavaScript 代码的调试。
- IE WebDeveloper，主要用于 HTML 代码、CSS 代码和 JavaScript 代码的调试。

IE WebDeveloper 可以让你检查和编辑 HTML DOM，显示错误信息、日志信息，显示网站源代码，监视 DHTML 事件和 HTTP 流量。它的功能可以和火狐中的 Firebug 相媲美，甚至有些功能还强于 Firebug。

- IETester，主要用于 Internet Explorer 浏览器各个版本的页面呈现测试。
- VS2008，主要用于 JavacScript 代码的调试。
- DebugBar，主要用于 HTML 代码、CSS 代码和 JavaScript 代码的调试。

17. 你知道哪些开发工具?

：开发工具一般分为两种类型：文本编辑器和集成开发环境（IDE）。

常用的文本编辑器有 Sublime Text、Notepad++、EditPlus 等。

常用的 IDE 有 WebStorm、Intellij IDEA、Eclipce 等。

18. 请介绍一下 Yslow。

：首先，YSlow 是一个工具，也可以认为它是一个插件，它是基于 Mozilla Firefox 上 Firebug 插件的一个插件。它出现的主要目的就是检测页面的性能。它让用户可以就近取得所需的内容，解决网络拥挤的状况，提高用户访问网站的响应速度。其次，雅虎在 Etags 的配置上也有独特之处，它声明网页对象过期。也就是说，当用户从服务器取数据的时候，如果文件变化了，就给他反馈新的文件。如果文件没有变化，只须告诉客户端没有变化即可，不必再把文件取回来，这样就节省了大量的网络带宽和资源。另外，只要将那些在加载过程中要执行的脚本放到底部，就可以实现最大数量的并行下载。

19. 如何让 WebStrom 忽略 node_modules 的索引?

：WebStrom 在打开一个项目的时候会有一个索引过程。如果计算机配置不高，打开一个带有 node_modules 文件夹的项目，那简直就是一场“灾难”。为了提高打开速度，避免每次“灾难”的重现，可以在菜单栏中选择 File→Setting→Editor→File types→Ignore files and folders。

在 Ignore files and folders 选项最后加上 node_modules 并保存就可以了，然后重启 WebStorm。

HR有话说

虽然工作中有专门的测试人员（QA工程师）帮我们实现对代码的测试，但是为保证开发的代码质量，我们还是要进行单测、自测。测试部分的面试题主要考察应试者对前端测试的了解，主要涉及单测和自测部分，考察应试者平时都是如何做测试的，都用过哪些测试工具等。

第 29 章　公司常问问题

1. ：你觉得前端工程师的价值体现在哪些方面？

：体现在以下方面。

（1）为优化用户体验提供技术支持（交互部分）。

（2）为浏览器之间的兼容性提供支持。

（3）为提高用户浏览速度（浏览器性能）提供支持。

（4）为跨平台（多端）、其他基于 webkit 或其他渲染引擎的应用（应用嵌入，如微信小程序等）提供支持。

（5）为展示数据提供支持（大数据可视化）。

2. ：你是如何认识前端界面工程师这个职位的？

：前端工程师是最贴近用户的程序员，比后端、数据库、产品经理、运营、安全都近。

前端工作可以实现界面交互，提升用户体验。

有了 Node.js，前端可以实现服务器端的一些工作。

前端工程师的职责就是能让产品从 90 分提升到 100 分，甚至更好。

前端工程师的岗位职责包括以下几方面。

（1）参与项目开发，快速、高质量地完成实现效果图，精确到 1px。

（2）与团队成员、UI 设计人员、产品经理沟通。

（3）做好页面结构、页面重构，提升用户体验。

（4）处理 hack、兼容性问题，写出优美的代码。

（5）针对服务器的优化，拥抱最新的前端技术。

3. ：说说你对前端架构师的理解。

：前端架构师的职责如下。

（1）负责前端团队的管理以及与其他团队的协调工作，提升团队成员能力和工作效率。

（2）带领团队完成研发工具及平台前端部分的设计、研发和维护。

（3）带领团队进行前端领域前沿技术的研究及新技术的调研，保证团队的技术领先。

（4）负责前端开发规范的制定、功能的模块化设计、公共组件的搭建等工作，并组织培训。

4. ：什么样的前端代码是好的？

：好的代码应具有高复用率、低耦合度、易维护性、易扩展性等特点。

5. ：平时如何管理你的项目？

：主要从以下方面进行管理。

（1）前期团队必须确定好全局样式（globe.css）、编码模式（utf-8）等。

（2）编写习惯必须统一（例如 JavaScript 中都采用面向对象式的写法，CSS 中单样式都写成一行）。

（3）标注样式编写人，各模块都及时标注（标注关键样式调用的地方）。

（4）标注页面（例如页面、模块的开始和结束）。

（5）把 CSS、HTML（模板）和 JavaScript 代码分文件夹进行存放，命名要表达出文件模块的功能，并要统一（如 header.css）;

（6）图片采用优化后的图片，并放在 images 文件夹内。

6. ：介绍一下最能体现你能力的项目。

：我做过一个外卖项目，这个项目是使用 Vue.js 开发的，使用 vue-cli 和 WebPack 自动化构建工具构建的项目。通过组件化开发，实现对组件的高度复用。运用 VueX 管理状态，使各个组件间能够共享数据。使用 Vue.js 自带的 transition 动画组件实现过渡动画效果。在项目中运用路由对各组件按需加载，从而提高效率。自定义了很多可以复用到别的项目中的基础组件，比如 modal 提示信息组件、loading 组件、星级评分组件、滚动列表组件等。使用 vue-lazyload 实现图片懒加载，使用 vue-scoller 实现下拉刷新、上拉加载更多，使用 axios 实现异步请求、加载数据等。

7. ：你的项目与同类项目相比有哪些亮点？

：同类型的项目是使用传统方式开发的。我们这个项目是使用 Vue.js 开发的。与传统的开发方式相比，Vue.js 开发的优势还是很明显的。因为在传统的开发方式中，DOM 节点操作比较多，对节点进行操作会导致浏览器对页面的重绘。但是 Vue.js 是数据驱动的 MVVM 框架，并且在 Vue.js 2.0 中运用了虚拟 DOM 的技术，最大限度地减少了浏览器的重绘，所以运行效率很高。Vue.js 是基于组件化开发的，代码的可维护性更高，而且在项目中我们运用 VueX 管理状态，使数据交互的实现变得更加简单。另外，在路由中，使用按需加载的方式加载组件，使组件的访问效率更高。

8. ：你们团队使用的后端语言是什么？如何与后端协同工作？

：后端语言是 PHP。我跟他们的配合方式一般是，我这边规定各个接口的 JSON 数据结构，后端工程师提供数据接口，他们会给我一个数据接口的文档。拿到文档之后，对于各个数据接口，我首先会用 postman 测试一下，看它们是否正常工作。如果没问题，就用这些数据开发项目。

9. 面试官：你们这个外卖项目是几个人开发的？是如何分工协作的？在开发过程中遇到的问题是如何解决的？

应聘者：是两个人开发的。我主要负责开发首页和购物两个模块。

首页主要就是通过接口获取数据，渲染页面。涉及的有几个主要的内容：轮播效果、搜索功能、滚动加载更多等。轮播图我用的是swipper插件，下拉加载更多使用vue-scroller实现，并且运用vue-lazyload实现了图片懒加载。搜索模块在后台提供了一个搜索接口，有一个参数是用户输入的关键字，通过发送这个请求接口，获取后台数据，并渲染到页面中。

购物页面有几个地方不太好设计。比如选择商品时，右侧商品列表和左侧商品类目的一个联动效果。单击左侧，右侧商品滚动到对应位置，右侧商品滚动，左边类目对应进行高亮显示。我当时是使用 Better-scroll 实现的。里面有接口可以监听滚动的距离，然后通过计算距离，从而计算出索引值，将对应索引值的类目高亮显示。

还有一个难点是购物车组件。购物车组件涉及多组件的通信，开始我是使用组件间的传参方式实现的。父组件向子组件传递的参数通过props接收，子组件向父组件传递的参数通过$emit进行事件传递，父组件监听事件。这种方式代码可读性差，不利于后期维护。后来使用VueX管理状态，把需要在多个组件通用的数据放入store中，然后通过muatation进行统一管理。

10. 面试官：你感觉你在项目开发中的贡献有多大？

应聘者：这个项目是我们整个公司同仁共同努力的结果。在项目上线的过程中，产品运营团队、设计团队，以及前后端开发团队都付出了巨大的努力，我只是有幸成为团队的一员而已。

在开发的过程中，我有意识地让自己承担更多工作，比如我会积极参与那些有挑战的、较为复杂的模块来做。一方面可以为公司贡献更多价值，另一方面也更有利于自己的成长。

11. 面试官：你做前端开发多长时间了？

应聘者：两年了，现在前端技术发展非常快，需要快速学习、持续学习的能力。虽然很累，但是我非常喜欢这个工作，所以在工作之余我一直坚持自学新技术，Vue、Angualr都是我在工作后业余时间自学的，后来把它们运用到了项目中。

12. 面试官：你是学什么专业的？都学习了哪些课程？

应聘者：我是计算机专业的。主要学习过高数、线性代数、离散数学、C 语言、数据结构、SQL Server数据库等。

大学里学的内容比较陈旧，离工作的需求有距离，所以我自学了前端知识，然后进入这个行业，一直做到现在。

13. ：前端是在大学里学的吗？

：是在大学期间自学的，开始看一些视频资料，后来查文档，看 GitHub 上的一些开源项目。如果在开发中遇到问题，通过 Google 或百度搜索寻找解决问题的方案等。

14. ：你一直在做前端工发吗？

：大学毕业后就一直做前端开发。开始使用 HTML、CSS、jQuery 做 PC 端页面，做一些动画效果，现在通常用 MVVM 框架做项目。

15. ：说说你一天的工作内容。

：每天 9 点左右到公司，领导会分配任务，然后与 PM（产品经理）确认需求，与 UI（用户界面）设计师确定一些标注不详的样式。明确了之后，自己选择一个分支开始开发，做完了让领导审查代码。他觉得合格了就合并，如果不合格，他会给我指出 Bug，然后我再修改。

16. ：谈谈你的期望月薪

：首先，我上一份工作的月薪是 1.2 万元，并且做了一年多了，这一年多我没有在团队掉队，说明我每个月的工作最起码是值 1.2 万元的。但是，在这一年中我的技术又有了很大的进步，比如学会了使用 WebPack 前端自动化构建工具，使用 Vue、VueX 等 MVVM 框架做项目。而且我的自主学习能力很强，对新技术有浓厚的兴趣，喜欢钻研新技术，这保证了我在未来的增值能力。所以我的期望月薪是 1.2 万元，因为我的学习能力保证了我的技术会持续增值，会为公司创造更大的价值。

17. ：你的项目用了哪些插件？

：使用了以下插件。

- 使用 swipper 制作轮播图。
- 使用 better-scroll 制作滚动列表。
- 使用 vue-scroller 实现下拉加载更多。
- 使用 vue-lazyload 实现图片懒加载。
- 使用 vue-router 实现路由跳转。
- 使用 axios 请求后端数据接口。

18. ：工作中，你是如何与 RD（后端）工程师对接的？

：我们的后端工程师还是比较照顾我，基本上我需要什么样的数据接口，他就在接口中返回我需要的数据结构，所以，我会把各部分数据结构的要求告诉后端工程师。后端工程师写好接口后会给我一个接口文档，然后我会使用 postman 测一下。如果没问题，就着手开发；如果有问题，再把问题反馈给他，让他修改。

19. ：你们公司的前端与后端是完全分离吗？

：是完全分离的，在不同的分支上开发。

20. 面试官：你了解后端的语言吗？

应聘者：使用 express 和 MySQL 实现过注册登录功能，并且写了一个博客系统。对于基本的增、删、改、查操作有一定经验，并且写过简单的数据接口，对前后端交互有了新的认识。

21. 面试官：说说你们团队的项目开发流程。

应聘者：我们公司是产品经理和运营确定需求，然后 PM（产品经理）会给出原型图。之后用户页面设计师会出效果图。在这个过程中经理会根据要求确定技术选型。效果图出来之后，我们开发人员介入开始开发。经理会根据每个人的能力分配工作量。我开发的时候会自己找一个分支，然后自己开发，自己模拟数据。前端页面效果做完之后，会把数据结构告诉 RD（后端）工程师，让他们做数据接口。他们做好之后会给我一个接口文档，我拿到接口文档后，会先用 postman 测试一下，如果通过了，就把测试的数据都换成后台接口的真实数据。我自己测试一下功能，如果没问题，就让我们经理审核代码，审核通过了就会合并分支程序。

22. 面试官：如果通过这次面试，我们单位录用了你，但工作一段时间后发现你根本不适合这个职位，你怎么办？

应聘者：如果一段时间后发现工作不适合我，我会有两种选择。如果我确实热爱这个职业，那我就要不断学习，虚心向领导和同事学习业务知识与处事经验，了解这个职业的精神内涵和职业要求，力争缩小差距。如果我觉得这个职业可有可无，那还是趁早换个职业，去发现适合自己并且热爱的职业，对自己的发展前途也会大，对单位和个人都有好处。

23. 面试官：在完成某项工作时，你认为领导要求的方式不是最好的，自己还有更好的方法，你应该怎么做？

应聘者：原则上，我会尊重和服从领导的工作安排，同时私底下找机会以请教的口吻，婉转地表达自己的想法，看看领导是否能改变想法。如果领导没有采纳我的建议，我也同样会按领导的要求认真地完成这项工作。还有一种情况，假如领导要求的方式违背原则，我会坚决提出反对意见，如领导仍固执己见，我会毫不犹豫地再向上级领导反映。

24. 面试官：如果你的工作出现失误，给本公司造成经济损失，你认为该怎么办？

应聘者：首先，我本意是为公司努力工作，如果造成经济损失，我认为首要的问题是想方设法去弥补或挽回经济损失。如果我无能力负责，希望单位帮助解决。其次，分清责任，各负其责。如果是我的责任，我甘愿受罚；如果是我负责的一个团队中别人的失误，自己也不能幸灾乐祸，作为一个团队，需要互相提携、共同完成工作，安慰同事并且帮助同事查找原因、总结经验。最后，总结经验教训，一个人的一生不可能不犯错误，重要的是，能从自己的或者别人的错误中吸取经验教训，并在今后的工作中避免发生同类的错误。检讨自己的工作方法、分析问题的深度和力度是否不够，导致出现了本可以避免的错误。

25. ：如果你做的一项工作受到上级领导的表扬，但你的主管领导说是他做的，你该怎样处理？

：我首先不会找那位上级领导说明这件事，我会主动找我的主管领导来沟通，因为沟通是解决人际关系的最好办法，但结果会有两种。如果我的主管领导认识到自己的错误，我想我会视具体情况决定是否原谅他。若他不知悔改，还变本加厉，那我会毫不犹豫地找我的上级领导反映此事，因为他这样做会造成负面影响，对今后的工作不利。

26. ：谈谈你对跳槽的看法。

：正常的“跳槽”能促进人才合理流动，应该支持。然而，频繁的跳槽对单位和个人双方都不利，应该反对。

27. ：工作中如果你难以和同事、上司相处，你该怎么办？

：首先，我会服从领导的指挥，配合同事的工作。然后，我会从自身找原因，仔细分析是不是自己的工作做得不好，让领导不满意，让同事看不惯。还要看看是不是为人处世方面做得不好，如果是这样的话我会努力改正。其次，如果我找不到原因，我会找机会跟他们沟通，请他们指出我的不足，有问题就及时改正。最后，作为优秀的员工，应该时刻以大局为重，即使在一段时间内，领导和同事对我不理解，我也会做好本职工作，虚心向他们学习，我相信，他们会看见我在努力，总有一天会对我微笑的。

28. ：假设你在某单位工作，成绩比较突出，得到领导的肯定。但同时你发现同事们越来越孤立你，你如何看待这个问题？你准备怎么办？

：成绩比较突出，得到领导的肯定是件好事情，以后我会更加努力。关于这个问题，首先，我会检讨一下自己是不是对工作的热心度超过了同事间交往的热心，以后加强同事间的交往。然后，工作中，切勿伤害别人的自尊心。最后，不在领导前拨弄是非。

29. ：最能概括你自己的3个词是什么？

：适应能力强，有责任心，做事有始终。

30. ：你通常如何面对别人的批评。

：沉默是金，不必说什么，否则情况更糟，不过我会接受建设性的批评。我会等对方冷静下来再讨论。

31. ：怎样对待自己的失败？

：我们生来都不是十全十美的，我相信我有第二次机会改正我的错误。

32. ：什么会让你有成就感？

：为贵公司竭力效劳，尽我所能，出色地完成一个项目。

33. ：眼下你生活中最重要的是什么？

：对我来说，能在这个领域找到工作是最重要的，能在贵公司任职对我说最重要。

34. ：假如你晚上要送一个出国的同学去机场，可单位临时有事非你办不可，你怎么办？

：我觉得工作是第一位的，但朋友间的情谊也是不能偏废的，这个问题我觉得要按照当时具体的情况来决定。

如果我的朋友要搭乘晚上 11 点钟的飞机，而我加班到 8 点钟就能够完成当天工作，那就最理想了，干完工作去机场，皆大欢喜。

如果工作不是很紧急，加班仅仅是为了明天上班的时候能把报告交到办公室，那完全可以跟领导打声招呼，先去机场然后回来加班，晚点下班。

如果工作很紧急，两者不可能兼顾的情况下，我觉得可以有两种选择。

- 如果不是全单位都加班，可以找其他同事来接替自己的工作，自己去机场。
- 如果找不到合适的人选，那只好忠义不能两全了，打电话向朋友解释一下，相信他会理解的。

35. ：你觉得压力最大的时候是什么时候？

：我觉得压力最大的时候是刚刚接受一个任务或者刚刚给自己制订了一个大目标的时候。之所以这样，是因为我的一个习惯，任务开始的时候，我会逼着自己制订一个完美的计划，并且尽可能把各项工作都提前做好。比方说，当参加一个比赛的时候，我会在刚一确定参加比赛的那个阶段拼命准备，找资料，提前很长时间就模拟练习。这样，越到最后我反而越放松。

HR 有话说

企业相关问题部分的面试题主要考察应试者对公司、对工作的认可度，考察应试者能不能忠诚于公司，能不能稳定地工作等，所以保持一个学习的态度，追求稳定工作的姿态，推崇而又认可公司是极为重要的。

第 30 章　主观面试题

1. ：请介绍一下自己。

小铭提醒

这是一道面试的必考题目。介绍的内容要与个人简历一致。表述方式上尽量口语化。要切中要害，不谈无关、无用的内容。条理要清晰，层次要分明。最好事先以文字的形式写好、背熟。

参考答案：各位面试官好，首先非常感谢各位能给予我这次面试机会，我是……来自……专业是……我今天应聘的职务是……简单用一句话来概括一下我这个人，就是……（接着用几件事说明概况的这句话）。我认为这一点对于……（要应聘的职务）来说至关重要，所以，我才有勇气来参加今天的面试，我相信我的实力可以胜任这个岗位。感谢各位的耐心倾听！

2. ：谈谈你的家庭情况。

小铭提醒

家庭情况对于了解应聘者的性格、观念、心态等有一定的作用，这是招聘单位问该问题的主要原因。应试者可以简单地介绍一下家庭成员。可以强调温馨和睦的家庭氛围、父母对自己教育的重视、各位家庭成员的良好状况、家庭成员对自己工作的支持、自己对家庭的责任感。

3. ：你有什么业余爱好？

小铭提醒

业余爱好能在一定程度上反映应聘者的性格、观念、心态，这是招聘单位问该问题的主要原因。不要说自己没有业余爱好。不要说那些庸俗的、令人感觉不好的爱好。也不要说自己仅限于读书、听音乐、上网，否则可能让面试官觉得应聘者性格孤僻。最好能有一些户外的业余爱好来“点缀”你的形象。

4. ：你最崇拜谁？

小铭提醒

最崇拜的人能在一定程度上反映应聘者的性格、观念、心态，这是面试官问该问题的主要原因。不宜说自己谁都不崇拜。不宜说崇拜自己。不宜说崇拜一个虚幻的或者不知名的人。不宜说崇拜一个明显具有负面形象的人。所崇拜的人最好与自己所应聘的工作能“搭”上关系。最好说出自己所崇拜的人的哪些品质、哪些思想感染并鼓舞着自己。

5. ：你的座右铭是什么？

小铭提醒

座右铭能在一定程度上反映应聘者的性格、观念、心态，这是面试官问这个问题的主要原因。不宜说那些易引起不好联想的座右铭。不宜说那些太抽象的座右铭。不宜说太长的座右铭。座右铭最好能反映出自己某种优秀品质。例如，“扎实工作，坦荡做人。”

6. ：谈一谈你的一次失败经历。

小铭提醒

不宜说自己没有失败的经历。不宜把那些明显的成功说成失败。不宜说出严重影响所应聘工作的失败经历。所谈经历的结果应是失败的。应说明失败之前自己曾信心百倍、尽心尽力。说明只是由于客观原因导致失败。失败后自己很快振作起来，以更加饱满的热情面对以后的工作。

7. ：你为什么选择我们公司？

小铭提醒

面试官试图从中了解你求职的动机、愿望以及对此项工作的态度。建议从行业、企业和岗位 3 个角度来回答。

参考答案：我十分看好贵公司所在的行业，我认为贵公司十分重视人才，而且这项工作很适合我，相信自己一定能做好。

8. ：对这项工作，你有哪些可预见的困难？

小铭提醒

不宜直接说出具体的困难，否则可能让对方觉得你难以胜任该工作。可以尝试迂回战术，说出你对困难持有的态度。

参考答案：工作中出现一些困难是正常的，也是难免的，但是只要有坚韧不拔的毅力、良好的合作精神以及事前周密而充分的准备，任何困难都是可以克服的。

9. ：我们为什么要录用你？

小铭提醒

应聘者最好站在招聘单位的角度来回答。招聘单位一般会录用这样的应聘者：基本符合条件、对这份工作感兴趣、有足够的信心。

参考答案：我符合贵公司的招聘条件，凭我目前掌握的技能、高度的责任感和良好的适应能力及学习能力，完全能胜任这份工作。我十分希望能为贵公司服务，如果贵公司给我这个机会，我一定能成为贵公司的栋梁。

10. ：你能为我们做什么？

小铭提醒

回答这个问题前应聘者最好能“先发制人”，了解招聘单位期待这个职位所能发挥的作用。应聘者可以根据自己的了解，结合自己在专业领域的优势来回答这个问题。

11. ：你是应届毕业生，缺乏经验，如何能胜任这项工作？

小铭提醒

如果招聘单位对刚大学毕业的应聘者提出这个问题，说明招聘单位并不真正在乎“经验”，关键看应聘者怎样回答。对这个问题的回答最好要体现出应聘者的诚恳、机智、果敢及敬业。

参考答案：作为应届毕业生，在工作经验方面的确会有所欠缺，因此在读书期间我一直利用各种机会在这个行业做兼职。我也发现，实际工作远比书本知识丰富、复杂。但我有较强的责任心、适应能力和学习能力，而且比较勤奋，所以在兼职中能圆满完成各项工作，从中获取的经验也令我受益匪浅。请贵公司放心，学校所学及兼职的工作经验使我一定能胜任这个职位。

12. ：你希望与什么样的上级共事？

小铭提醒

通过应聘者对上级的“希望”可以判断出应聘者对自身的要求，这既是一个陷阱，又是一次机会。最好回避对上级具体的希望，多谈对自己的要求。

参考答案：作为刚步入社会的新人，我应该多要求自己尽快熟悉环境、适应环境，而不应该对环境提出什么要求，只要能发挥我的专长就可以了。

13. ：您从前一家公司离职的原因是什么？

小铭提醒

最重要的是，应聘者要让招聘单位相信，应聘者在过往单位的“离职原因”在此家招聘单位里不存在。避免把“离职原因”说得太详细、太具体。不能掺杂主观的负面感受，如“太辛苦”“人际关系复杂”“管理太混乱”“公司不重视人才”“公司排斥员工”等。但也不能躲闪、回避，如“想换换环境”“个人原因”等。不能涉及自己负面的人格特征，如不诚实、懒惰、缺乏责任感、不随和等。尽量使解释的理由为应聘者个人形象添彩。

参考答案：我离职是因为这家公司倒闭。我在公司工作了 3 年多，对公司有较深的感情。从去年开始，由于市场形势突变，公司的局面急转直下。到眼下这一步我觉得很遗憾，但还要面对现实，重新寻找能发挥自我能力的舞台。

14. ：在 5 年的时间内，你的职业规划是什么？

小铭提醒

这是每一个应聘者都不希望被问到的问题，但是几乎每个人都会被问到，比较多的答案是“做管理者”。但是近几年来，许多公司都已经建立了专门的技术职务路线图。这些工作地位往往称作“顾问”“参议技师”或“高级软件工程师”等。当然，说出其他一些你感兴趣的职位也是可以的，比如产品销售部经理、生产部经理等一些与你的专业背景相关的工作岗位。要知道，考官总是喜欢有进取心的应聘者，此时如果说“不知道”，或许就会使你丧失一个好机会。最普通的回答应该是“我准备在技术领域有所作为”或“我希望能按照公司的管理思路发展”。

15. ：你朋友对你的评价是什么？

小铭提醒

这是为了从侧面了解一下你的性格及与人相处的问题。

参考答案 1：我的朋友都说我是一个可以信赖的人。因为我一旦答应别人的事情，就一定会做到。如果我做不到，我就不会轻易许诺。

参考答案 2：我觉得我是一个比较随和的人，与不同的人都可以友好相处。在我与人相处时，我总是能站在别人的角度考虑问题。

16. ：你还有什么问题要问吗？

小铭提醒

企业的这个问题看上去可有可无，其实很关键，企业不喜欢说“没问题”的人，因为企业很注重员工的个性和创新能力。但企业不喜欢求职者问个人福利之类的问题。你可以如下回答。

参考答案 1：贵公司对新入职的员工有没有什么培训项目？我可以参加吗？

参考答案 2：贵公司的晋升机制是什么样的？

如果按以上方式回答，你将很受欢迎，因为这体现出你对学习的热情和对公司的忠诚度以及你的上进心。

17. ：请说出你选择这份工作的动机。

小铭提醒

这用于了解面试者对这份工作的热忱及理解度，并筛选因一时兴起而来应聘的人。如果是无经验者，可以强调“就算职位不同，也希望有机会发挥之前的经验，说出和你要应聘的职位相关的话题，表现一下自己的热情，没有什么坏处”。

18. ：你的业余爱好是什么?

小铭提醒

说一些富于团体合作精神的业余爱好。

一个反面例子：有人因为他的爱好是深海潜水而被否决掉。主考官认为这是一项单人活动，所以不敢肯定他能否适应团体工作。

19. ：说说你喜欢这份工作的哪一点。

小铭提醒

每个人的价值观不同，自然评断的标准也会不同，但是在回答面试官这个问题时可不能直接就把自己的心里话说出来，尤其是薪资方面的问题。不过一些无伤大雅的回答是可以说的，如交通方便、工作性质及内容符合自己的兴趣等。如果这时自己能仔细思考出这份工作的与众不同之处，相信在面试中会大大加分。

20. ：你为什么要离职?

小铭提醒

回答这个问题时一定要小心，就算在前一个工作受到再多的委屈，对公司有多少的怨言，都千万不要表现出来，尤其要避免对公司本身主观的批评，避免给面试官留下负面印象。此时最好的回答是将问题归咎于自己身上，例如觉得工作没有学习、发展的空间，自己想在面试的相关产业中多加学习，或是前一份工作与自己的职业规划不合等，回答最好是积极正面的。

参考答案：我希望能获得一份更好的工作，如果机会来临，我会抓住。我觉得目前的工作已经达到顶峰，没有升职的机会。

21. ：说说你对行业、技术发展趋势的看法。

小铭提醒

企业对这个问题很感兴趣，只有有备而来的求职者才能过关。求职者可以直接在网上查找对你所申请的行业部门的信息，只有深入了解才能产生独特的见解。企业认为最聪明的求职者往往会对所面试的公司预先了解很多，包括公司各个部门，发展情况，在面试的时候可以提到所了解的情况，企业希望招聘的人是“知己”，而不是“盲人”。

22. ：你对工作的期望和目标是什么？

小铭提醒

这是面试者用来判断求职者是否对自己有一定程度的期望、对这份工作是否了解的问题。在工作中有确定学习目标的人，通常学习较快，对于新工作自然较容易进入状态，这时建议你最好针对工作的性质找出一个确定的答案。

参考答案：我的目标是成为一个高级前端工程师，将团队的技术提升上去，提高团队开发效率。为了达到这个目标，我一定会努力学习，我相信以我认真负责的态度，一定可以达到这个目标。

23. ：根据申请的这个职位，你认为你还欠缺什么？

小铭提醒

企业喜欢问求职者的缺点，但精明的求职者一般不直接回答。企业喜欢能够巧妙地躲过难题的求职者。

参考答案：所以求职者可以继续重复自己的优势，然后说："对于这个职位和我的能力来说，我相信自己是可以胜任的，只是缺乏经验。这个问题我想我可以进入公司以后以最短的时间来解决，我的学习能力很强，我相信可以很快融入公司的企业文化，进入工作状态。"

24. ：你和别人发生过争执吗？你是怎样解决的？

小铭提醒

这是面试中最"险恶"的问题，其实是考官布下的一个陷阱，千万不要说任何人的过错，成功解决矛盾是团体中成员应该必备的能力。考官希望看到你是成熟且乐于奉献的。他们通过这个问题了解你的成熟度和处世能力。在没有外界干涉的情况下，通过妥协的方式来解决才是正确答案。

25. ：你做过的哪件事最令自己感到骄傲？

小铭提醒

这是考官给你的一个机会，让你展示自己把握命运的能力。这会体现你潜在的领导能力以及你被提升的可能性。记住，你的前途取决于你的知识、你的社交能力和综合表现。

26. ：新到一个部门之后，一天一个客户来找你解决问题，你努力想让他满意，可是始终不能使他满意，他投诉你们部门工作效率低，你这个时候会怎么做？

小铭提醒

首先，我会保持冷静。作为一名工作人员，在工作中遇到各种各样的问题是正常的，关键是如何认识它，积极应对，妥善处理。然后，我会反思一下客户不满意的原因。一是看自己是否在解决问题上的确有考虑不周到的地方，二是看是否客户不太了解相关的服务规定而提出超出规定的要求，三是看是否客户了解相关的规定，但是提出的要求不合理。其次，根据原因采取相应的对策。如果自己确实有不周到的地方，按照服务规定做出合理的安排，并向客户做出解释；如果是由于客户不太了解政策规定而造成的误解，我会向他做出进一步的解释，消除他的误会；如果是客户提出的要求不符合政策规定，我会明确地向他指出。另外，我会把整个事情的处理情况向领导做出说明，希望得到他的理解和支持。最后，我不会因为客户投诉了我而丧失对工作的热情和积极性。

27. ：如果你在这次面试中没有被录用，你是如何打算的？

小铭提醒

现在的社会是一个竞争的社会，从这次面试中也可看出这一点，有竞争就必然有优劣，有成功必定就会有失败。成功的背后往往有许多的困难和挫折，如果这次失败了也没有关系，只有经过积累才能塑造出成功者。我会从以下几个方面来正确看待这次失败：首先，要敢于面对，面对这次失败并不气馁。要自信，相信自己经过努力一定能有进步，能够超越自我。其次，善于反思，对于这次面试要认真总结经验，思考剖析，从自身的角度找差距。正确对待自己，实事求是地评价自己，辩证地看待自己的长短，做一个明白人。再次，走出阴影，要克服这一次失败带给自己的心理压力，时刻牢记自己的缺点，防患于未然，加强学习，提高自身素质。最后，认真工作，回到原单位岗位上后，要实实在在、踏踏实实地工作，三百六十行，行行出状元，争取在本岗位上做出一定的成绩。

28. ：你希望自己 5 年之后是怎样的？

小铭提醒

千万别说自己没有规划、没想过，这会显得你毫无职业规划，给人留下很差的印象。

参考答案：我很喜欢 XXX 行业，我希望在这个行业、在贵公司有所作为，成为企业的中层管理人员，成为这个行业小有业绩的人才。

29. ：你的工作观是什么？

小铭提醒

不必想得太复杂，你可以回答“为何而工作”“从工作中得到了什么”“N 年以后，我自己有什么计划”等。

30. ：你期望的待遇是什么？

小铭提醒

针对待遇问题，以清楚明确答复最佳。客观归纳个人年龄、经验、能力，再依产业类别、公司规模等客观资料，提出合理的数字，但附带说明提高待遇的理由很必要的。这也是评价应聘者的能力及经验和展示自信的好机会。

31. ：除了薪水之外，你还希望得到什么福利？

小铭提醒

如果你做了充分的准备，就该知道你所应聘的公司能提供什么福利，真实回答即可。如果你觉得你自己该得到更多，也可以多要求一些，不过最好说明原因。有一点需要提醒，当你开出的薪酬条件超出了面试者的预算时，但他们如果对你的能力感到满意，他们可能会问你：“你的薪酬要求我们暂时无法满足，如果公司所能提供的薪酬是……你是否能接受？”如果你表示接受，那么恭喜你，你有 80%～90%的概率已经通过这份工作的面试考核了。

32. ：你想过创业吗？

小铭提醒

这个问题可以显示你的志向，如果你回答“是”，那就要做好回答下一个问题的准备。那就是：“那你为什么不这样做呢？”如果回答“没想过”，那就一定要附带说明自己希望先在企业工作，积累一些必要的社会经验后再打算。

33. ：谈谈你的人际关系经验。

小铭提醒

这用于考察你的应对能力及决断能力。你可以围绕下面的问题从侧面回答：“当与朋友冲突的时候，你是怎么处理的？”“当与别人意见相冲突的时候，你会用什么方式让别人接受你的意见？”每一个公司需要的不是力争到底的坚持，而是需要更进一步地搜集资料，透过人际关系来积聚力量，找寻正确的工作决策和方法。

34. ：你什么时候可以来上班？

小铭提醒

大多数企业会关心入职时间，最好这样回答：如果被录用的话，可按公司规定的到职日上班。但如果还有一些私人的问题还没有处理完毕，按时上班会有些困难，应进一步说明原因，公司一般会通融的。

35. ：出于工作晋升的考虑，你打算继续深造吗？

小铭提醒

这种回答显示了求职者的雄心、热情以及动力。同时也表明，求职者具有与众不同的头脑，而且非常认真地处理重大职业决策。

参考答案：作为一名大学生，我学到了很多知识。如果有合适的机会，我当然会考虑继续深造。但是，我会认真考虑这件事情，我觉得很多人回学校学习是很盲目的。如果我发现自己所做的工作确实有价值，而且也需要获得更好的教育才能在这一领域做得更出色，我当然会毫不犹豫地去学习。

36. ：在做口头表达方面你有哪些经验？你怎样评价自己的口头表达能力？

小铭提醒

这个问题旨在测评你的公共演讲能力，同时也可以了解你对演讲能力的自我评价。

参考答案：我曾经看到一篇文章，说公共演讲是美国人最害怕的事情。其实，大多数人都害怕做公共演讲。然而。在克服自己的恐惧并掌握口头陈述技能之后，我就能够在竞争中更胜一筹。因此我抓住所有的机会做演讲，而且我发现，做的演讲越多，就越对演讲感到轻松自如——当然，也做得更好。

37. ：你怎样评价自己的口头技能和写作技能？

小铭提醒

这是一个暗藏“杀机”的问题。无论什么时候，只要被问及对两种事情做比较的问题，你就一定要小心。这样的问题通常是想让你说出自己的缺点。

参考答案：从现在的情形看，企业越来越重视职员的能力，希望他们在口头表达和书面表达方面都能够做到清晰、明确。我总是利用机会提高自己的口头沟通和书面表达技能。我认为，这两种技能都是极为重要的，任何想要在企业界取得成功的人，这两种技能都应该具备。

这种回答避开了陷阱，避免了别人认为自己在某一方面薄弱。同时，也可以表明，你理解高效沟通技能的重要性。更重要的是，它可以使面试人确信，在一般技能方面你拥有坚实的基础，而这些技能是所有企业都需要的。

38. ：上下级之间应该怎样交流？

小铭提醒

通过这个问题可以了解求职者在企业等级结构中的沟通方式。通过对这一问题的回答，求职者可以展示自己在复杂领域工作的技能水平。

参考答案：我认为，能在企业各个层面上清楚地进行交流，对企业的生存至关重要。我认为自己已经在这个方面培养了很强的能力。从上下级关系来说，我认为最重要的是应该意识到每个人以及每种关系都是不同的。对我来说，最好的方式就是始终不带任何成见地来对待这种关系的发展。

这种回答表明，求职者理解人际关系的复杂性及多样性。求职者明确地表达了高效沟通技能的重要性，同时也显示了自己在这方面的自信。

39. ：竞争对你的成就有什么积极或者消极的影响？影响是怎样的？

小铭提醒

根据对这个问题的回答可以剔除那些不适应竞争环境的候选者。面试人想要弄清的是，当竞争形势发展到什么程度时，求职者会感到力不从心。

反面例子：我喜欢竞争。有时候它能给我一种推动力量。为了开展工作，我需要这种推动。我从来没觉得竞争无法承受。它是生活的一部分，也是推动我工作的动力。

大多数人都会对这种回答持怀疑态度。另外，从求职者的回答看，它好像表明求职者有些屈尊。大多数人都发现，至少在某些时候竞争会使人感到压力。这种回答还暗示求职者缺乏激励动机，需要以竞争作为一种激励元素。

参考答案：如果害怕竞争，我就不会申请这份工作。我知道竞争是始终存在的，对我来说，最重要的是意识到竞争，清楚我们在为什么而竞争。当我处在竞争环境中时，我首先要确保自己头脑清醒，理解所处的危险处境。一旦我了解了竞争形势和规则，就会全身心地投入到竞争中去。

40. ：你重视细节吗？

小铭提醒

你的回答将告诉面试官你是否细心，并将揭示你的质量观念以及你做细致工作的意愿和能力。

参考答案：我认为，关注细节能够将一般性成果转变成优秀成果。我相信，从项目开始实施，质量控制的背后就包含了一种管理方式，这种方式可以确保项目实现预期的最佳结果，而且可以保证项目在后续阶段不会出现问题。

这种回答可以使面试官确信，求职者理解企业的质量控制需求，表明求职者理解计划过程，思考了过去项目的计划和组织，而且还可能在这方面取得过成功。

41. ：什么样的情形会让你感到沮丧？

小铭提醒

这个问题是用来发现你的致命弱点的。它会告诉面试官，什么样的情况下你会失去希望、动力和行动能力。

参考答案：我认为会让我感到沮丧的是一件事情拖得太久，虽然这并不经常发生。我认为，对于尚未解决的问题，并不是所有的成功企业都有回旋的余地。我希望尽可能快地找到好的对策，这样我们就可以继续开展企业的业务。

这种回答提供了一种真正的答案，而且它也不是软弱无力的。这样回答既合理，又不会让面试官对求职者的能力感到担心。它会使面试官确信，求职者重视质量和时间进度。

42. ：如果你确信自己是正确的，但是其他人不赞同你，你会怎样做？

小铭提醒

这个问题可以反映求职者是否能够恰当处理反对观点、是否能够承受额外的压力，还可以显示求职者处理冲突的能力和自信程度。

参考答案：首先，我会确保有足够的信息来支持自己。一旦我确信自己的观点是正确的，我就会密切关注反对者的具体反对理由。我将从他们的角度看待问题，并以此说服他们。如果互相尊重，我相信我们可以最终达成协议。

这种说法实现了几个目的。首先，它表明求职者可以从解决问题的角度，用一种双赢的态度解决冲突。然后，它表明如果可以真正解决问题，那么求职者能够敞开胸怀接受改变。此外。它还表明求职者会采取一种合作的方式来解决问题。

43. ：你能够在压力状态下工作得很好吗？

小铭提醒

很显然，这个问题旨在了解求职者对压力的反应。

参考答案：在从事有价值的工作时，任何人都会在工作中时不时地感到压力。我能够应付一定量的压力，甚至在有些情况下还可以承受极大的压力。对我来说，应对压力的关键是找到一种方法控制形势，从而减轻压力的剧烈程度——通过这种方式，压力就不会影响我的工作效率。我知道任何工作都有压力，如果必要的话，我会在压力下工作得很好。

这种回答表明，求职者对工作压力的本质和程度都有比较现实的期望。这种回答很有说服力，但又没有对压力表现出过度的热情。求职者的表述还说明，他（她）在过去曾经应对过压力，而且还有效地处理了工作中的压力。

HR 有话说

应试者主观题部分的面试题主要考察应试者的个人品德，考察应试者是否能够融入当前团队，是否是团队所需要的等。如果你能面试到这一步，并且满意企业提供的待遇，那么恭喜你，你离成功只差一步了。